누구라도 알기쉽다

전기전자란 무엇인가

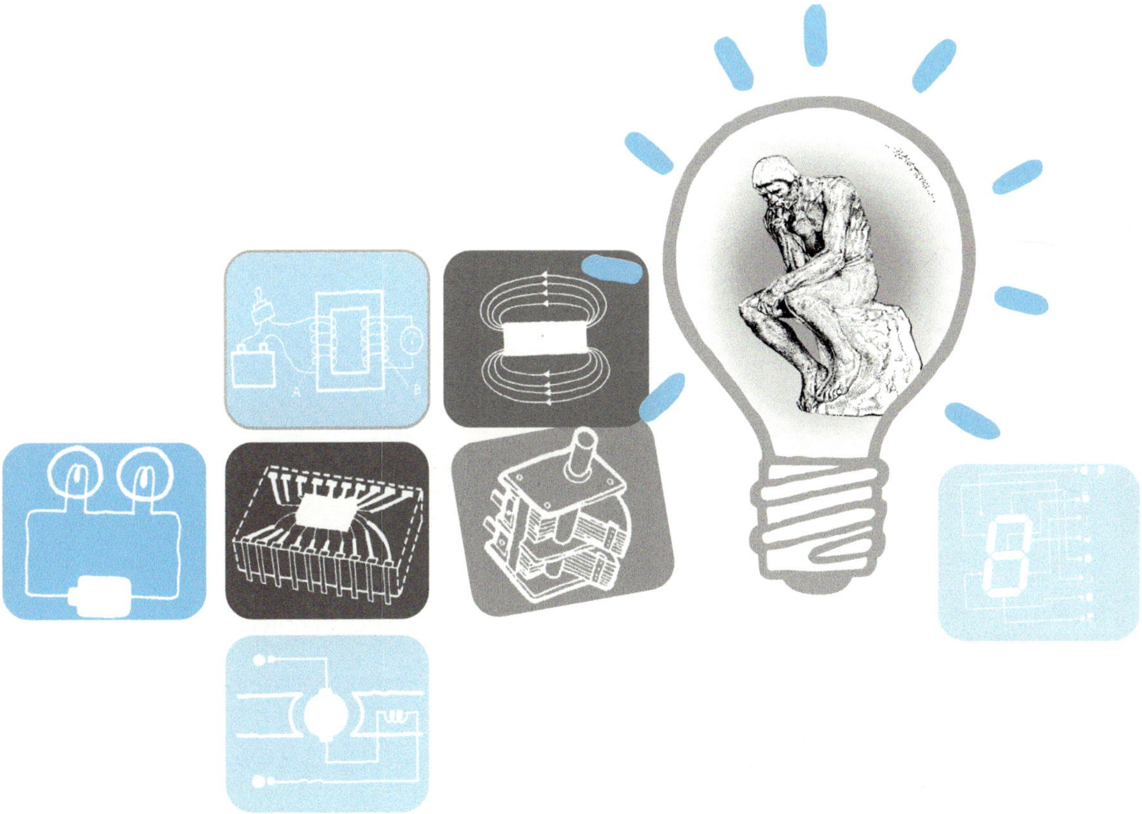

GoldenBell
www.gbbook.co.kr

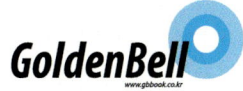

불법복사는 지적재산을 훔치는 범죄행위입니다.

이 책에서 내용의 일부 또는 도해를 다음과 같은 행위자들이 사전 승인없이 인용할 경우에는 저작권법 제93조 「손해배상청구권」에 적용 받습니다.

① 단순히 공부할 목적으로 부분 또는 전제를 복제하여 사용하는 학생 또는 복사업자

② 공공기관 및 사설교육기관(학교, 인정직업학교), 단체 등에서 영리를 목적으로 복제·배포하는 대표, 또는 당해 교육자

③ 디스크 복사 및 기타 정보 재생 시스템을 이용하여 사용하는 자

Preface

전기를 모르고는 전자를 알 수 없고 전자를 모르고는 현대인이라 할 수 없다.

영국의 물리학자 J·J톰슨(1856~1940)이 처음으로 전기를 발견한 이래 우리들의 실생활에 깊숙이 파고들어 대단히 편리한 문명의 이기를 창출하고 있다.

또한 신(神)의 텔레파시를 훔친 것이라고 할만큼 인간이 개척하는 전자의 연구는 바야흐로 100여년 전부터 진행되어 오면서 실질적으로 개발되기 시작한 것은 1940년대 부터이다.

따라서 전기와 전자가 만들어낸 작품은 공장의 기계제어회로나, 의료기기, 통신기기, 가정용 전기 제품, 자동차에 이르기까지 그 사용처를 헤아릴 수 없을 만큼 다양하다.

이 책을 발간하는 절대적인 목적은 중학교, 고등학교, 대학교 그리고 전기와 전자를 알고자 하는 초심자들을 위해 최대한 접근성을 높였다. 편성의 포인트는 다음과 같다.

이 책의 특징

▶ 전기의 기초부터 전류·전압·저항 등의 기능을 단원별로 수록하여 쉽게 엮어나갔다.
▶ 또한 전기의 공식과 함께 시험에 많이 출제되고 실생활에 응용되는 예제들과 함께 풀이를 수록하였다.
▶ 전자의 기초, 즉 반도체의 기초에서부터 트랜지스터의 구조·기능 및 종류 등을 수록하였다.
▶ 집적회로의 종류, 기능, 특징과 함께 논리회로를 가장 쉽게 나열하였다.
▶ 끝으로 부록편에서는 전기·전자의 기본 단위와 기능을 추록하였다.

특히나 내용이 약간 난해한 부분도 있으리라 생각되지만 전기·전자 기술을 습득키 위해서는 반드시 필요한 지식이므로 의욕과 인내심을 가지고 끝까지 숙독해 주기를 바란다.

이 책을 읽고 전기·전자 기술의 기초를 터득하였다면 편성위원으로는 더없는 보람이라고 생각한다. 자매편이라고 할 수 있는 『전기·전자 회로보는법』을 탐독한다면 실질적인 응용에 반드시 도움이 될 것이므로 구독하기를 권한다.

2009년 개정판을 발간하며

Contents

※ 본문 중 QR코드를 찍으면 전기·전자 애니메이션을 볼 수 있습니다.
애니메이션 동영상은 골든벨 홈페이지(www.gbbook.co.kr)에서도 바로 볼 수 있습니다.

Part 01
전기란 무엇인가?

01 전기
1. 전기는 어떻게 발생하는가 ·············· QR 13
2. 마찰 전기는 어떻게 발생하는가 ·············· 13

02 전류·전압·저항
1. 전 류·············· QR 15
2. 전류의 단위(單位) ·············· 16
3. 전 압·············· QR 17
4. 기전력 ·············· 17
5. 저 항·············· 18
   (1) 저항의 작용 ·············· 21
   (2) 저항의 종류 ·············· 25
6. 도체와 절연체 ·············· 30
7. 전기장치의 기호 ·············· 32

03 전기 회로
1. 옴(ohm)의 법칙 ·············· 33
2. 직렬접속 ·············· 35
3. 병렬접속 ·············· 37
4. 전압은 어떻게 걸리는가 ·············· 40
5. 전압강하 ·············· 41
6. 전류, 전압, 저항의 측정 방법 ·············· QR 43
   (1) 전류의 측정 방법 ·············· 43
   (2) 전압의 측정 방법 ·············· 44
   (3) 저항의 측정 방법 ·············· 44

04 전류의 작용
1. 전류의 3가지 작용 ·············· 45
   (1) 발열작용 ·············· 45
   (2) 자기(磁氣)작용 ·············· 45
   (3) 화학작용 ·············· 46
2. 전 력 ·············· 47

   3. 와트[W]와 마력[PS]의 관계 ………………………………… 55

05 전기와 자석의 관계

   1. 자 기 ……………………………………………… 52
   2. 자석의 성질 ……………………………………… 53
   3. 자석의 작용 ……………………………………… 54
   4. 자석은 철을 끌어당긴다 ……………… `QR` 54
   5. 일시자석과 영구자석 …………………………… 55
   6. 분자자석설 ……………………………………… 56
   7. 전류와 자계와의 관계 ………………… `QR` 56
   8. 코일이 만드는 자계 …………………… `QR` 58
   9. 코일과 전자석의 차이점 ……………… `QR` 60
   10. 자속과 자기회로 ……………………………… 61
   11. 자기회로와 전기회로의 비교 ………………… 62
   12. 자속밀도, 자화력(磁化力), 투자율 …………… 63
   13. 자화곡선과 자기포화 ………………………… 64
   14. 잔류자기 ……………………………………… 65

06 전자력

   1. 자계 속의 전류에 작용하는 힘 ………………… 66
   2. 전자력의 응용 : 직류 전동기(모터의 원리) …… 68
   3. 직류 전동기(모터)의 종류 ……………………… 69
      (1) 직권식(直卷式) 모터 ………………… `QR` 70
      (2) 분권식(分卷式) 모터 ……………………… 71
      (3) 복권식 모터 ……………………………… 71
      (4) 페라이트 자석식 모터 …………………… 72
   4. 직류 모터의 특징 ……………………………… 72
      (1) 직권 모터의 특성 ………………………… 72
      (2) 분권 모터의 특성 ………………………… 74
   5. 모터의 토크 …………………………………… 75
      (1) 모터의 토크와 전류의 관계 …………… 75
      (2) 모터의 토크와 자극 수, 권수의 관계 …… 75

07 전자 유도 작용

1. 자계 안에서 도체를 움직이면 기전력이 생긴다 ········ 76
2. 코일을 지나는 자속이 변화하면 기전력이 발생한다 ······ 77
3. 전자유도 작용의 응용 ·················· QR 79

08 교류 회로

1. 주파수 ························· QR 82
2. 교류와 저항의 관계 ··················· 83
3. 교류와 코일의 관계 ················ QR 84
4. 교류와 콘덴서의 관계 ·················· 86
5. 교류발전기 ························ 88
   (1) 스테이터 코일 ················ QR 89
   (2) 필드 코일(여자 코일) ··············· 89
   (3) 정류기(커뮤테이터) ················ 90
   (4) 발전기의 결선 ··················· 90
   (5) 교류유기전압과 직류출력전압과의 관계 ······· 91
   (6) 교류의 실효값 ················ QR 92
6. 정 류 ·························· 93
   (1) 단상반파정류 ···················· 93
   (2) 단상전파정류 ···················· 94
   (3) 3상전파정류 ···················· 94

09 자기유도작용 QR

10 상호유도작용 QR

1. 변압기(트랜스포머)의 원리 ············· 100

11 정전작용과 콘덴서

1. 정전기 ······················ QR 101
2. 콘덴서 ························· 102
   (1) 콘덴서의 구조 ··················· 102

 (2) 쿨롱의 법칙 …………………………………………………… 104
 (3) 콘덴서의 충전, 방전 ………………………………… QR 105
 (4) 시상수(時常數) ……………………………………………… 106
 (5) 콘덴서의 직류전류와 교류전류 …………………………… 107
 (6) 콘덴서의 리액턴스 ………………………………………… 109
 (7) 콘덴서의 종류 ……………………………………………… 110
 (8) 콘덴서의 직렬, 병렬접속 ………………………………… 114

01 전자 회로의 기초
 (1) 전기회로 ……………………………………………………… 120
 (2) 전자회로 ……………………………………………………… 120

02 반도체의 기초
 1. 반도체 ………………………………………………………… 123
 2. 원자의 구조와 가전자 ……………………………………… 126
 3. 가전자의 움직임은 어떠한가 ……………………………… 129
  (1) 가전자와 자유전자 ……………………………… QR 130
 4. 에너지준위도(準位圖)에 따른 도체, 반도체, 부도체 …… 132
 5. 자유전자와 홀로 구성된 캐리어 …………………………… 136
 6. 진성반도체와 불순물반도체 ……………………………… 138
  (1) N형 반도체 ……………………………………………… 138
  (2) P형 반도체 ……………………………………………… 140
 7. PN 접합 ………………………………………………… QR 141
  (1) PN접합에 순방향 전압을 가한 경우 ………………… 144
  (2) PN접합에 역방향 전압을 가한 경우 ………………… 145

03 반도체 소자
 1. 다이오드(Diode) ………………………………………… QR 147
  (1) PN접합 다이오드의 구조 ……………………………… 147
  (2) 다이오드의 작용과 특성 ……………………………… 149
  (3) 다이오드의 최대 정격(사용법)에 대하여 …………… 150

  (4) 시험기에 의한 다이오드의 양부판정법 ················ 151
  (5) 다이오드를 사용한 응용회로 ···························· 152
  (6) 다이오드의 정류회로 ·· 152
 2. 다이오드의 종류와 기능 ··· 155
  (1) 제너다이오드(정전압 다이오드) ························ 155
  (2) 제너다이오드의 특성 ·· 157
  (3) 가변용량다이오드 ··· 160
  (4) 포토다이오드 ··· 161
  (5) 발광다이오드(LED) ·· 164
  (6) 액정 디스플레이(LCD) ······································· 180

04 트랜지스터

 1. 트랜지스터의 구조 ·· 188
 2. 트랜지스터의 기본 동작 ·· 190
  (1) PNP형 트랜지스터의 경우 ································· 190
  (2) NPN형 트랜지스터의 경우 ································ 191
 3. 트랜지스터의 증폭작용 ·· 192
 4. 트랜지스터의 스위칭 작용 ······································ 195
 5. 트랜지스터의 동작 특성 ·· 197
  (1) 트랜지스터의 개괄적인 작용 ····························· 197
  (2) 베이스 전류 I_B와 베이스와 이미터 간의 전압 V_{BE}의 관계 ············· 199
 6. 트랜지스터의 최대 정격 ·· 200
 7. 트랜지스터의 종류 ·· 201
  (1) 유닛정크션 트랜지스터 ····································· 203
  (2) 전계효과 트랜지스터 ·· 204
  (3) 포토트랜지스터 ·· 206
  (4) 사이리스터 ··· 207
  (5) 서미스터 ··· 209
  (6) 광도전(光導電)셀 (Photoconductive Cell) ········ 210
  (7) 피에조소자(압전소자) ·· 212
 8. 테스터에 의한 트랜지스터의 양부 판정법 ············· 213
 9. 접지방식과 전압을 가하는 법 ································· 214
  (1) 접지방식 ··· 214
  (2) 전압을 가하는 법과 전류의 흐름 ····················· 214

10. 트랜지스터의 정특성 ·· 216
   (1) I_B-V_{BE} 특성 ·· 216
   (2) I_B-I_C 특성 ·· 217
   (3) I_C-V_{CE} 특성 ·· 218
   (4) 로드라인(負荷線) ······································ 218

05 집적회로와 논리회로

1. IC의 종류 ··· 221
2. IC 기능 ··· 221
3. IC(집적회로)의 특징 ·· 223
4. IC의 논리회로 ·· 225
   (1) AND회로(논리적[積] 회로)(그림174) ········ 228
   (2) OR회로(논리합[合] 회로) ···························· 229
   (3) NOT회로(부정논리 회로) (그림178) ········· 231
   (4) NAND회로(논리적 부정) ····························· 232
   (5) NOR회로(논리합 부정) ································ 233
   (6) EXCLUSIVE-OR회로(배타적 논리합) ······· 234

00 부록

1. 단위 기호 및 명칭 ·· 238
2. 전기 기호와 기능 ·· 239
3. 전자 기호와 기능 ·· 250

PART 01

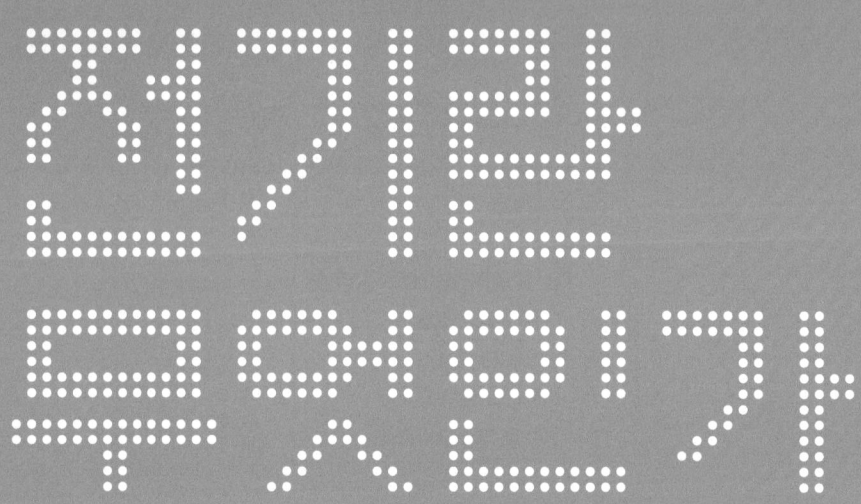

전기란 무엇인가

물질 안에 있는 전자 또는 공간에 있는 자유 전자나 이온들의 움직임 때문에 생기는 에너지의 한 형태로 음전기와 양전기 두 가지가 있으며 같은 종류의 전기는 밀어내고 다른 종류의 전기는 끌어당기는 힘이 있다.

Electricity

01 전기
02 전류·전압·저항
03 전기 회로
04 전류의 작용
05 전기와 자석의 관계
06 전자력
07 전자 유도 작용
08 교류 회로
09 자기유도작용
10 상호유도작용
11 정전작용과 콘덴서

01 전기

Electricity

전기는 다른 것과 달리 눈에 보이지 않으므로 어렵다고 생각하는 것이 일반적이다. 그러나 전기의 정체는 잘 몰라도 이용은 할 수 있다. 예를 들어 어두워지면 전등을 켜거나, 추우면 전기 스토브를 켜서 덥게 하는 등, 우리 주위에 있는 기기를 보아도 전기를 이용하지 않는 것이 거의 없다.

그러면 도대체 전기란 무엇인가? 전기의 정체를 처음으로 발견한 사람은 영국의 물리학자 J. J. 톰슨이다. 그는 여러 가지 실험을 통해 전기가 극히 작은 입자라는 것을 발견하였다. 이 작은 입자가 빛을 내거나 열을 발생한다는 것을 발견하고 톰슨은 이것을 **전자(Electron)**라 이름을 붙였다.

그러면 톰슨은 어떻게 전자를 발견했을까(그림1)?

유리관의 양 끝에 전극을 부착한 후 내부의 공기를 빼고 양극에 높은 전압을 가하면 음극쪽에서 양극쪽으로 빛과 같은 것이 흐르는 것을 알았다. 진공 속에서 전기가 흐르는 것을 **진공 방전(放電)**이라 하고, 이를 위한 관을 **진공 방전관(放電管)**이라 하며, 음극에서 양극으로 흐르는 빛과 같은 것을 **음극선**이라 부른다.

이것은 전기의 정체를 파악하는 데 매우 중요한 것이다. 톰슨은 실험을 거듭하여 그 음극선이 극히 작은 입자인 전자의 흐름이라는 것을 알아냈다.

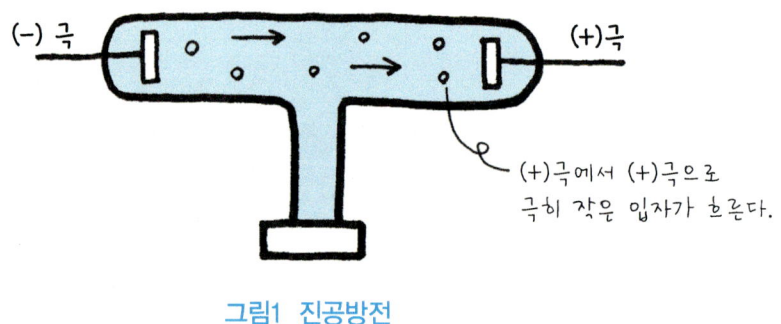

그림1 진공방전

1 전기는 어떻게 발생하는가

전기의 성질을 이해하기 위해서는 물질의 구조를 알아야 한다. 모든 물질은 분자라는 작은 입자로 만들어졌다. 현재 분자를 형성하고 있는 원소는 100여개 정도 알려져 있으며, 이들 원소는 각각 고유의 원자 구조를 갖고 있다. 원자 안에는 여러 가지 미립자가 있다.

① **양자(Proton)** : 플러스(+) 전기를 가진 극히 작은 미립자(微粒子)
② **중성자(Neutron)** : 양자와 거의 같은 질량이며, 전기를 조금도 갖지 않은 미립자
③ **전자(Electron)** : 마이너스(-) 전기를 가진 미립자

원자의 구조는 그 중심에 원자핵(양자와 중성자로 되어 있다)이 있고, 그 주위를 몇 개의 전자가, 마치 혹성이 태양 주위를 돌고 있는 것과 같이 일정한 궤도를 그리며 회전하고 있다.

여러 원자 가운데, 구조가 가장 간단한 원자는 수소 원자이며, 그림2 (a)와 같이 1개의 양자(⊕의 전기)가 원자핵으로 되어 있고 그 주위를 1개의 전자(⊖전기)가 회전하고 있다. 전자(-)와 양자(+)의 수(전기량)가 같으므로, 수소 원자 전체는 전기를 띠지 않는다.

모든 물질에서 원자핵과 전자의 결합이 반드시 확고한 것만은 아니며, 물질에 따라서는 원자핵에 비교적 약하게 결합되어 있는 전자도 있다. 이렇게 원자핵에 약하게 결합된 전자는 외부에서 열이나 빛, 마찰을 가하면 이에 자극되어 그 전자는 원자의 구속력을 벗어나 궤도를 이탈하여 자유로이 운동하게 된다. 자유롭게 움직이는 전자를 **자유전자**라 부른다. 전기의 여러 가지 현상은 이 자유전자의 작용에 의한 것이다.

자유전자의 수가 많은 것을 **도체(導體)**라 하고, 적은 것을 **절연체(絕緣體)**라 한다. 그림2 (b)는 헬륨 원자이고, 그림2 (c)는 리튬 원자의 구조를 나타낸 것이다.

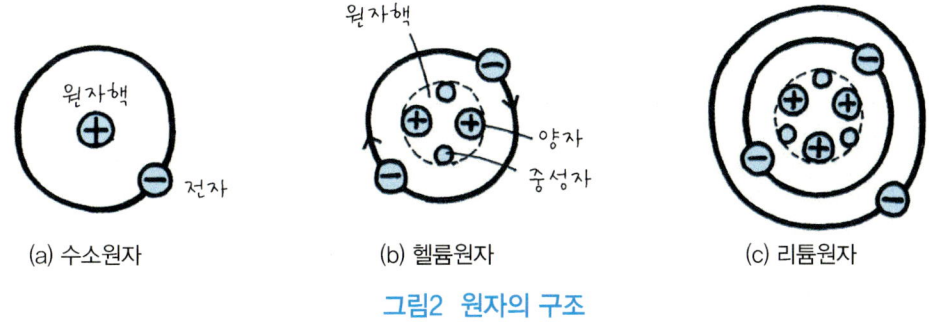

(a) 수소원자   (b) 헬륨원자   (c) 리튬원자

그림2 원자의 구조

2 마찰 전기는 어떻게 발생하는가?

우리의 일상생활은 여러 가지 형태로 전기에 둘러싸여 있다. 특히 겨울에 공기가 건조할 때 털옷이나 화학섬유 옷을 벗을 때 찍찍하는 소리가 난다. 이것은 성질이 다른 털옷

과 내의에 두 물질이 마찰하여 발생한 전기가 방전하는 소리이다. 이 마찰에 의해 발생한 전기를 **정전기(靜電氣)**라 한다. 여기서 마찰에 대해 조금 더 구체적으로 살펴보기로 하자. 물체와 물체를 문지르면 한 쪽은 양(+) 전기를 띠고 다른 한 쪽은 음(-) 전기를 갖는다.

이와 같이 전기를 갖는 것을 **대전(帶電)**이라 한다. 물체가 대전되는 이유는 물체를 구성하고 있는 원자 속의 음(-) 전기를 가진 전자가 다른 한 쪽의 물체로 이동하였기 때문이다. 즉, 음(-) 전기를 가진 전자가 이동해온 쪽의 물체는, 음(-)전기의 여분이 발생되어 음(-)전기로 대전(帶電)한다. 반대로 음(-)전기를 가진 전자가 나간 쪽의 물체는 양(+)전기로 대전한다. 이와 같이 전자의 이동에 의해 물질은 음(-)전기나 양(+)전기를 갖게 된다.

> **정리**
> ① 서로 다른 물질을 문지르면 전기가 일어난다.
> ② 마찰 전기에는 ⊕전기와 ⊖전기가 있다.
> ③ 같은 종류의 전기는 서로 반발한다.
> ④ 다른 종류의 전기는 서로 끌어당긴다.

과학자 패러데이(M. Faraday)는 여러 가지 물질을 실제로 마찰하여 그 물체에 나타나는 전기를 조사하여 **패러데이의 정전서열(靜電序列)**을 작성했다. 정전서열이란 다른 2개의 물질을 마찰했을 때, 어느 쪽이 플러스로 대전하고, 어느 쪽이 마이너스로 대전하는지를 알 수 있도록 작성한 것이다(그림3).

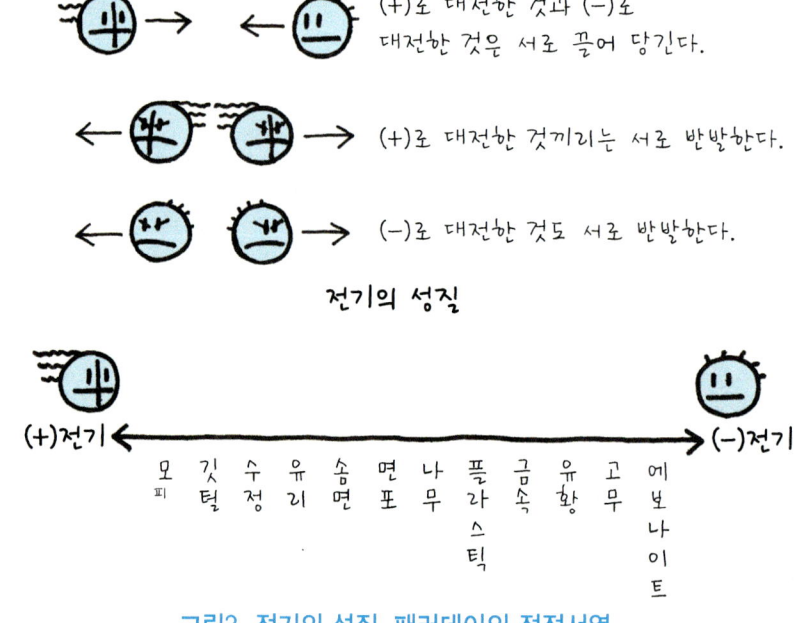

그림3 전기의 성질, 패러데이의 정전서열

02 전류·전압·저항

1 전 류

여러 가지 전기 현상은 모두 전기의 흐름에 의한 것이다. 이와 같이 흐르는 전기를 **동전기(動電氣)**라 한다.

전기의 흐름에 대해 알아보자. 전기는 전선을 통해 흐르므로 먼저 전선을 생각해 보자. 전선은 보통 구리나 알루미늄 등의 금속으로 되어 있다. 금속의 원자에는 원자핵에 강하게 구속되지 않는 자유전자가 있기 때문에 전선 안에는 자유로이 움직일 수 있는 자유전자가 많이 있다. 이 자유전자가 전기를 전도하는 중요한 역할을 한다.

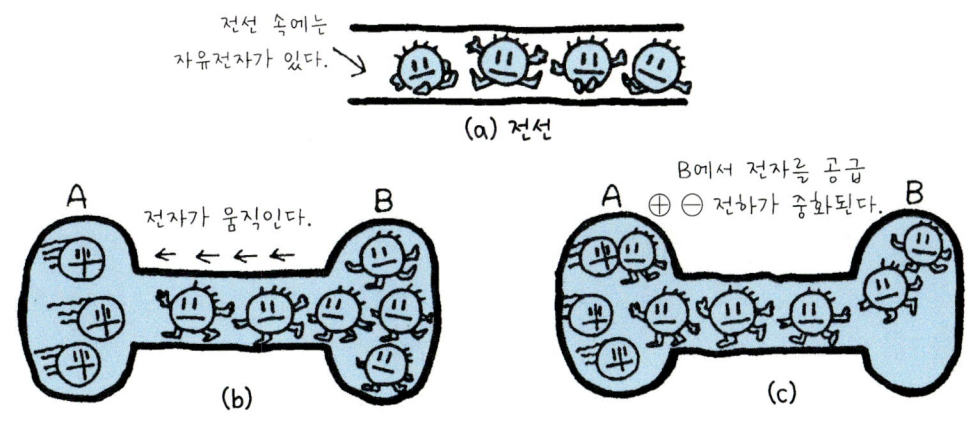

그림4 전류

그림4 (a)와 같이 전선 자체만으로는 자유전자를 움직일 수 없다. 그러나 그림4 (b)와 같이 양(+)전하를 가진 A와, 음(-)전하를 가진 B를 전선으로 연결하면, 전선 속의 자유전자가 A의 양(+)전하에 끌려 A쪽으로 이동하고 양(+)전하와 결합하여 중성이 된다. 이로

인해 전선 속의 자유전자가 일제히 A쪽으로 움직여 그림4 (c)와 같이 B에는 자유전자가 부족하게 된다.

이와 같이 전선 속의 전자 이동은 A의 양(+)전하가 모두 중성이 될 때까지 계속된다. 이 전선 속의 전자의 이동, 즉 전자의 흐름을 **전류(電流)**라고 한다.

그러면 전기는 어느 때에 흐르는가? 전기는 음(-)전기로 대전(帶電)한 물체와 양(+)전기로 대전한 물체를 전선으로 연결하면 가만히 있지 않고 흐르게 된다. 즉, 양(+)전하 대전체의 부족한 전자를 보충시켜 주기 위해 음(-)전하 대전체의 과잉전자가 이동함으로써 전기가 흐르게 되는 것이다.

전자는 분명히 ⊖쪽에서 ⊕쪽으로 흐르고 있으나 우리는 전류의 흐름을 ⊕에서 ⊖로 흐른다고 약속하고 있다. 이와 같이 전류가 흐르는 방향과 전자가 흐르는 방향은 반대로 되어 있다.

전류가 ⊕에서 ⊖로 흐른다고 규정한 것은 전자가 아직 발견되지 않은 옛날 과학자들이 정한 전류의 방향이다. 그러나 전자의 흐름이 규명된 현대에 와서도 전자의 흐름이 반대로 정해졌다고 해서 특별히 문제가 될 것은 없다. 따라서 우리는 옛날과 같은 사고방식으로 전류의 흐름은 ⊕에서 ⊖로 흐른다고 규정하고 있다.

2. 전류의 단위(單位)

전선에 흐르는 전류의 크기는, 전선의 한 점을 1초간에 통과하는 전하(電荷)의 양으로 나타내며, 그 단위는 암페어(Ampere, 기호 A)를 사용한다. 즉 1초간에 1쿨롱의 전하가 통한 때에 1암페어의 전류가 흘렀다고 한다.

쿨롱이란 전하(電荷)의 단위이다. 일반적으로 물체가 전기를 띨 때 **전하(電荷)**가 있다고 한다. 마치 물체에 전기라는 어떤 물질이 실려 있다고 생각하기 때문이다. 따라서 전하는 전기의 양과 같은 뜻을 갖고 있고 그것을 측정하는 단위로 쿨롱을 사용한다. 또 전류의 값이 작을 때는 밀리암페어(기호는 mA)나 마이크로암페어(기호는 μA)를 사용한다.

📝 정리

▶ 단위의 종류
1암페어 = 1000밀리암페어
1밀리암페어 = 1000마이크로암페어

▶ 기호의 표시법
암페어(A)
밀리암페어(mA)
마이크로암페어(μA)

3 전압

물이 담긴 A, B의 그릇을 파이프로 연결하면 물은 수위(水位)가 높은 A에서 낮은 쪽 B로 흐른다(그림5 (a) 참고). 이때 물이 흐르는 세기는 용기 A, B의 수위의 차(差), 즉 수압에 의해 결정된다. 그림5 (b)와 같이 전선 C를 통해 양(+)전하 A가 음(-)전하 B를 향해 전류가 흐르는(전자의 흐름과는 반대로) 것은 A에서 B를 향해 어떠한 크기의 전기적 압력이 가해졌다고 생각할 수 있다.

이 전기적 압력을 **전압**(Voltage)이라 하며, 전압의 크기를 표시하는 데는 **볼트**(V)라는 단위를 사용한다.

> 📎 **정리**
>
> ● **단위의 종류**
> 1킬로볼트 = 1000볼트
> 1볼트 = 1000밀리 볼트
>
> ● **기호의 표시법**
> 킬로볼트(KV)
> 볼트(V)
> 밀리볼트(mV)

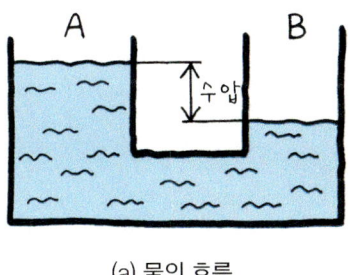
(a) 물의 흐름

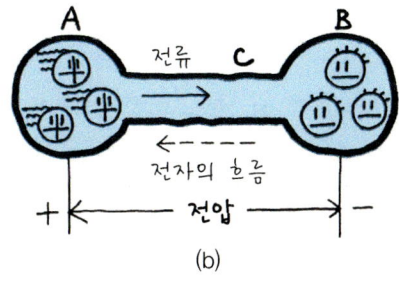
(b)

그림5 수압과 전압 비교

4 기전력

그림6과 같이 A용기의 물이 B용기로 흘러 두 용기의 수위차(水位差)가 없어지면, 파이프에는 물이 흐르지 않는다. 파이프에 지속적으로 물을 흐르게 하려면 펌프로 물을 퍼올려 수위(水位) 차(差)를 만들어 주면 된다. 전기의 경우도 이와 마찬가지로 전류를 계속해서 흐르게 하려면 전압을 만들어내야 한다.

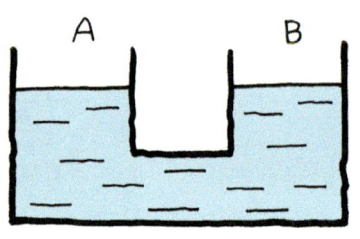
수압이 없으면 물이 흐르지 않는다.

A·B의 전압이 같을 때는 전선내의 전자를 움직이는 힘이 없다.

그림6 전압이 없으면 전류는 흐르지 않는다.

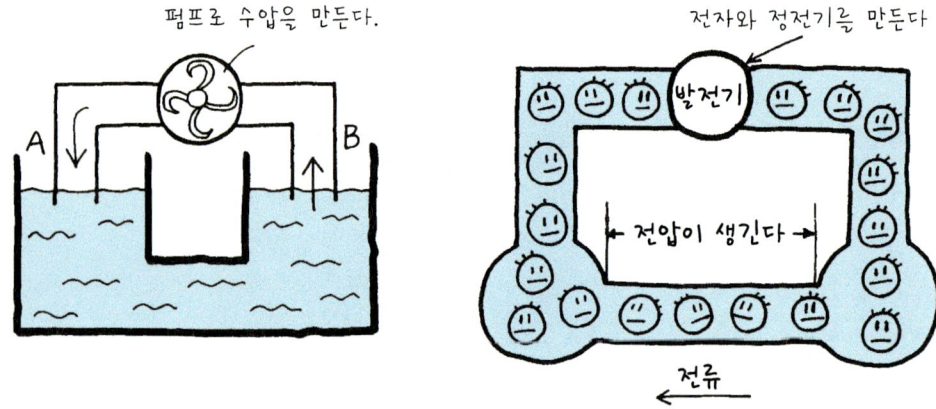

그림7 펌프와 발전기가 수압과 전압을 만든다.

　이 전압을 만들어 내는 힘을 **기전력(起電力)**이라 하며, 기전력을 발생시키는 것을 **전원(電源)**이라 하고 단위는 전압과 같은 볼트(V)를 사용한다.

　예를 들면 전지나 발전기는 전류를 계속해서 흐르게 하는 작용을 한다(그림7). 물과 전기를 비교하여 살펴보면, 발전기는 물을 퍼올리는 펌프이고, 전지는 저수지에 해당된다. 즉 이들은 전기가 흐르는 원천이 되는 것이므로 이것을 **전원**이라 부른다.

5 저항

　파이프에 물이 흐를 때, 일정한 수압을 가할 경우 파이프가 짧으면서 굵거나, 파이프의 내면(內面)이 매끄러우면 물은 쉽게 흐른다. 그러나 파이프가 가늘고 길며, 내면이 거칠면 물이 잘 흐르지 못한다.

　이것은 파이프의 상태에 따라 물의 흐름을 방해하는 힘이 다르기 때문이며, 이것을 파이프의 저항이라 한다.

이와 마찬가지로 전류가 흐르는 전선에도 전기의 흐름을 방해하는 성질이 있다. 이것을 파이프의 저항과 같이 전기적인 저항이라고 생각하며, **전기저항**이라 한다. 저항의 크기를 나타내는 단위는 옴(ohm 기호는 Ω)을 사용한다.

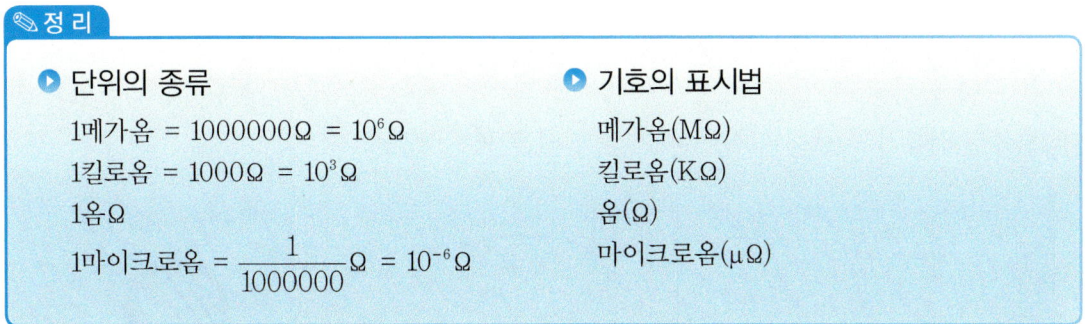

▶ **단위의 종류**
1메가옴 = 1000000Ω = 10^6Ω
1킬로옴 = 1000Ω = 10^3Ω
1옴Ω
1마이크로옴 = $\frac{1}{1000000}$Ω = 10^{-6}Ω

▶ **기호의 표시법**
메가옴(MΩ)
킬로옴(KΩ)
옴(Ω)
마이크로옴(μΩ)

저항의 종류에는 전선의 전기저항도 있지만, 전구나 모터 등의 부하도 그 나름대로의 저항을 갖고 있다. 저항은 전류의 흐름을 방해하기 때문에 전선의 저항이 크면 부하에 흐르는 전류가 감소하여 충분한 전기를 공급하지 못한다. 따라서 전선의 저항은 작을수록 좋다(그림8).

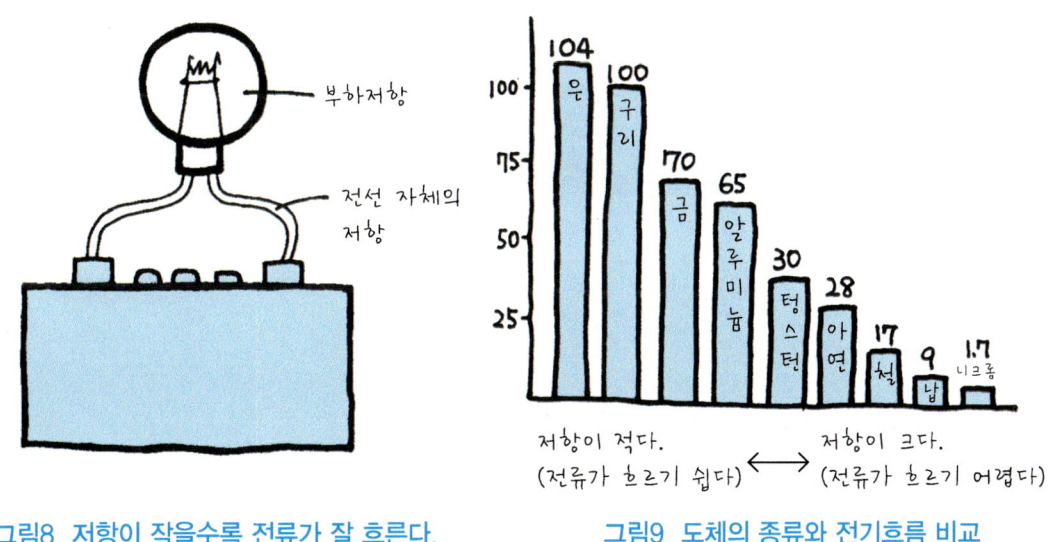

그림8 저항이 작을수록 전류가 잘 흐른다.   그림9 도체의 종류와 전기흐름 비교

그림9는 구리를 100으로 할 때 전류가 잘 통하는 성질을 다른 금속과 비교한 것이다.
전선은 전류가 흐르기 쉬운(저항이 작은) 구리나 알루미늄을 사용한다. 또 전기 스토브나 시거 라이터 등의 적열(赤熱)부분에는 니크롬(니켈과 크롬의 합금)을 쓰고, 전구의 필라멘트에는 텅스텐을 사용한다.

저항은 단면적과 길이에 따라 달라진다. 같은 재질의 전선이라도, 그 단면적의 크기(굵기)와 길이에 따라 저항이 다르다. 이것은 물로 바꾸어 생각하면 쉽게 알 수 있다(그림10).

① 단면적이 클(굵을)수록 저항이 작고 전류가 잘 흐른다.
② 길이가 짧을수록 저항이 작고 전류가 흐르기 쉽다.

즉 길이가 2배로 되면 저항은 2배로 증가되고, 단면적이 2배로 되면 저항은 1/2로 감소된다. 따라서 큰 전류가 흐르는 부하(전기 장치)에는 굵은 전선을 사용할 필요가 있고 반대로 작은 전류가 흐르는 부하에는 가는 전선을 써도 된다.

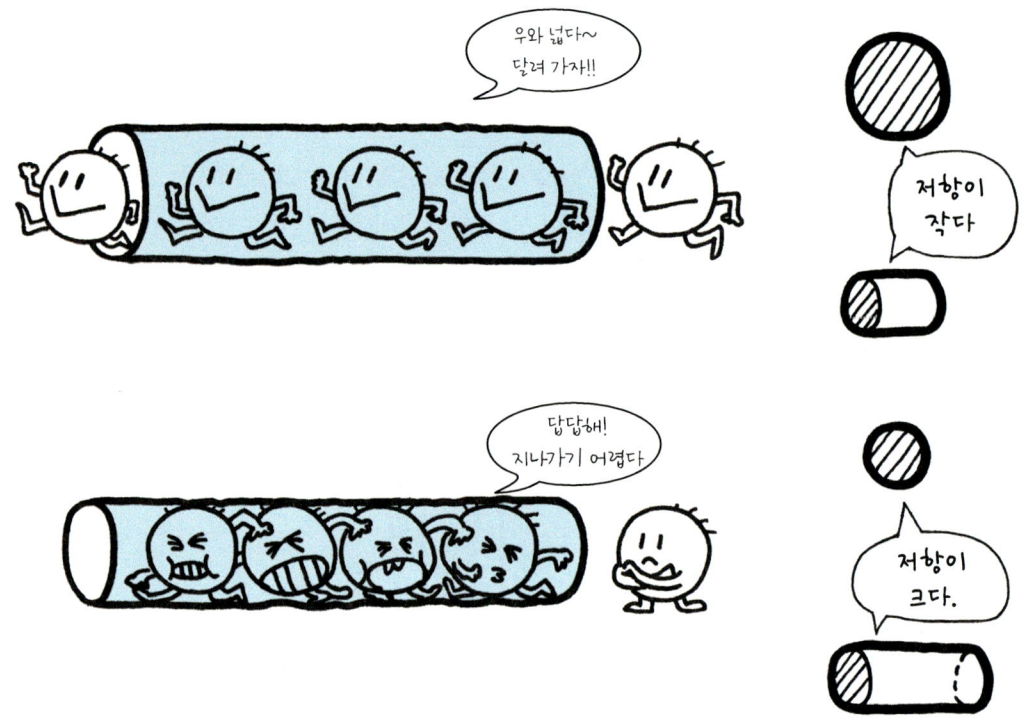

그림10 저항은 단면적과 길이에 따라 변한다.

금속 도체와 같이 고유저항이 작은 경우는, 저항의 단위를 $10^{-6} \Omega \cdot cm$ 또는 $\mu\Omega \cdot cm$를 사용한다. 따라서 저항은 재료의 저항률과 길이와 단면적에 따라 정리의 식으로 구할 수 있다.

정리

▶ 저항은 그 길이에 비례하고, 단면적에 반비례한다.

▶ 저항[Ω]
= 저항률[$\mu\Omega \cdot cm$] × $\dfrac{길이[cm]}{단면적[cm^2]}$

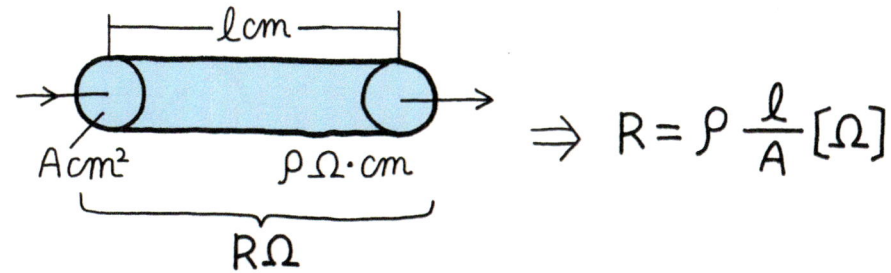

그림11 저항은 저항률, 길이, 단면적으로 구한다.

따라서 전선의 길이도 저항을 줄이기 위해 될 수 있는 대로 짧은 것이 좋다.

여러 가지 재료의 저항을 비교할 때는 그림12와 같은 1변이 1cm인 입방체에 화살표 방향으로 전류가 흐를 때의 저항을 기준으로 한다. 이 저항을 저항률이라 하고, 단위는 ($\mu\Omega \cdot cm$)로 나타낸다(표1).

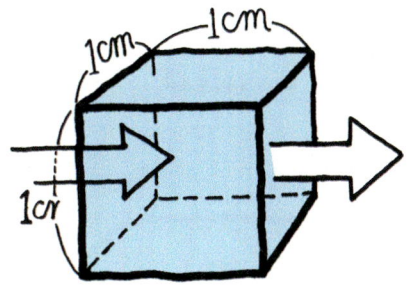

그림12 저항비교의 단위

표1. 재료의 저항률

재료명	저항률 ($\mu\Omega \cdot cm$)	재료명	저항률 ($\mu\Omega \cdot cm$)
은	1.62	황동	5.7
구리	1.69	철	10.0
금	2.40	강(鋼)	20.6
알루미늄	2.62	납	21.9
텅스텐	5.48	니크롬	100~110

(1) 저항의 작용

일반적으로 회로 안에서의 저항은 중요한 작용을 한다. 예를 들면 전기 기기나 전자 기기 안에서 전압을 낮추거나 전류를 제어하는 등의 목적으로 사용하고 있다(그림13).

따라서 이 저항이 갖고 있는 성질을 바르게 아는 것이 전자나 전기회로를 이해하는데 매우 중요하다.

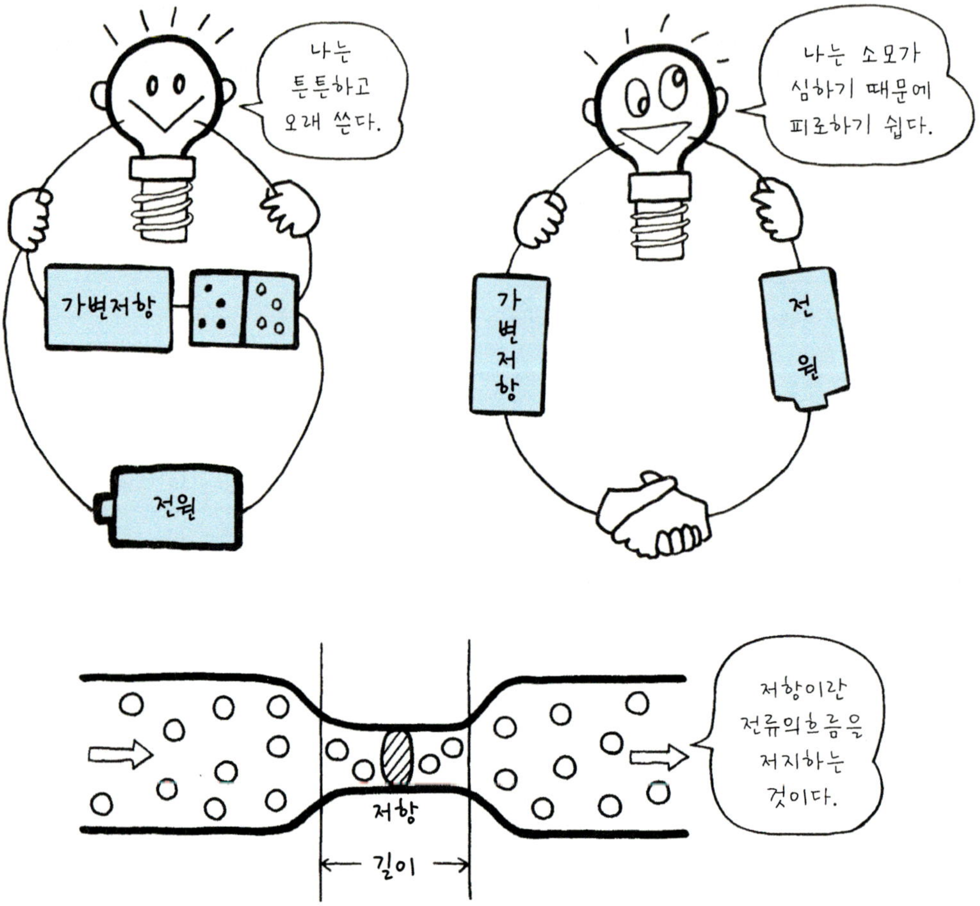

그림13 저항은 전압을 낮추거나, 전류를 제한한다.

① 도체의 길이와 굵기에 대하여

도체의 저항은 도체의 길이가 길수록 커지고 단면적이 클수록 작아진다. 이것을 펌프의 호스에 비유하면 잘 이해할 수 있다(그림14).

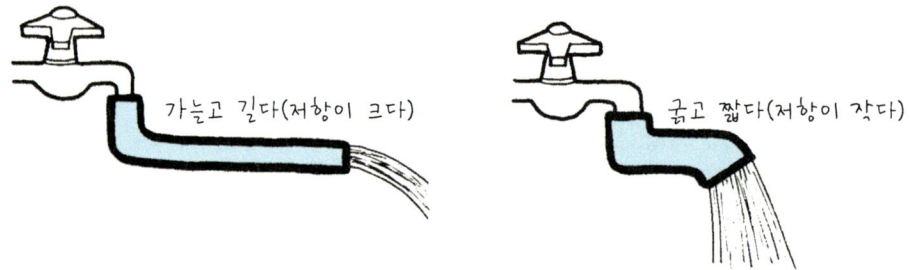

그림14 저항은 도체의 길이와 굵기에 영향을 받는다.

② 저항의 직렬, 병렬 접속

㉮ 직렬 접속

저항은 일반적으로 R 또는 r(resistance)로 나타내고 단위는 옴[Ω]을 사용한다.

그리고 저항이 회로 안에 있으면 전류는 흐르기 어렵게 된다. 또, 전기회로에서 2개의 저항을 직렬로 접속하면 전체 저항이 커지는데 이것을 **합성 저항**이라 한다. 저항의 회로 기호를 ─⋀⋀⋀─로 표시하고, 이 저항을 직렬로 접속하면 다음과 같이 된다.

예를 들면, 2개의 저항값을 30옴으로 하여 직렬로 접속하면 전체의 저항값은 각각의 저항값의 합계이며 60옴이 된다. 저항은 직렬 접속함으로써 저항값이 커진다. 그 이유는 전류가 긴 호스를 통하므로 제한을 받기 때문이다(그림15).

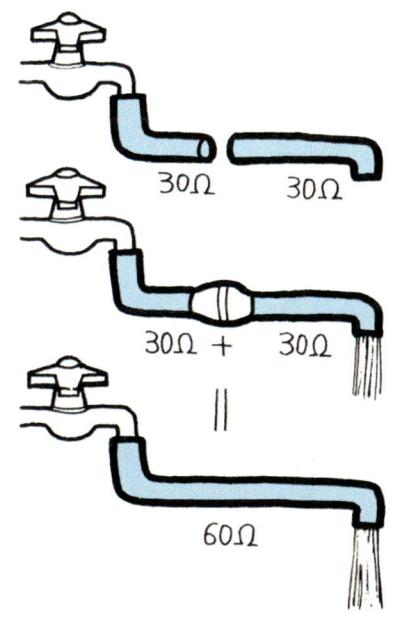

그림15 저항은 직렬로 접속하면 저항값이 증가한다.

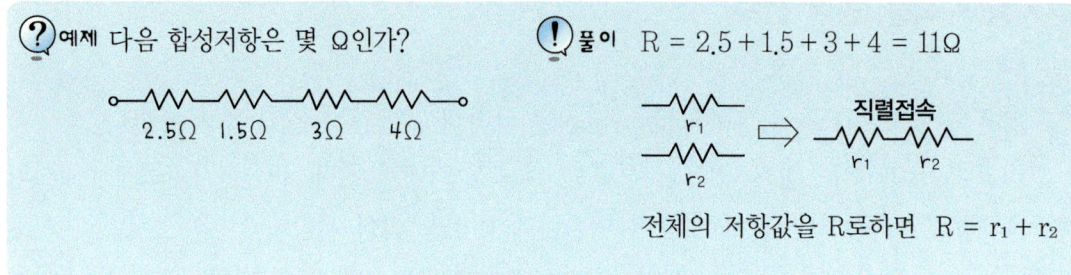

㈏ 병렬 접속

직렬로 했을 때 사용한 저항을 병렬로 접속하면 전체 저항은 감소한다. 앞의 예에서 2개의 저항을 병렬로 접속하면 전체의 저항값은 15Ω이 된다.

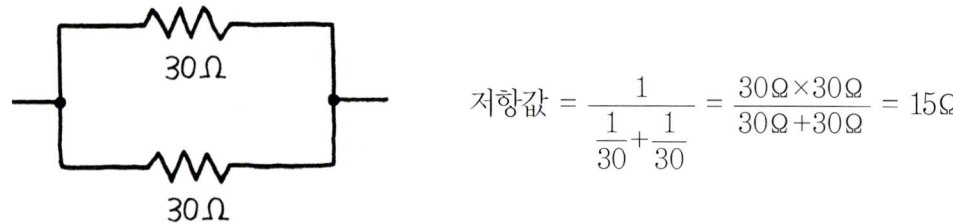

이와 같이 저항을 병렬로 접속하면 전체 저항값은 작아져 큰 전류가 흐르게 된다. 이것을 호스에 비유하면 물이 흐르는 호스가 증가한 것으로 생각할 수 있다(그림16).

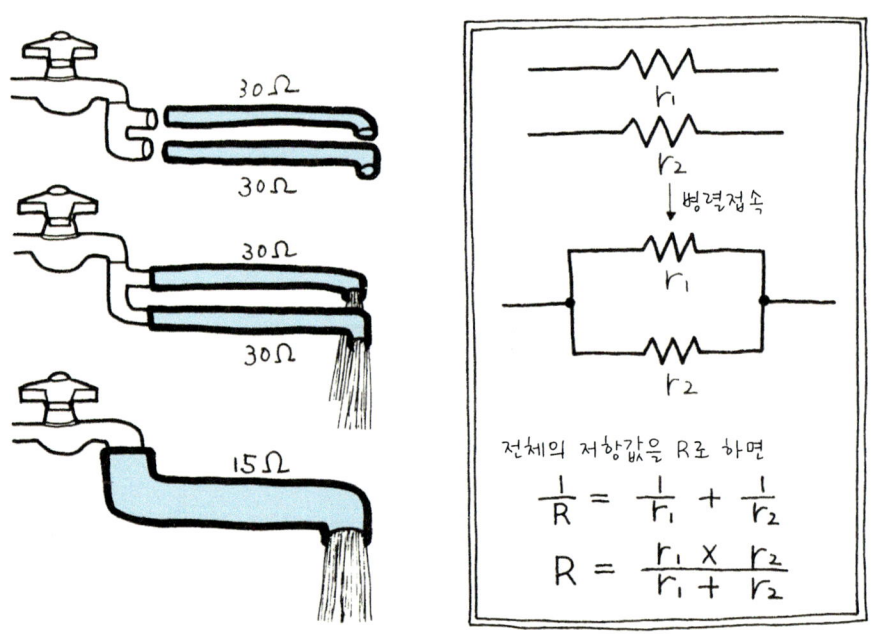

그림16 저항을 병렬로 접속하면 저항값이 감소한다

> **예제** 다음 합성저항은 몇 Ω인가?

①
- r_1 : 1Ω
- r_2 : 8Ω
- r_3 : 4Ω

② 4Ω, 4Ω, 4Ω, 4Ω (병렬)

풀이

① $R = \dfrac{1}{\dfrac{1}{r_1}+\dfrac{1}{r_2}+\dfrac{1}{r_3}} = \dfrac{1}{\dfrac{1}{1}+\dfrac{1}{8}+\dfrac{1}{4}} = \dfrac{1}{\dfrac{8+1+2}{8}} = \dfrac{1}{\dfrac{11}{8}} = \dfrac{8}{11} = 0.72\,\Omega$

② $R = \dfrac{1}{\dfrac{1}{4}+\dfrac{1}{4}+\dfrac{1}{4}+\dfrac{1}{4}} = \dfrac{1}{\dfrac{4}{4}} = 1\,\Omega$

(2) 저항의 종류

① 고정저항

고정저항에는 내전력값(耐電力値)이 수십와트(W)로 부터 4분의 1와트까지 여러 종류가 있다.

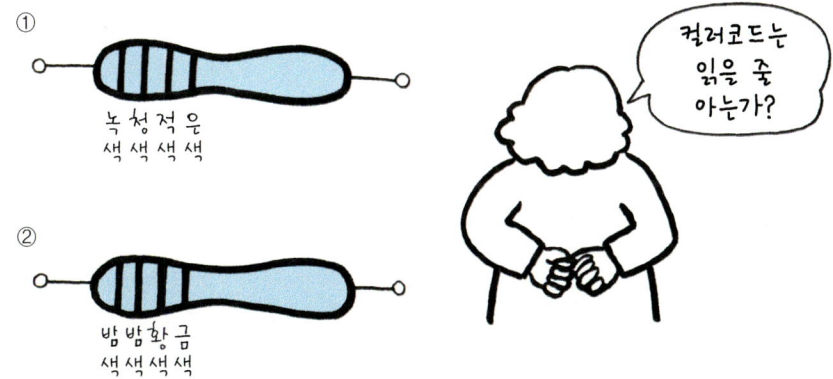

일반적으로는 권선(捲線) 저항, 시멘트 저항, 홀 저항이라 부르는 것을 많이 사용하고 있다. 이 외에도 카본 피막(被膜) 저항, 금속 피막 저항 등이 있다(그림17). 각 저항의 특징은 다음과 같다.

각 저항에는 저항값, 허용차(許容差)가 표시되어 있으며 솔리드 저항이나 카본 피막 저항 등에는 외부에 절연체를 식별하기 위해 띠의 색깔로 표시하고 있다.

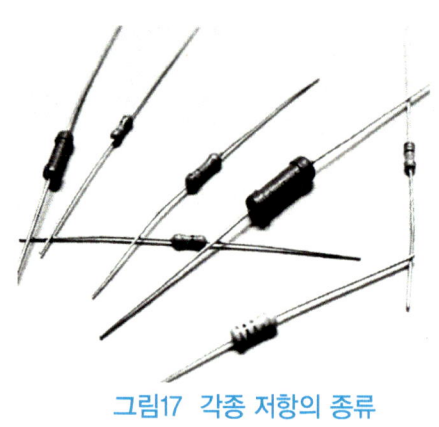

그림17 각종 저항의 종류

고정저항
- 카본 저항 : 가장 많이 쓰이고 있다.
- 솔리드 저항 : 주파수 특성이 좋다.
- 권선(捲線) 저항 : 안정되고 신뢰성이 높다.
- 홀 저항 : 큰 전류를 흐르게 할 수 있다.
- 금속 피막 저항 : 정도가 높고 온도 특성이 좋다.
- 산화 금속 피막 저항 : 내열성이 뛰어나다.
- 시멘트 저항 : 전류 용량이 크다.

그림18 각종 저항의 특징

② 컬러 코드를 읽는 법

고정저항에는 저항값과 오차를 색으로 지시한 것이 있다. 오차란 지시한 저항값과 다르더라도 허용되는 범위를 말한다.

즉 ±10퍼센트의 오차라 하면 지시된 저항값보다 10퍼센트 높은 것과, 10퍼센트 낮은 것 사이에 실제 저항값이 있다는 것이다. 그림19, 그림20에 컬러 코드를 읽는 법을 나타내었다.

시멘트 저항

색명 \ 색대	제1색대	제2색대	제3색대		제 4 색대
흑 색	0	0	제1·2색대의 그대로 1		
갈 색	1	1	10	0	±1%
적 색	2	2	10^2	00	±2%
등 색	3	3	10^3	000	
황 색	4	4	10^4	0,000	
녹 색	5	5	10^5	00,000	
청 색	6	6	10^6	000,000	
보라색	7	7	10^7	0,000,000	
회 색	8	8	10^8	00,000,000	
백 색	9	9	10^9	000,000,000	
금 색			10^{-1}	(0.1)을 곱한다.	±5%
은 색			10^{-2}	(0.01)을 곱한다.	±10%
무채색					±20%

그림19 컬러 코드의 색깔과 저항값

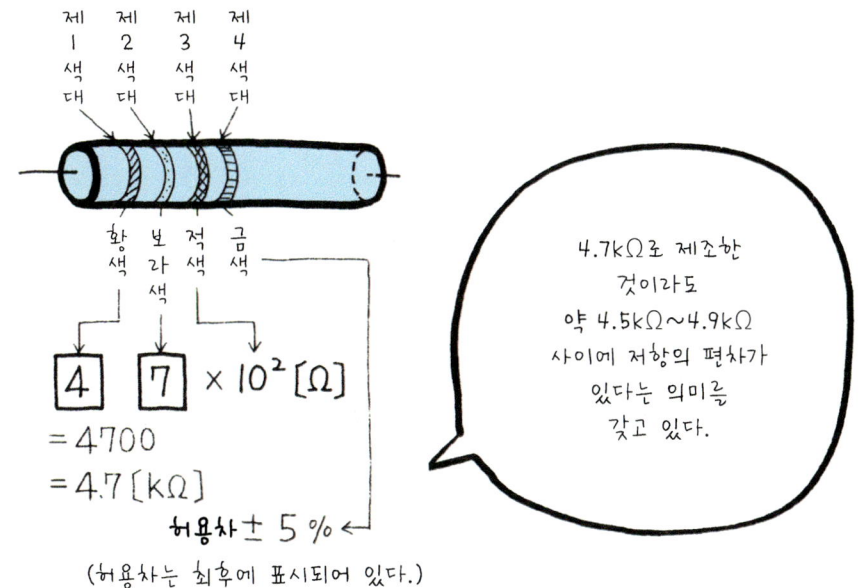

그림20 고정저항의 저항값은 "색(컬러 코드)"으로 식별할 수 있다(솔리드 저항의 예).

참고 컬러 코드를 읽는 실 예

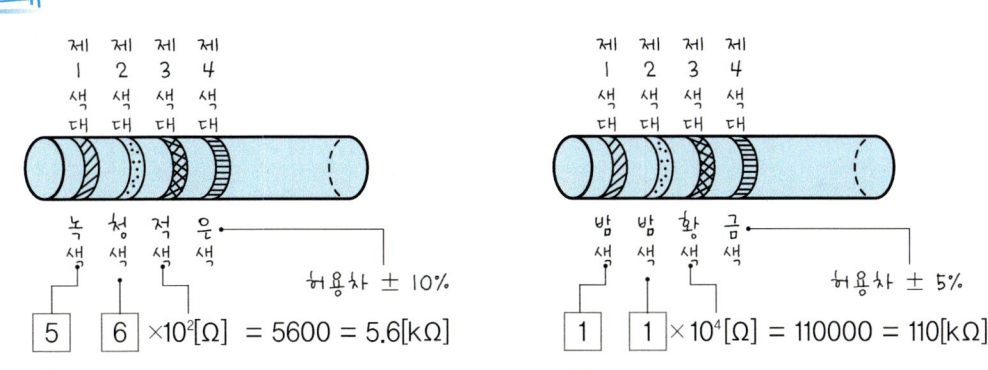

③ 가변저항

가변저항기는 저항 위의 접점을 섭동(攝動)함으로써 저항값을 변하게 하는 것이다. 통칭 볼륨(VR)이라 부르고, 최대의 저항값이 숫자로 표시되어 있다. 저항체의 종류에 따라 권선형과 카본 피막형 등이 있으며, 권선형은 저항값이 낮은 것이나 와트 수가 큰 것에 적합하고, 시간의 흐름에 따른 변화도 적어 안정되어 있다.

또한 가변저항은 크게 반(半)고정저항과 볼륨의 2가지로 나눈다(그림21).

가변저항
- 가변저항 볼륨 : 음량 조정 등. 항상 조정을 필요로 하는 곳에 사용한다.
- 반고정저항 : 한번 조정하면 거의 가변할 필요가 없는 곳에 사용한다.

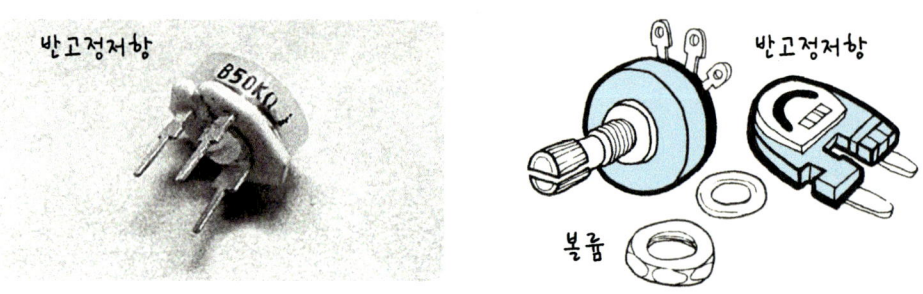

그림21 가변저항의 종류

형태	용 도
A	음량 조정용
B	감도 조정, 음질 조정
C	진공관의 스크린그리드 전압에 의한 재생 조정
D	고이득 앰프나 이어폰을 사용하는 포켓라디오등
MN	스테레오의 좌우 스피커의 밸런스

※ 볼륨에는 회전각도가 같더라도 저항값에 따른 변화 곡선이 있다.

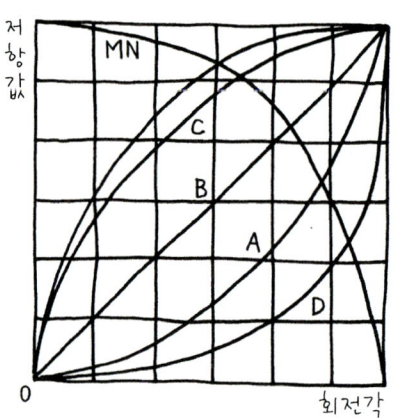

그림22 볼륨의 용도(좌)와 저항 변화 곡선(우)

④ 저항을 사용할 때의 주의

저항에 전류가 흐르면 열이 발생한다. 이 전류가 크면 열 때문에 저항값이 변화하거나 저항 자체가 소손(燒損)되기도 한다. 그래서 전류의 허용치가 와트 수로 정해져 있다. 이 와트 수는 전력을 가리키며 '전압×전류'로 나타낸다(그림23).

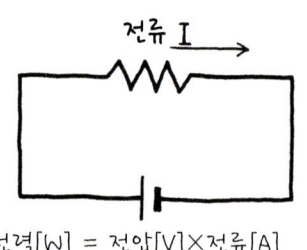

전력[W] = 전압[V]×전류[A]

그림23 전력은 "전압×전류"로 구한다

전력은 전기를 사용하는 일을 말하며 열이나 힘으로 바꾸는 파워이다. 보통의 저항은 8분의 1와트, 4분의 1와트로부터 10와트 정도까지의 와트 수가 있다. 보통의 전자회로에서는 4분의 1와트 정도의 저항으로 충분하며, 저항값이 낮고 전류가 많이 흐르게 할 때는 와트 수가 큰 것을 선택해야 한다.

⑤ 회로에서의 저항

흔히 문제가 되는 것이 전압강하이다.

그림24 (a)와 같은 회로에서는 전원 E에서 저항 R_1, R_2로 전류 I가 흐른다고 한다. 이때 $V_1 = IR_1$, $V_2 = IR_2$의 전압이 각각의 저항 양 끝에 생기게 된다. $E=V_1+V_2$의 관계에서 $V_2 = E-V_1 = E-IR_1$이 된다.

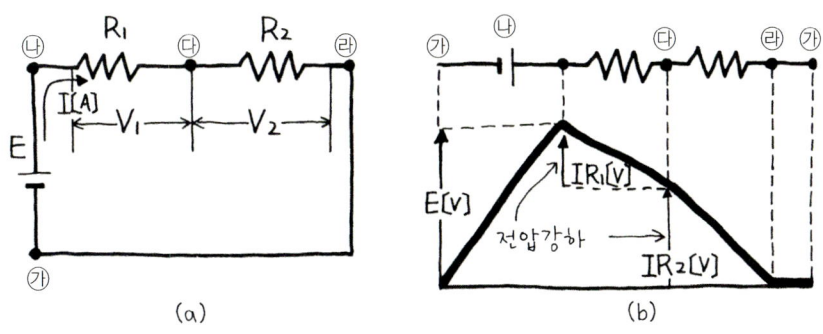

그림24 전압강하의 의미를 확실하게 알자

즉 저항 R_2의 양 끝 전압은 전원 전압 E[V]에서 V_1만큼 또는 IR_1만큼 낮아진 것이 되어, 이 $V_1=IR_1$을 전압강하라 한다.

전원 전압과 전압강하의 관계를 그래프로 나타내면 그림24 (b)와 같이 된다. 전원 전압의 ⊖극에서 ⊕극을 보면 전압의 크기만큼 높은 위치에 있으며, 전압은 각 저항을 통과할 때마다 낮아진다. 즉 저항 양 끝의 전압차(差)가 전압강하에 해당한다.

전류가 흐르고 있는 어느 회로 안의 2점 사이에 전압강하가 있으면 그 2점간에는 반드시 저항이 있게 된다. 큰 전류가 흐르고 있는 회로의 2점 사이에서 배선의 굵기가 적당하지 않으면 전압강하가 발생하는 경우가 있다.

❓**예제** 오른쪽 그림의 회로에서 2개의 저항을 직렬로 접속한 때의 전압강하는 얼마인가?

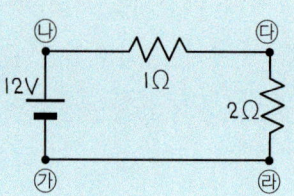

❗**풀이** 다음 그림과 같이 1Ω의 양 끝에서는,

$\dfrac{12}{1+2} \times 1 = \dfrac{12}{3} = 4[V]$ 이며 4[V]분이 되고,

2Ω의 양 끝에서는 $\dfrac{12}{1+2} \times 2 = \dfrac{24}{3} = 8[V]$

이며 8[V]분의 전압강하가 되어, 합하면 전원 전압쪽의 12[V]와 같은 12[V]의 전압강하가 된다.

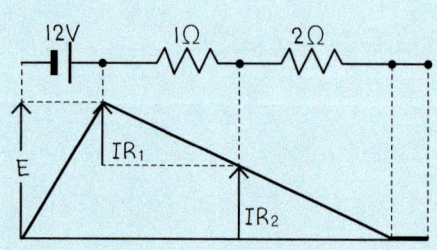

참고 저항의 기호

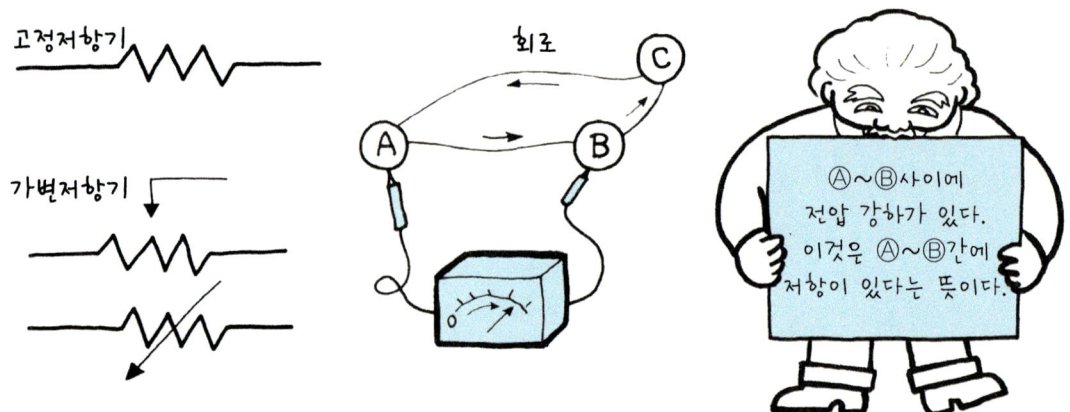

6 도체와 절연체

전류가 잘 흐르는 물체를 **도체**라 하고(금속 등), 반대로 흐르기 어려운 것을 **절연체**라 한다(종이, 나무, 공기 등). 즉, 도체란 저항이 적은 것이고, 절연체는 저항이 큰 것을 말한다. 물질에는 왜 이와 같은 차이가 있는지 알아보자.

금속 내부를 전자가 이동할 때, 전자는 금속을 구성하고 있는 원자에 끌리거나 반발되어 이동이 방해된다. 이것이 전기저항이 발생하는 원인이다.

그러나 자유전자가 많은 금속에서는 이동할 수 있는 전자의 수가 많을수록 전기저항이 작아져서 전류가 잘 흐른다(그림25).

> **정리**
> ① 절연체에는 자유전자가 없기 때문에 전자가 흐르지 않는다.
> ② 도체에는 이동이 용이한 자유전자가 있다.
> ③ 절연체에는 이동이 용이한 자유전자가 없다.

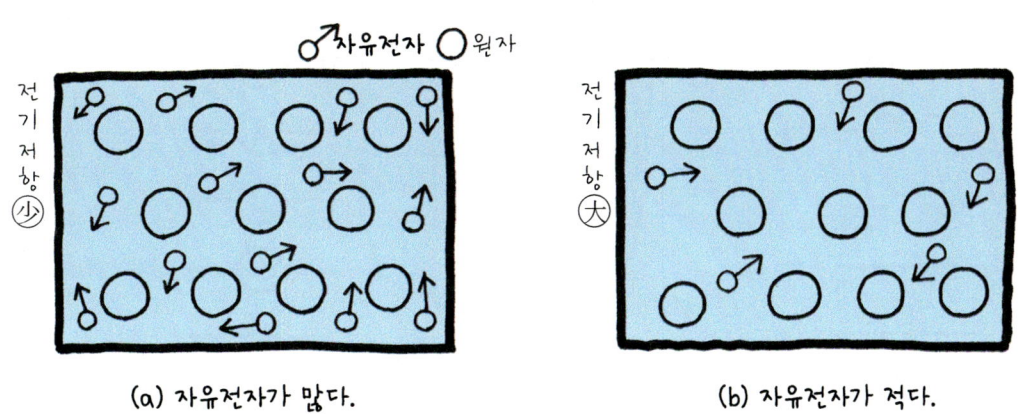

(a) 자유전자가 많다. (b) 자유전자가 적다.

그림25 자유전자가 많을수록 저항은 작다.

7 전기장치의 기호

전기가 흐르는 전기회로를 보기 쉽게 나타내기 위해 그림 기호를 사용하고 있다(그림26).

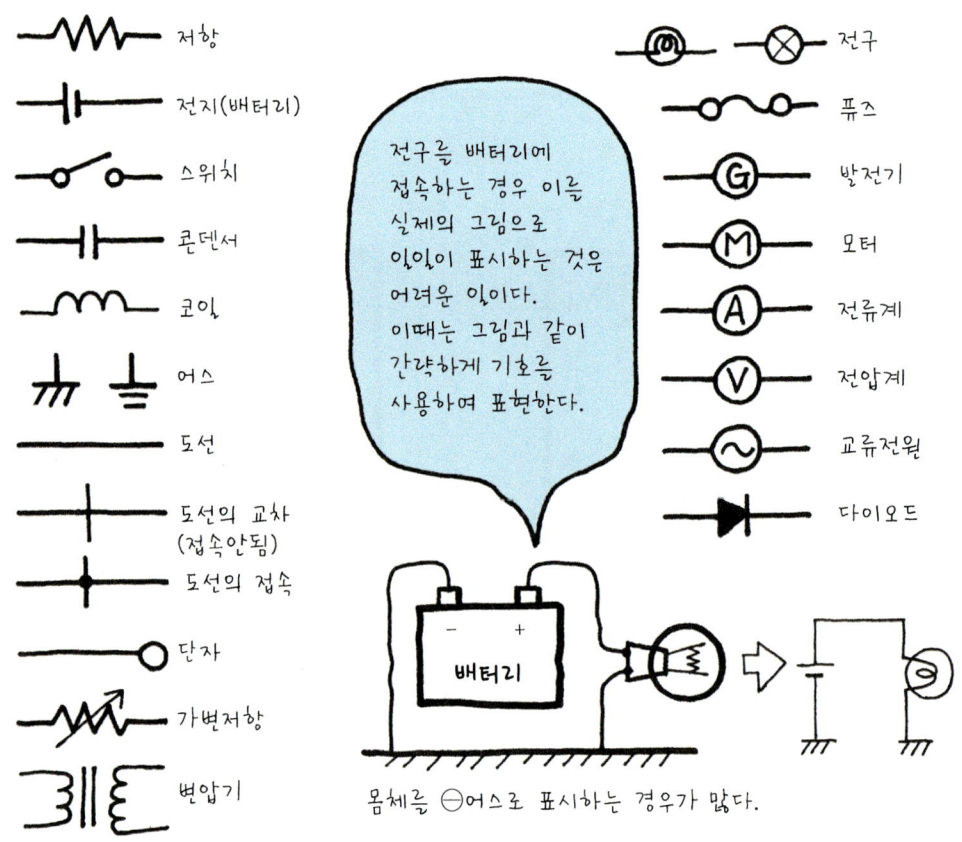

※ 전기장치의 기호 및 그에 따른 상세한 기능은 부록편을 참조하세요.

그림26 전기장치의 기호

03 전기회로

1 옴(ohm)의 법칙

저항에 전압을 가하면 전기회로에 전류가 흐른다. 이 저항, 전류의 관계를 1827년 독일의 과학자 **옴**이 조사하여 전기의 기본 법칙이 되는 중요한 법칙을 발견했다.

그림27과 같이 전지에 전구를 접속해보자. 전지 1개에 전구 1개를 접속한 경우를 (a), 전지 1개에 전구 2개를 접속한 경우를 (b), 전지 2개에 전구 1개를 접속한 경우를 (c)로 한다. 전구의 밝기는 (b)보다 (a), (a)보다 (c)가 밝다.

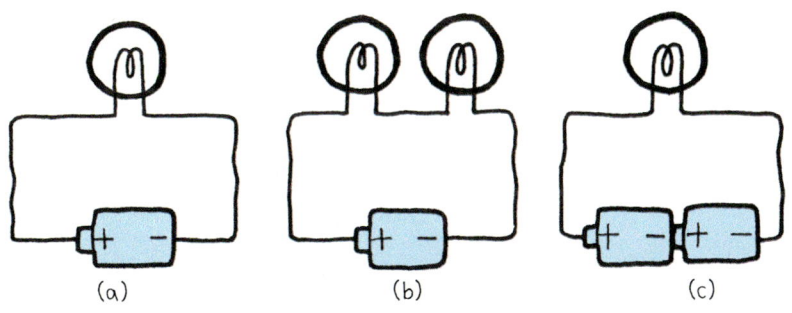

그림27 전구와 배터리의 접속 예

전류도 이와 같다. 즉, 「도체에 흐르는 전류의 크기는 도체의 양 끝에 가한 전압에 비례하고, 그 도체의 저항에 반비례한다.」 이것을 **옴의 법칙**이라 한다. 여기서 도체에 가한 전압 E를 볼트[V], 도체의 저항 R를 옴[Ω], 흐르는 전류 I를 암페어[A] 단위로 하면 이 법칙은 다음 식으로 성립된다(그림28).

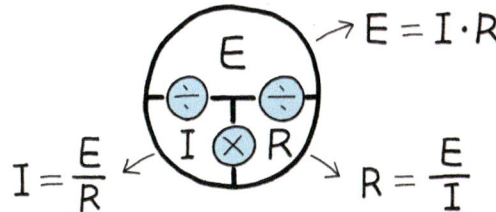

그림28 옴의 법칙을 외우는 방법

$$E = I \cdot R \qquad I = \frac{E}{R} \qquad R = \frac{E}{I}$$

> 공식
>
> $$전류[암페어] = \frac{전압[볼트]}{저항[옴]}$$

다시 말하면 전류는 전압을 저항으로 나눈 것이다. 여기서 전류는 I, 전압은 E, 저항은 R이라는 기호로 나타내면 다음과 같다.

$$I[A] = \frac{E[V]}{R[\Omega]} \quad \cdots\cdots \text{①} \qquad \text{①식을 변형하여 저항을 구하면,} \qquad R[\Omega] = \frac{E[V]}{I[A]} \quad \cdots\cdots \text{②}$$

가 된다. 즉 저항 R은 저항에 가하는 전압과 저항에 흐르는 전류의 비(比)로 구한다.

또 전압을 구하면, $\quad E[V] = I[A] \times R[\Omega] \cdots\cdots$ ③

이 되고, 전압 E는 R[Ω]의 저항에 I[A]의 전류가 흐르는 데 필요한 전기적 압력이라는 것을 알 수 있다.

① 전압과 저항을 알고 전류를 구하는 경우

?예제 1. 저항이 6Ω인 램프에 12V의 전압을 가한 경우 흐르는 전류는 얼마인가?

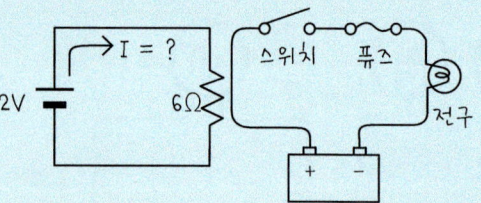

!풀이 옴의 법칙 ①에서 $I = \dfrac{E}{R}$

$E = 12[V]$, $R = 6[\Omega]$, $I = \dfrac{12}{6} = 2[A]$

∴ 단, 램프 저항은 변화하지 않는 것으로 생각한다.

② 전압과 전류를 알고 저항을 구하는 경우

?예제 2. 24V의 전압에 어느 저항을 접속했을 때 8A의 전류가 흘렀다. 저항은 얼마인가?

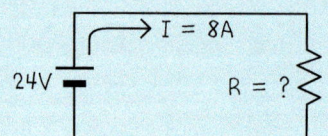

!풀이 [풀이] 옴의 법칙 ②에서

$R = \dfrac{E}{I}$

$E = 24[V]$, $I = 8[A]$,

$R = \dfrac{24}{8} = 3[\Omega]$

③ 저항과 전류를 알고, 전압을 구하는 경우

예제 3. 50Ω의 저항에 2A의 전류가 흐르려면 몇 볼트의 전압이 필요한가?

풀이 옴의 법칙 ③에서 $E = I \cdot R$
$I = 2[A]$, $R = 50[Ω]$,
$E = 2 \times 50 = 100[V]$

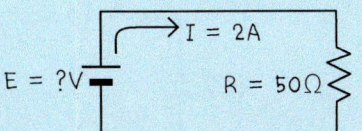

2 직렬접속

전류가 한 길로 흐르도록 전구 등의 부하를 접속하는 방법을 **직렬접속**이라 한다.

그림29에서 3개의 전구에 어느 것이나 같은 전류값이 흐르므로 각 전구에는 배터리의 전압을 분할한 전압이 걸리게 된다. 또 회로의 총저항은 각 저항의 합계와 같으므로 이 접속에서 각각의 전구에 흐르는 전류는 같고 각 전구에 가해지는 전압의 합계는 배터리의 전압과 같다는 것을 알 수 있다.

그림29에서 저항 R_1, R_2, R_3에 가하는 전압을 각각 E_1, E_2, E_3으로 하고, 회로에 흐르는 전류를 I로 하면 전체적인 전압 E는,

$$E = E_1+E_2+E_3 = IR_1+IR_2+IR_3 = I(R_1+R_2+R_3)$$

가 된다.

그림29 전구와 배터리의 접속 예

이때 저항 R은 R₁, R₂, R₃ …가 직렬접속이므로 전체의 저항(이것을 **합성저항**이라 한다)은 다음과 같다.

합성저항 R = R₁+R₂+R₃[Ω]

예를 들면 그림30과 같은 직렬접속의 경우, 전류는 ㉮~㉱점의 어느 곳이나 동일하다.

R = R₁+R₂+R₃ = 6+4+2 = 12[Ω]

$I = \dfrac{E}{R} = \dfrac{12}{12} = 1[A]$

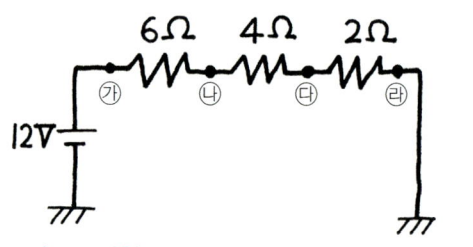

그림30 저항이 직렬접속일 때 저항은 모두 같다

예제 1. 다음 그림의 합성저항은 몇 Ω인가?

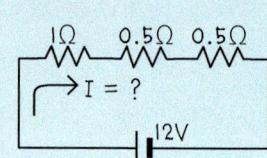

풀이 R = 3Ω+4Ω+2Ω = 9Ω

예제 2. 다음 그림의 회로에 흐르는 전류는 얼마인가?

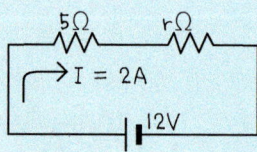

풀이 R = 1Ω+0.5Ω+0.5Ω = 2Ω

$I = \dfrac{E}{R}$ 에서 $\dfrac{12}{2} = 6[A]$

예제 3. 다음 그림의 R은 몇 Ω인가?

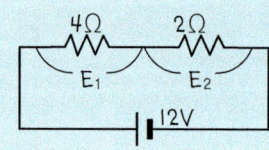

풀이 $R = \dfrac{E}{I}$ 에서 $\dfrac{12}{2} = 6[Ω]$

R = 5+r = 6[Ω]

r = 6-5 = 1[Ω]

예제 4. 아래 그림의 E₁, E₂는 각각 몇 V가 흐르는가?

풀이 R = 4Ω+2Ω = 6[Ω]

$I = \dfrac{E}{R} = \dfrac{12}{6} = 2[A]$

E₁ = I×r = 2×4 = 8[V]

E₂ = I×r = 2×2 = 4[V]

> **정리**
> 직렬접속은 다음과 같은 특징이 있다.
> ① 회로의 저항값은 저항의 합계와 같다.
> ② 회로 안의 각 저항에는 같은 크기의 전류가 흐른다.
> ③ 각 저항에 걸리는 전압의 합계는 전원 전압과 같다.

3 병렬접속

그림31과 같이 전류가 2개 이상의 통로로 나뉘어 흐르도록 전구를 접속하는 방법을 **병렬접속**이라 한다.

2개의 전구에는 어느 것이나 같은 값의 전압이 작용한다. 따라서 접속하는 전장품의 전압은 전원 전압과 같지 않으면 안된다. 이때「전원에서 오는 전류는 각 전장품에 흐르는 전류의 합계」가 되므로 병렬로 접속한 전장품이 많을 때는 용량이 큰 전원을 사용할 필요가 있다.

그림31 병렬 접속일 경우

그림31에서 저항 R_1, R_2에 흐르는 전류를 각각 I_1, I_2라 하고, 전원 전압을 E로 하면, 전체적으로 전류 I는

$$I = I_1 + I_2 = \frac{E}{R_1} + \frac{E}{R_2} = \left(\frac{1}{R_1} + \frac{1}{R_2}\right)E \, [A]$$

$$\therefore I \cdot \frac{1}{\frac{1}{R_1} + \frac{1}{R_2}} \text{로 된다. } I \cdot R = E \text{ 이므로 } R = \frac{1}{\frac{1}{R_1} + \frac{1}{R_2}} \text{ 에서,}$$

R은 합성저항이라 한다. 또는 합성저항은, $\frac{1}{R} = \frac{1}{R_1} + \frac{1}{R_2}$로도 나타낼 수 있다.

이와 같이 2개 이상의 저항을 병렬로 접속했을 때 각각의 저항을 R_1, $R_2 \cdots R_n$로 하면, 합성 저항 R은,

$$R = \frac{1}{\frac{1}{R_1} + \frac{1}{R_2} \cdots + \frac{1}{R_n}}$$

이 된다. 즉 병렬접속한 경우의 합성저항은 각 저항값의 역수(逆數)의 합계를 역수로 나타낸다. 예를 들면, 병렬접속한 경우에 전류는 갈라져 흐른다. 이것을 분류(分流)라 하고, 강의 흐름에 비유하면 그림32와 같이 된다.

> **정리**
>
> 병렬접속은 다음과 같은 특징이 있다.
> ① 각 저항에는 같은 전원 전압이 걸린다.
> ② 전원으로부터 흐르는 전류의 합은 각 저항에 흐르는 전류와 같다.
> ③ 회로 전체 저항의 합계는 각 저항의 어느 것보다 작다.

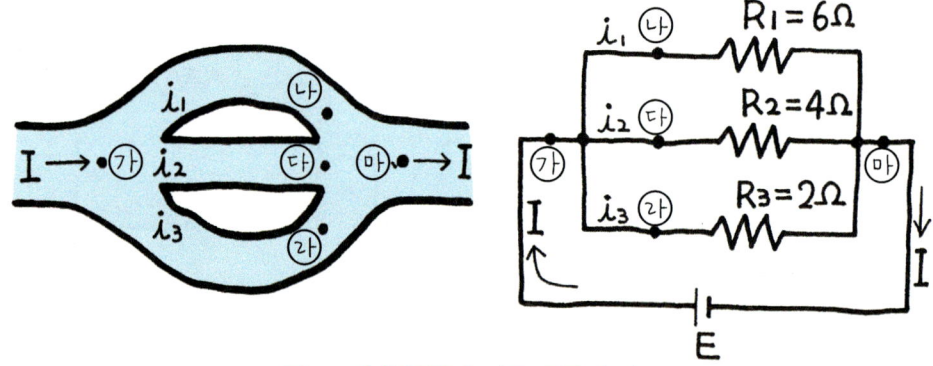

그림32 강의 흐름과 전류 흐름의 비교

① **병렬 회로와 전원 전압**

그림33과 같이 배터리의 ⊕단자와 ⊖단자를 각각 접속할 경우는, 전압은 1개일 때와 같으나, 용량은 개수에 비례하여 증가된다.

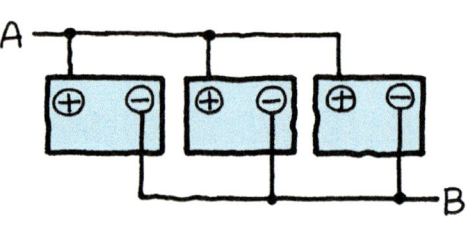

그림33 전원을 병렬 접속했을 때

② 합성저항을 달리 구하는 법

지금까지 설명한 합성저항을 구하는 법은 전류를 구한 다음 옴의 법칙으로 계산하는 방법이다. 그러나 다음과 같은 공식으로 구하는 방법도 있다.

합성저항(병렬)은

$$R = \cfrac{1}{\cfrac{1}{R_1}+\cfrac{1}{R_2}+\cfrac{1}{R_3}+\cdots\cdots}\;[\Omega]$$

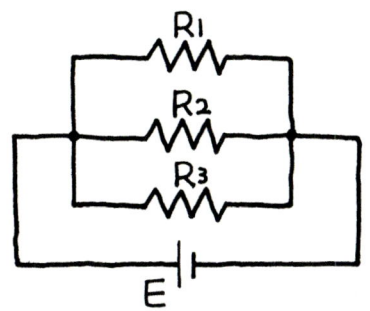

? 예제 2. 그림에서 합성저항은 얼마인가?

! 풀이 $R = \cfrac{1}{\cfrac{1}{R_1}+\cfrac{1}{R_2}+\cfrac{1}{R_3}} = \cfrac{1}{\cfrac{1}{20}+\cfrac{1}{30}+\cfrac{1}{60}} = \cfrac{1}{\cfrac{3}{60}+\cfrac{2}{60}+\cfrac{1}{60}} = \cfrac{1}{\cfrac{6}{60}} = \cfrac{60}{6} = 10[\Omega]$

※ 병렬접속한 합성저항의 값은, 각각의 저항값보다 작은 수치가 된다.

? 예제 1. 오른쪽 그림의 합성저항 R과 전류 I는 얼마인가?

! 풀이 ① R_2와 R_3의 합성저항 R'를 구하면, $R' = \cfrac{1}{\cfrac{1}{R_2}+\cfrac{1}{R_3}} = \cfrac{1}{\cfrac{1}{6}+\cfrac{1}{2}} = \cfrac{1}{\cfrac{4}{6}} = \cfrac{6}{4} = 1.5[\Omega]$

② 회로의 전체적인 합성 저항 R를 구하면, $R = R_1+R' = 2.5\Omega+1.5\Omega = 4[\Omega]$

③ 전류 I를 구하면, $I = \cfrac{E}{R} = \cfrac{12}{4} = 3[A]$

4 전압은 어떻게 걸리는가

그림34의 회로에 흐르는 전류는 $I = \dfrac{E}{R} = \dfrac{12}{4} = 3[A]$ 이다.

여기에 다시 2Ω의 저항을 직렬로 접속하면 전구가 어두워지는 것을 알 수 있다. 그 이유는 저항이 2+4 = 6Ω으로 커져서 전류는 $I = \dfrac{E}{R} = \dfrac{12}{6} = 2[A]$로 감소하기 때문이다.

전구의 저항은 전류에 의해 변화하나, 여기서는 일정한 것으로 하였다.

이것을 다른 방법으로 바꾸어 생각해보면 전구에 가하는 전압이 2Ω의 저항을 넣기 전에는 12V의 전압이 그대로 가해지나, 2Ω의 저항이 들어가면 흐르는 전류는 2A가 되고 2Ω의 저항에는 2×2 = 4V의 전압이 걸린다. 그리고 전구에는 2×4 = 8V의 전압이 걸린다. 그러므로 걸리는 전압은 12V에서 8V로 저하되기 때문에 전구가 어두워진다(그림35).

2개 이상의 저항을 직렬로 접속하여 전류가 흐르면, 각각의 저항값에 따라 전원 전압이 나뉘어 가해지게 된다.

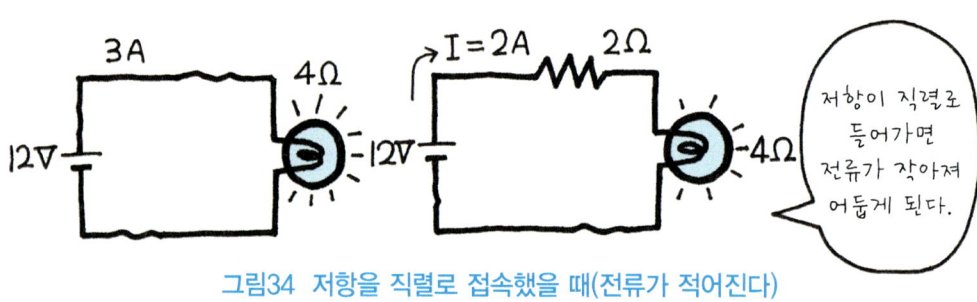

그림34 저항을 직렬로 접속했을 때(전류가 적어진다)

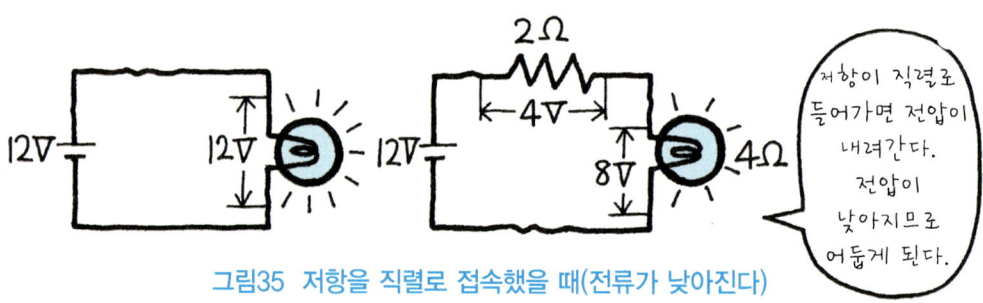

그림35 저항을 직렬로 접속했을 때(전류가 낮아진다)

📝 정리

① 각 저항에 가해지는 전압의 합계는 전원 전압과 같다.
② 각 저항에 가해지는 전압은 저항의 비율로 결정된다.

예제 1. 그림의 각 저항에 걸리는 전압은 몇 V인가?

풀이 합성저항 R은, R = 1+2+3 = 6[Ω] $I = \dfrac{E}{R} = \dfrac{12}{6} = 2[A]$

1Ω → 1×2 = 2V   2Ω → 2×2 = 4V   3Ω → 3×2 = 6V

5 전압강하

그림36과 같이 전구 회로에 2Ω의 저항을 추가하면 전구에 가해지는 전압은 12V에서 8V로 저하된다. 이것을 **전압강하**라 한다. 즉 2Ω의 저항으로 인해 4V의 전압강하가 발생했다. 이때문에 전구에 걸리는 전압은 8V로 낮아진다.

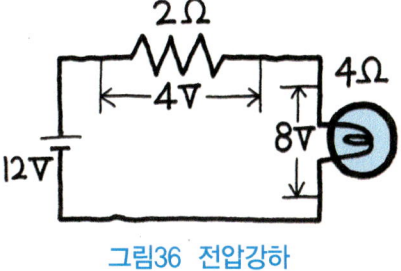

그림36 전압강하

예제 1. 전구에 가해지는 전압 e는 몇 V인가?

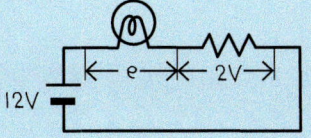

풀이 각각의 전압강하(부하에 걸리는 전압)의 합계는 전원 전압과 같다.
e+2 = 12[V]
e = 12-2 = 10[V]

예제 2. 100A의 전류가 흐르는 큰 전기장치의 회로에 0.1[Ω]의 여분의 저항이 들어가면, 전압강하는 얼마나 발생하는가?

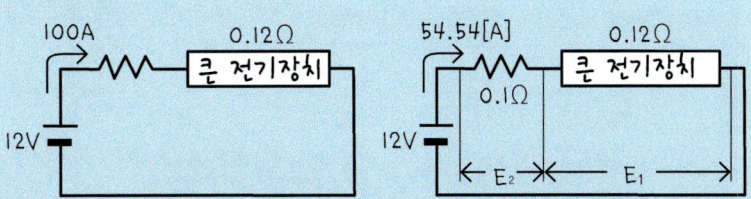

> **풀이** 100A의 전류가 흐르는 큰 전기장치의 회로에서 전기장치의 저항은
>
> $R = \dfrac{E}{I}$ 에서 $\dfrac{12}{100} = 0.12[\Omega]$
>
> 이 회로에 0.1Ω의 여분의 저항을 넣으면 회로 전체의 저항은 0.12+0.1 = 0.22[Ω]
>
> 회로에 흐르는 전류는 $I = \dfrac{E}{R}$에서 $\dfrac{12}{0.22} = 54.54[A]$
>
> 가 되어 전류는 100[A]에서 54.54[A]로 감소한다. 또 E_1, E_2의 양 끝 전압을 구하면,
>
> $E_1 = 54.54[A] \times 0.12 = 6.54[V]$ $E_2 = 54.54[A] \times 0.1 = 5.46[V]$
>
> 따라서 전기장치에 걸리는 전압은 12[V]에서 6.54[V]로 되어 5.46[V]의 전압강하가 된다.

 참고 저항이 클수록 전압강하가 커진다.

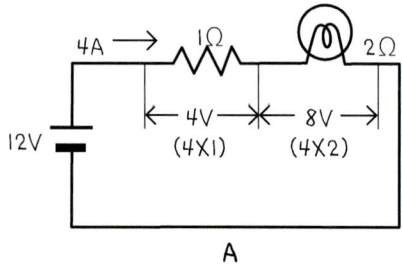
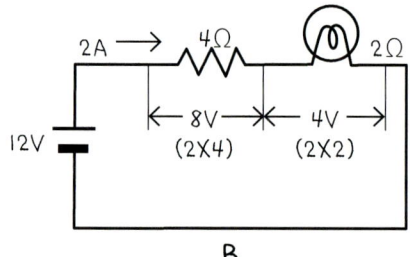

상기 그림 (a), (b)와 같이 직렬접속의 경우 전압강하 = 전류×저항으로 나타내므로 저항이 클수록 전압강하는 커진다.

> **예제 3.** 2A의 전류가 흐르는 작은 전기장치의 회로에 0.1Ω의 여분의 저항이 들어가면 전압강하는 얼마나 되는가?

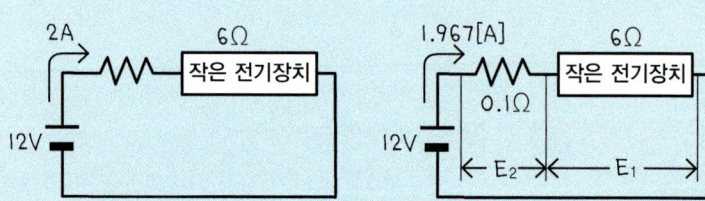

> **풀이** 전기장치의 저항은 $R = \dfrac{E}{I}$에서 $\dfrac{12}{2} = 6[\Omega]$
>
> 회로 전체의 저항은 6+0.1+6.1[Ω]

회로에 흐르는 전류는 $I = \dfrac{V}{R}$에서 $\dfrac{12}{6.1} = 1.967[A]$가 되어, 2A의 전류와 거의 비슷하다.

또 E_1과 E_2의 양 끝의 전압을 구하면,

$E_1 = 1.967 \times 6 = 11.80[V]$ $E_2 = 1.967 \times 0.1 = 0.1967[V]$

따라서 전기장치에 걸리는 전압은 11.8[V]가 되어, 전원 전압 12V보다 그다지 내려가지 않고, 전압강하도 적다(12−11.8 = 0.2V).

정리

① 부하 회로에 직렬로 저항이 들어가면 저항의 양 끝에 걸리는 전압의 크기만큼 부하에 걸리는 전압은 강하한다.
② 이 전압강하는 저항×전류로 나타낸다.
③ 따라서 회로에 흐르는 전류가 커지면 전압강하도 커진다.

6 전류, 전압, 저항의 측정 방법

(1) 전류의 측정 방법

회로에 흐르는 전류를 측정하려면 전류계를 회로 내에 직렬접속한다.

접속시 전류계에 대해 전류가 흘러들어가는 방향(전원 쪽)에 ⊕단자를 접속하고, 그 반대쪽에 ⊖단자를 접속한다(그림37).

그림37 전류계의 접속방법

 전류계나 전압계는 측정할 수 있는 최대값(定格)이 정해져 있다. 측정할 때 사용하는 전류계의 최대 측정값을 넘지 않도록 주의해야 한다. 또 전류계 자체의 저항(내부 저항)은 극히 적어 0Ω에 가까우므로 전류계를 잘못 하여 병렬로 접속하면 합선이 되어 고장 난다. 따라서 충분히 주의하여 측정할 필요가 있다.

(2) 전압의 측정 방법

회로의 전압을 측정할 때는, 측정하려고 하는 단자의 양 끝에 병렬로 접속한다(그림 38). 그리고 전압이 높은 쪽(전원 쪽)에 ⊕단자를 접속하고, 낮은 쪽(어스 쪽)에 ⊖단자를 접속한다.

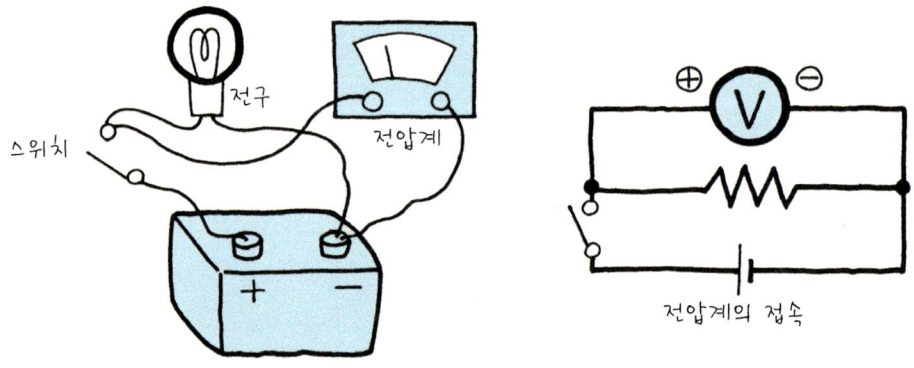

그림38 전압계의 접속방법

 전압계 자체의 저항(내부 저항)은 매우 커, 거의 무한대에 가까우므로 전압계를 잘못하여 회로에 직렬로 접속하면 정확한 전압을 측정할 수 없다. 그러나 전압계는 손상되지 않는다.

(3) 저항의 측정 방법

저항을 측정할 때는 회로에서 측정물을 분리한 후 측정하려고 하는 양 끝에 저항계를 접속하여 저항값을 측정한다(그림39).

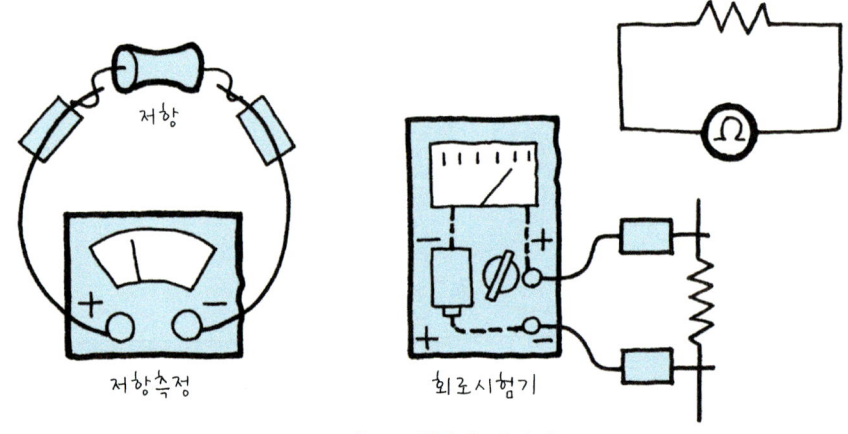

그림39 저항 측정방법

 회로시험기는 선택 스위치의 위치에 따라 전류, 전압, 저항을 측정할 수 있는데, 저항 측정 위치일 경우 내부에 들어 있는 배터리로 작동(바늘이 움직인다)하도록 되어 있다. 또 각 위치마다 0점 조정을 한 다음에 측정해야 한다.

04 전류의 작용

1 전류의 3가지 작용

(1) 발열작용

이 작용은 전등, 전열기(그림 40), 다리미, 전기히터 등에 널리 이용되고 있다.

금속에는 전류의 흐름을 막으려고 하는 전기저항이 있다. 이 전기저항에 전류가 흐르면 열이 발생한다. 일정한 시간 내에 발생하는 열량은 저항의 값이 크고, 전류가 많을수록 커진다. 발열 부분의 온도가 높아지게 되면, 적열(赤熱)에서 백열(白熱)로 바뀌어 빛이 많이 발생한다. 빛을 이용한 것으로는 각종 전구(그림41)가 있다.

그림40 전열기(전기의 발열작용)

그림41 빛을 이용한 전구류(전기의 발열작용)

(2) 자기(磁氣)작용

전기에너지를 기계에너지로 바꾸고, 또 기계에너지를 전기에너지로 바꾸는 작용을 한다. 전기가 하는 일(動力)은 대부분 이 작용을 응용한 것이다.

철심(鐵心)에 코일을 감아 전류를 흐르게 하면 자석이 된다. 이것을 전자석(電磁石)이라 한다(그림 참조). 전자석의 세기는 코일의 권수(捲數)가 많을수록, 그리고 전류가 클수록 강하다. 이 원리는 모터에도 이용되고 있다.

자동차에 사용하는 것으로는 ① 전기에너지를 기계적에너지로 바꾸는 작용을 이용한 것으로 각종 모터류, 릴레이 등이 있고, ② 기계에너지를 전기에너지로 바꾸는 작용을 이용한 것으로 발전기가 있다.

철심에 2개 이상의 독립된 코일을 감은 다음 하나의 코일에 전류가 흐르면 자기(磁氣)가 발생한다. 이 전류의 흐름을 주기적으 변화시키면 (on-off시키면), 그에 따라 자기의 세기도 주기적으로 변화하고 다른 코일에 전기를 발생시킨다 (그림42). 이것이 변압기의 원리이며, 승압기 또는 감압기 등에 응용하고 있다.

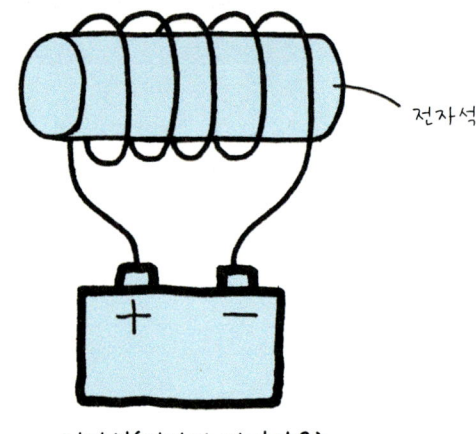

전자석(전자의 자기작용)

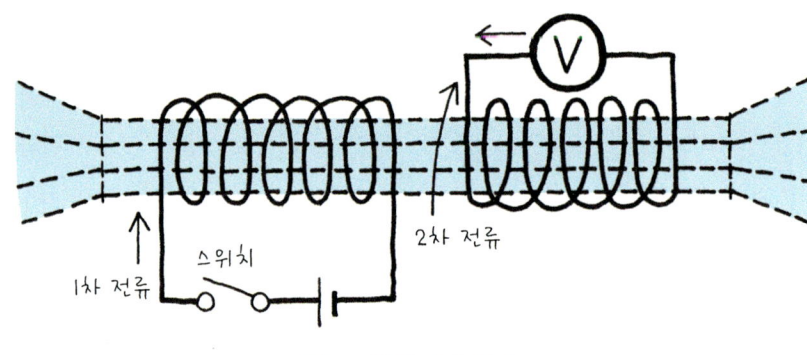

그림42 변압기의 원리

(3) 화학작용

전류가 물질 속을 흐름으로써 화학반응이나 전기분해를 하는 작용이다.

예를 들면 배터리는 황산과 증류수(蒸溜水)의 혼합물에 전류가 흐르게 하여 일어나는 화학반응을 이용해서 전기에너지를 화학에너지로 변환하여 저장한 것이다.

이와 같이 전류에 의해 발생하는 화학변화의 작용을 전류의 **화학작용**이라 한다.

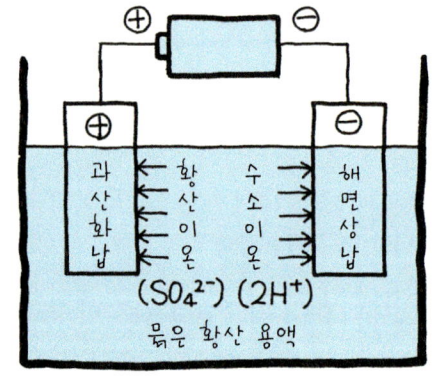

그림43 배터리의 원리(전기의 화학작용)

전해(電解)란 **전기분해**를 말하며, 전해질 (電解質)은 ⊕와 ⊖의 전기를 갖고 분자나 전자로 분리되는 물질로서 이러한 현상을 전리(電離)라 한다. 전리된 분자나 원자 등을 양이온 또는, 음이온이라 한다(그림 43).

묽은 황산 속에 전류가 흐르면 ⊖극에는 수소 가스가 발생하고, ⊕극에는 산소 가스가 발생한다. 이것은 액 속의 황산(H_2SO_4)의 분자가 수소 이온과 황산 이온으로 분리되어 수소 이온은 음극으로 이동하고 황산 이온은 양극으로 이동하기 때문에 일어나는 것이다. 수소 이온은 극판 위에 전하(電荷)를 방출하여 수소 가스로 되고, 황산 이온은 물과 작용하여 전하를 방출하여 산소와 황산이 된다.

이러한 화학작용을 응용한 것으로는 배터리가 있다. 배터리의 내부에는 과산화납의 ⊕극판과 해면상(海綿狀) 납으로 된 ⊖극판, 및 묽은 황산의 전해액(電解液)이 들어 있어 방전 또는 충전의 화학 작용을 한다.

2 전력

우리는 흔히 60W 전구등 와트라는 용어를 자주 쓴다. 이 와트란 어떤 것인가. 와트가 전력의 단위라는 것은 알고 있으리라고 생각한다.

전원에서 나온 전하는 높은 에너지를 갖고 있다. 이 전하(전자)는 전류로서 회로에 흘러 여러 가지 형태로 에너지를 방출하여 에너지가 낮아진 후 전원으로 되돌아온다. 전기가 열, 빛, 힘이라는 여러 가지 형태의 일을 하는 것은 이때문이다.

사람의 경우, 어떤 사람은 일을 할 수 있다거나 능력이 있다고 말한다. 그것은 어느 일을 단시간에 할 수 있는 사람을 말한다. 전기의 경우도 일의 능률이라는 측면에서 생각하면, 일반적으로 1초간에 하는 일을 **일률**이라 하고, 전류의 일률을 **전력**이라 한다.

여기서, 전류에 의해 발생하는 열량에 대해 생각해보자. 도체(導體) 속에서 이동하는 전자는, 도체를 구성하고 있는 금속 원자와 충돌하거나, 금속 원자에 불규칙한 진동(열진동)을 일으킨다. 열의 정체는 물체의 원자나 분자의 불규칙한 운동이다. 이와 같이 전류가 흐를 때 도체에 발생하는 열을 **줄(joule)열**이라 한다.

영국의 물리학자, 줄(J. P. Joule)은 1840년에 발열량에 대해 연구하여 줄의 법칙을 발견했다. 이 법칙에 의하면 「도체에 전류가 흐를 때 발생하는 열량은, 전류의 제곱과 저항을 곱한 값에 비례한다」는 것이다.

🏛 공식

$$열량(Q) = 전류^2(I^2) \times 저항(R) \times 시간(t)$$
$$(줄) \quad (암페어) \quad (옴) \quad (초)$$

이것을 **줄의 법칙**(그림44)이라 하고 이 저항에 생기는 열을 줄열이라고 한다. Q의 단위인 줄열은 열량의 단위에 많이 쓰인다.

또 1줄 ≒ 0.24 칼로리이므로

$$열량(칼로리) = 0.24 \times 전류^2(암페어) \times 저항(옴) \times 시간(초)$$

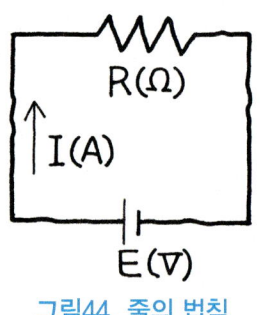

그림44 줄의 법칙

가 된다. 여기서, 어느 도체에 가해지는 전압을 E[V], 전류를 I[A]라 하면, 1초간에 발생하는 열량은 EI(줄)이다. 따라서 전력을 P로 하면, P = EI[W]가 된다. 전력의 단위는 와트(기호는 W)를 사용한다.

전력의 계산식은

🏛 공식

$$전력 P = 전압 E \times 전류 I$$

로 나타낸다.

1와트는 1볼트의 전압을 가하여 1암페어의 전류가 흐를 때의 전력이다. 여기서, 앞의 P = E·I[W]의 식을 변형하면 다음과 같이 된다.

$$I = \frac{P}{E} \qquad E = \frac{P}{I}$$

P = I·E에 옴의 법칙을 대입하면 다음과 같이 된다.

$$P = I^2 R \qquad P = \frac{E^2}{R} [W]$$

전기가 하는 일의 양은 전력에 일을 한 시간을 곱한 값으로 결정되며, 이것을 **전력량**이라 한다.

🏛 공식

$$전력량(Wh) = 전력(W) \times 시간(h)$$

전력량의 단위는 와트시(기호는 Wh)를 사용한다. 통상 가정 전기의 요금은 1KWh 단위로 계산하고 있다. 1KWh란 1KW의 전력을 1시간 사용한 것을 말한다.

전력량(KWh)과 열량(칼로리)의 환산   1W = 0.24cal/s   1KW = 0.24kcal/s

1와트의 전력은 1초간 0.24cal의 열량에 상당하므로
$$1KWh = 1000 \times 3600 W초 = 1000 \times 3600 줄$$
$$= 0.24 \times 1000 \times 3600 cal$$
$$\doteqdot 860000 cal = 860 kcal$$

예제 1. 저항 회로의 전압E, 전류I, 저항R의 값 중에서 2개의 수치를 알면 전력을 구할 수 있다.

풀이 ① 전류와 전압을 알고 있을 때
$$P = E \cdot I = 100 \times 3 = 300[W]$$

풀이 ② 전류와 저항을 알고 있을 때
$$P = I^2 \cdot R \quad P = 5^2 \times 4 = 100[W]$$

풀이 ③ 저항과 전압을 알고 있을 때
$$P = \frac{E^2}{R} \quad P = \frac{12^2}{2} = 72[W]$$

예제 2. 전기 다리미에 100V의 전압을 가했더니 4A의 전류가 흘렀다. 이 다리미의 전력은 몇 W인가?

풀이 $P = E \cdot I$에서
$P = 100 \times 4 = 400[W]$

예제 3. 저항 10Ω의 전열기에 100V의 전압을 가했을 때의 전력을 구하라.

풀이 $P = \frac{E^2}{R}$ 에서 $P = \frac{100^2}{10} = 1000W = 1KW$

예제 4. 예제 2의 전열기를 2시간 사용하면 소비 전력량은 몇 KWh로 되는가?

풀이 전력량 = P×t에서
전력량 = 1×2 = 2KWh

3 와트[W]와 마력[PS]의 관계

엔진의 출력 단위는 일반적으로 마력을 사용한다. 출력이란 1초간에 얼마만큼의 일을 하느냐를 나타내는 것으로

① 기계적인 에너지 단위로는 마력이 있으며, 그 기호는 PS로 사용한다.

② 1KW(1000W)의 전력은 1.4PS의 기계적 에너지가 된다. 또 1PS의 기계적 에너지는 736W의 전력을 발생하는 힘이 된다. 출력 12V-50A의 제너레이터는 600W의 전력이 된다.

③ 이 제너레이터가 600W의 전력을 발생할 때, 이것을 구동하는 데 필요한 마력은 다음과 같다. 1PS = 736W이므로 600을 736으로 나눈다.

$\dfrac{600}{736}$ = 0.8153이며 약 0.82PS가 된다.

④ 1PS란 75kg의 무게를 1초간에 1m 들어올리는 일률을 말한다. 모터가 1PS의 힘을 내려면 736W의 일을 한다(그림45).

그림45 1마력(PS)을 나타내는 법

전구에는 220V-60W 등과 같이, 사용할 전압과 전력(와트數)이 표시되어 있다(그림 46). 이 표시는 이 전구에 220V를 가하면 60W의 일을 한다는 의미이다.

이 표시에서, 전구의 저항이나 전구에 흐르는 전류를 알 수 있다. 220V를 가했을 때 흐르는 전류는,

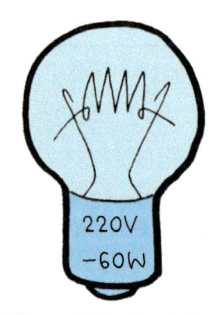

그림46 전구의 정격 표시

$P = I \cdot E$에서 $I = \dfrac{P}{E} = \dfrac{60}{220} = 0.27[A]$

전구의 필라멘트의 저항은, $I = \dfrac{E}{R}$ 에서 $R = \dfrac{E}{I} = \dfrac{220}{0.27} = 815[\Omega]$

예제 1. 다음 그림에서 회로의 전류와 저항은 얼마인가?

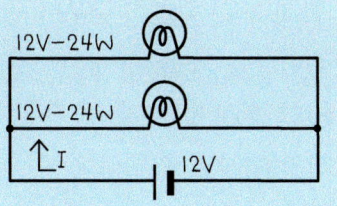

풀이 $I = \dfrac{P}{E}$ 에서 $\dfrac{24}{12} = 2[A]$

$R = \dfrac{E}{I}$ 에서 $\dfrac{12}{2} = 6[\Omega]$

예제 2. 다음 그림에서 전력, 전류, 합성저항은 얼마인가?

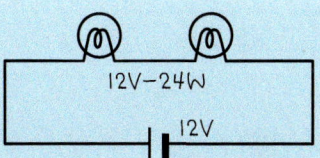

풀이 병렬접속이므로 각각 24W이며 합계 48W이므로

$I = \dfrac{P}{E}$ 에서 $\dfrac{48}{12} = 4[A]$ $R = \dfrac{E}{I}$ 에서 $\dfrac{12}{4} = 3[\Omega]$

예제 3. 다음 그림에서 전력, 전류, 합성저항은 얼마인가?

$R_1 = \dfrac{E^2}{P} = \dfrac{12^2}{24} = 6[\Omega]$

풀이 전구 1개의 저항은 $6[\Omega]$ 합성저항 $R = 6+6 = 12[\Omega]$

$I = \dfrac{E}{R} = \dfrac{12}{12} = 1[A]$ $P = I \times E = 1 \times 12 = 12W$ 전구 2개가 12W

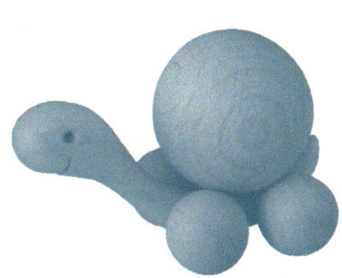

전기와 자석의 관계

자석의 존재는 옛날부터 알려져왔다. 그러나 자석의 근원인 자기(磁氣)가 전기에 의해 발생한다는 것을 알게 된 것은 19세기경이다. 전기와 자기는 본래 같은 것이며, 표면에 나타난 현상에 따라 전기와 자기로 구분된다. 일반적으로 전기 현상의 대부분은 전기와 자기의 결부로 일어나며, 특히 일렉트로닉스 분야에서는 중요하다. 자기의 본질, 전기와 자기의 관계에 대해 알아보기로 한다.

1 자기

자철광(주성분은 Fe_3O_4)이라는 광석은 철이나 니켈 등을 끌어당기는 성질을 갖고 있다. 이 성질을 **자성(磁性)**이라 하며, 이 작용을 **자기(磁氣)**라 한다. 그리고 자성을 가진 물체를 **자석**이라 한다.

자석에는 자철광과 같은 천연자석 외에 인공적으로 만든 영구자석이 있고, 그 모양에 따라 분류할 수 있다(그림47).

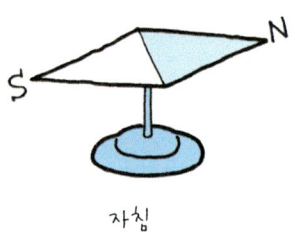
자침

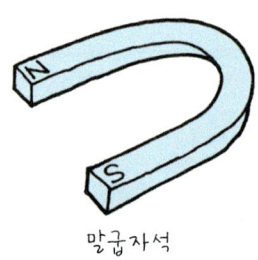
말굽자석

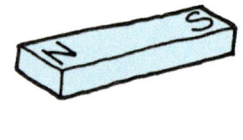
막대자석

그림47 영구자석

2 자석의 성질

철분(鐵粉) 속에 자석을 넣었다가 꺼내면 그림48과 같이 자석의 양 끝 부분에만 철분이 묻는다. 이 양 끝 부분을 **자극(磁極)**이라 한다.

자극은 N극과 S극이 있으며, 이 극은 단독으로는 존재하지 않는다. 이 2개의 자극은 전기의 ⊕, ⊖와 같이 다음 성질이 있다(그림 49).

그림48 자석에 나타나는 자극

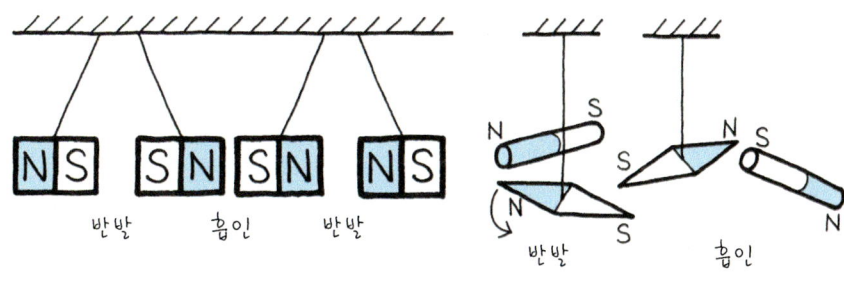

그림49 자극끼리의 성질

① 같은 자극(磁極)끼리는(N와 N, S와 S) 서로 반발한다.
② 다른 자극끼리는(N과 S) 서로 흡인한다. 그리고, 흡인과 반발하는 힘을 **자력(磁力)**이라 한다.

자침(磁針)은 자석을 자유로이 회전할 수 있게 한 것으로 항상 남북을 가리킨다. 이 현상을 이용하여 방향을 알 수 있다.

이것은 지구가 자기(磁氣)를 갖고 있기 때문이다. 지구는 북극 근처를 S극, 남극 근처를 N극으로 하는 거대한 자석이다. 지구라는 거대한 자석도 N극에서 S극으로 큰 자력선이 작용하고 있다(그림 50).

이 자기를 지자기(地磁氣)라 한다. 자석 가까이에 다른 자석이나 철편을 가져가면, 이 철편에도 자력이 작용한다. 이와 같이 자력이 작용하는 공간을 **자계(磁界)** 또는 **자장(磁場)**이라 한다.

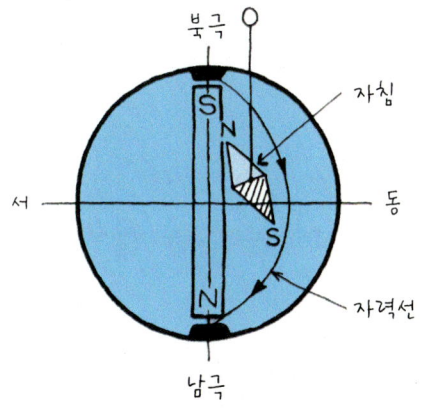

그림50 지구와 자침의 관계

3 자석의 작용

자석 위에서 철분(鐵粉)을 뿌리면 철분은 그림51과 같은 곡선을 그린다. 이것은 눈에 보이지 않으나 자석의 N극에서 S극으로 자기의 힘을 가진 선이 나오기 때문이다. 이 자기의 선을 **자력선(磁力線)**이라 하고, 자기의 힘이 미치는 범위를 **자계**라 한다. 또 자력선은 자극의 근처에는 밀집하고, 자극으로부터 멀어짐에 따라 적어진다.

> **정리**
>
> 〈자력선의 정리〉 ① 자력선은 N극에서 나와 S극으로 향한다.
> ② 자력선의 방향으로 자계의 방향을 알 수 있다.
> ③ 자력선의 밀도(자속밀도)로 자계(자력)의 세기를 나타낸다.
> ④ 자력선은 서로 물리치며 어울리지 않는다.

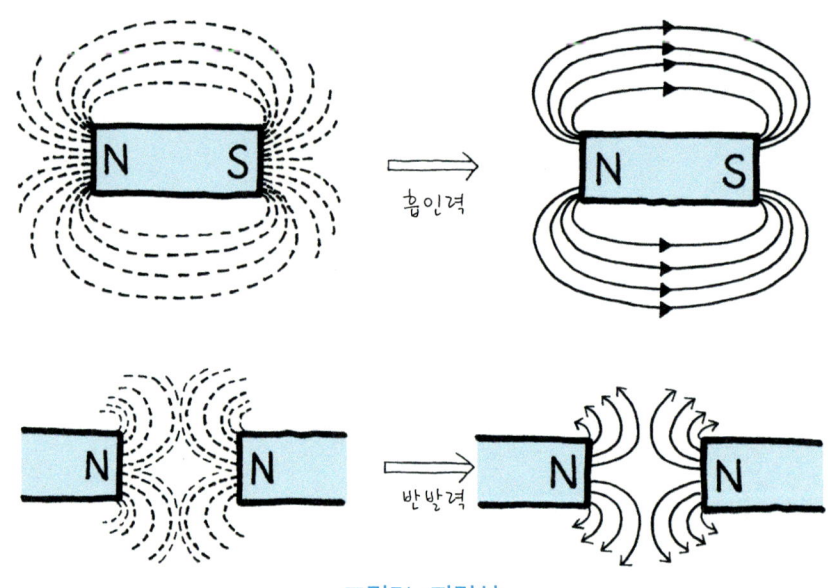

그림51 자력선

4 자석은 철을 끌어당긴다.

자기(磁氣)를 띠지 않는 철이나 니켈도 자석에 접근시키면 철분을 끌어당긴다. 이것은 자석이 이루는 자계에 의해 철이나 니켈이 자기를 띠어 자석이 되기 때문이다.

그림52와 같이 자석의 N극에 철편을 가까이 하면, 자석의 N극에 가까운 쪽에 S극이

생기고 먼 쪽에 N극이 생긴다.

 이와같이 자석이 아닌 것을 자계 속에 넣으면 새로 자석이 되는 작용을 **자기유도(磁氣誘導)**라 한다. 또 자석이 되는 것을 **자성체(磁性體)**라 하고, 반대로 자기로 되지 않는 것을 **비자성체(非磁性體)**라 한다.

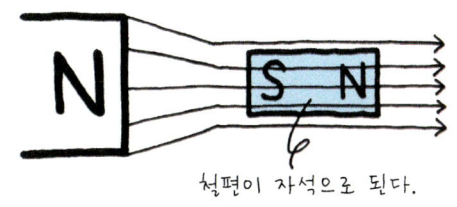

> **정리**
> 자성체로는 철, 니켈, 코발트 등이 있고, 비자성체로는 구리, 알루미늄 등이 있다.

그림52 자기유도

5 일시자석과 영구자석

 연강(軟鋼)은 자석 가까이에 있을 때는 자화(磁化)되어도 자석으로부터 멀리 떨어지면 자기가 없어지므로 이러한 자석을 일시자석이라 한다. 경강(硬鋼)은 일단 자화되면 자석으로부터 멀리 떨어져도 자기가 남아 있어 언제까지고 자석으로 된다. 이 남아 있는 자기를 **잔류 자기(殘留磁氣)**라 하고, 이 잔류자기가 안정되어 시간이 지나도 자기가 변하지 않는 것을 **영구자석**이라 한다.

6 분자자석설

철 등의 강자성체는 자화되지 않은 경우는 극히 작은 자극(磁極)을 가진 분자자석으로 되어 있다고 생각한다.

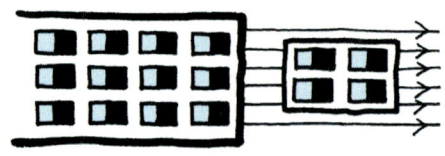

(a) 자계를 가하지 않을 때   (b) 자계를 가할 때

그림53 분자자석설

자화하는 힘이 외부에서 가해지지 않을 때는 그림53 (a)와 같이 분자자석이 불규칙하게 여러 방향으로 놓여 있기 때문에 각 분자의 자력이 서로 상쇄되어 철 전체는 자석의 성질을 나타내지 않는다.

그러나 이것에 다른 자계(자석)를 가까이 하면 그림 53 (b)와 같이 분자자석이 자력선의 방향으로 규칙적으로 배열되어 중앙에서는 N극과 S극이 서로 힘을 상쇄하고 철 전체의 양 끝에 N극과 S극이 나타나서 자석이 된다.

자석은 아무리 작게 잘라도 역시 작은 자석이 된다 (그림54). 이것은 자석 자체의 분자 크기가 극히 작은 (微小) 자석이 모였기 때문으로 생각된다.

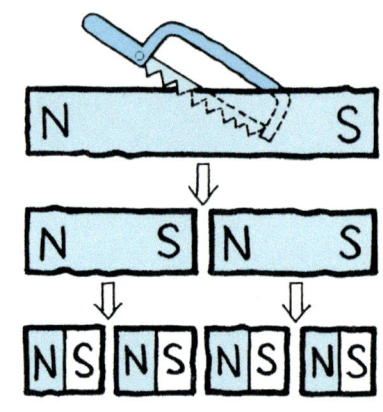

그림54 자석에는 N극과 S극이 있다.

7 전류와 자계와의 관계

전류가 흐르고 있는 전선에 자침(磁針)을 가까이 하면 전류가 흐르는 방향에 따라 그림 55 (a)와 같이 자침이 움직인다. 즉, 전류가 자기를 만든다는 것을 알 수 있으나 자석 같은 것은 전혀 볼 수 없다. 실제로는 전류가 자석이 갖고 있는 자계를 만든 것이다. 전류가 만드는 자계에 대해 좀더 자세히 알아보자.

그림55 (c)와 같이 두꺼운 종이에 구멍을 뚫어 전선을 통과시킨 후, 종이 위에 고운 철분(鐵粉)을 가볍게 뿌리면 철분은 그림과 같이 전선을 중심으로 많은 원모양으로 배열된다. 이것은 전선에 전류가 흐르면 자계가 생기고, 그 자계는 전선을 중심으로 많은 원모양의 형태라는 것을 알 수 있다.

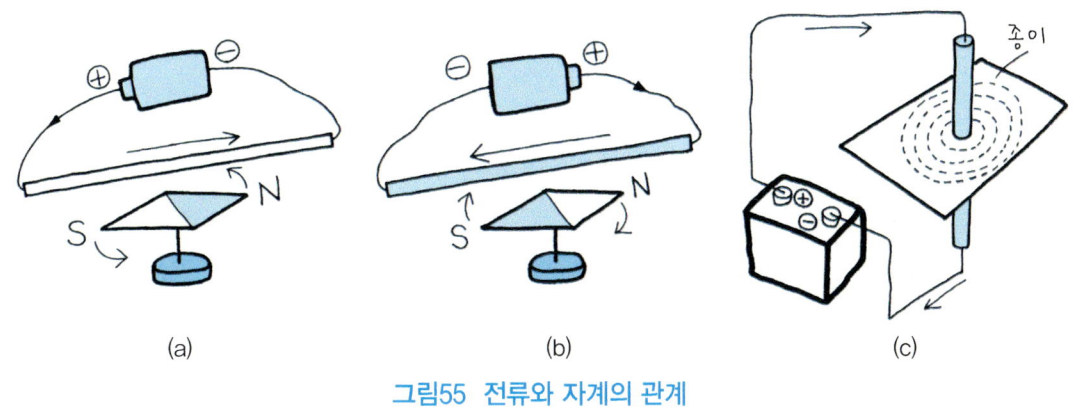

그림55 전류와 자계의 관계

자력선의 방향은 그림56과 같이 자침(磁針)을 놓음으로써 잘 알 수 있다. 이 실험 결과에서 다음과 같은 오른나사의 법칙이 성립된다(그림57). 오른 나사의 진행 방향으로 전류가 흐르면, 오른 나사가 회전하는 방향으로 자력선이 생긴다. 이것을 **오른나사의 법칙**이라 한다.

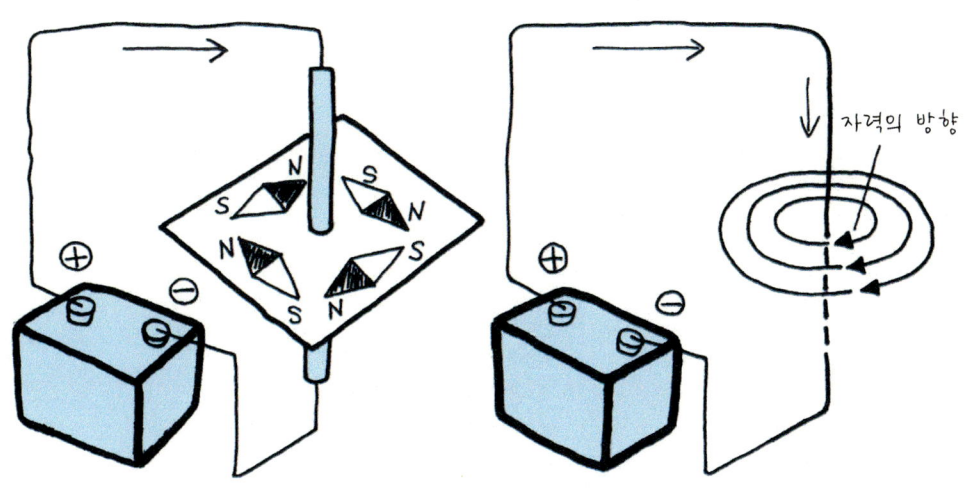

그림56 전류와 자력선의 관계

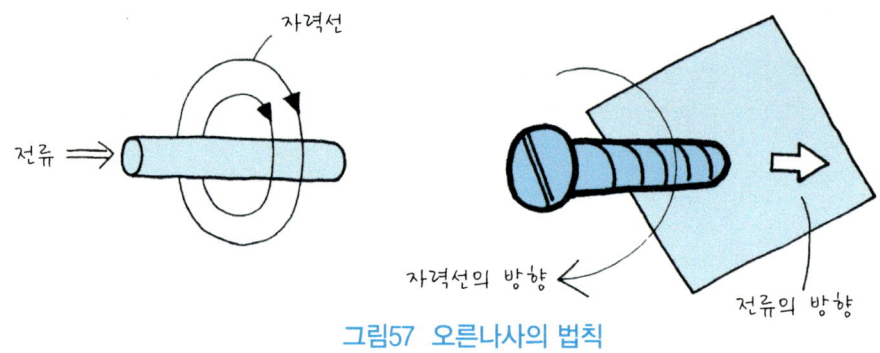

그림57 오른나사의 법칙

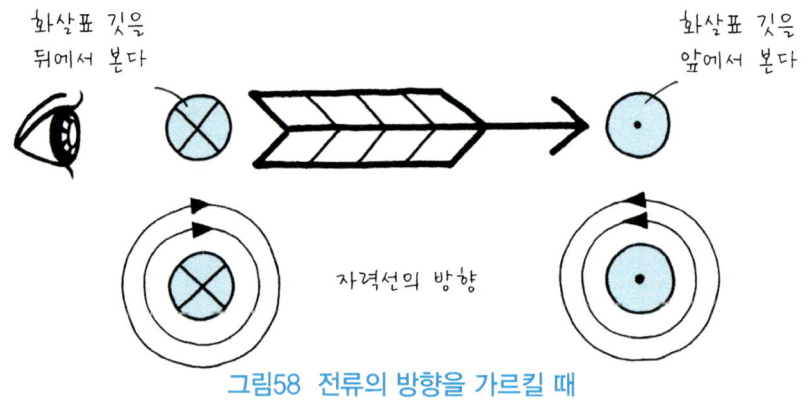

그림58 전류의 방향을 가르킬 때

전류의 방향을 나타낼 경우, 전선이 선으로 표시되어 있을 때는 지금까지와 같이 화살표로 나타내지만, 전선을 단면으로 나타낼 때는 그림58과 같이 화살에 비유하여 ⊙표와 ⊗표로 나타낸다.

따라서 이 기호로 전류의 방향을 나타낼 때의 자력선은 그림59와 같이 된다.

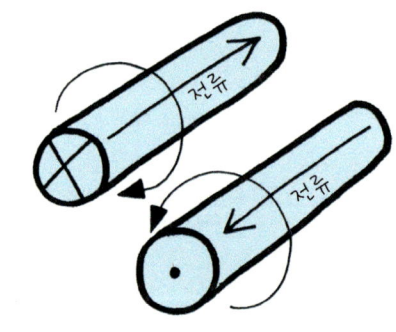

그림59 전류의 방향을 나타내는 방법

8 코일이 만드는 자계

그림60과 같이 전선을 원형으로 굽혀 코일을 만들고, 이것에 직류전류를 화살표 방향으로 흐르게 하면 코일의 각 부분에는 점선과 같은 자력선이 발생하고, 코일 안의 전체 자력선의 방향은 실선(實線)과 같이 된다.

또 권수가 많은 코일에 전류가 흐르면 자력선의 세기는 그림61과 같이 각 코일에 생긴 자력선을 합한 것이 되고, 코일의 양 끝은 자력선이 나오는 쪽이 N극, 자력선이 들어가는 쪽이 S극이 된다.

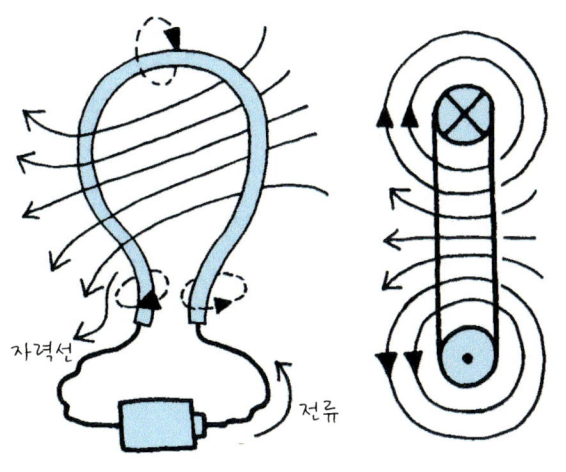

그림60 코일이 만드는 자계

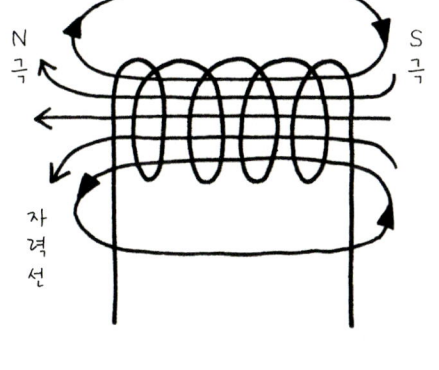

그림61 코일과 자력선의 관계

이때 자계는 코일의 바깥쪽과 안쪽에서 하나로 이어진다. 코일 주위의 자계는 전류가 강할수록, 또 코일의 권수가 많을수록 강하다. 그리고 코일 안에 철심(鐵心)이 들어 있으면 자계는 현저하게 강해진다.

코일에 발생하는 자력선을 보면 막대자석의 자력선과 아주 비슷하다. 코일 자력선의 방향에 대해서는 **오른손 엄지손가락 법칙**이 성립된다. 코일의 경우 앙페르의 법칙으로 오른손 엄지손가락의 법칙을 사용하면 쉽게 알 수 있다. 즉, 엄지손가락 이외의 네 손가락 방향을 코일의 전류 방향으로 할 때 엄지손가락 방향이 자계의 방향이 되고 N극의 방향이 된다(그림62).

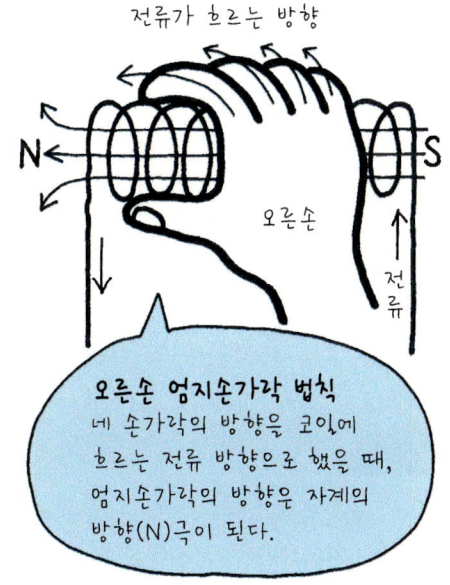

오른손 엄지손가락 법칙
네 손가락의 방향을 코일에 흐르는 전류 방향으로 했을 때, 엄지손가락의 방향은 자계의 방향(N)극이 된다.

그림62 오른손 엄지손가락 법칙

정리

코일이 만드는 자력선은 코일에 흐르는 전류 I와 권수 N의 곱한 값에 비례한다.
자력선을 Φ로 나타내면, $Φ = I × N$

9 코일과 전자석의 차이점

그림63 (a)와 같은 코일에 전류를 흐르게 하고 이것을 철편에 가까이 하면 철편은 조금씩 움직이나, 코일에 강하게 끌리지 않는다. 그러나 그림 (b)와 같이 코일 속에 철심을 넣으면 강력한 자석이 되어 철편을 잡아당긴다. 이와 같이 제작한 자석을 **전자석**(電磁石, 솔레노이드)이라 한다.

여기서 철심에 철편이 흡인되는 것은 무슨 이유인지 더 자세히 알아보자. 코일에 철심을 넣지 않은 때는 자계도 약하고 자극(磁極)도 생기지 않는다.

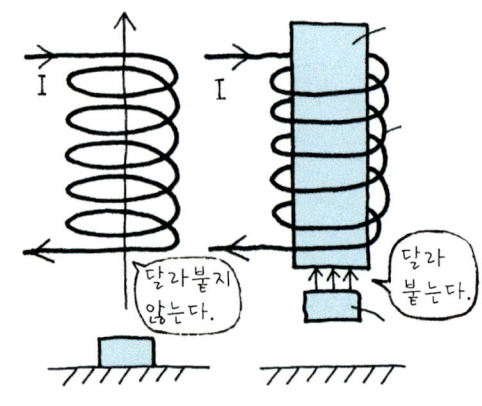

그림63 코일과 전자석의 차이

그러나 코일 속에 철심을 넣으면, 철은 자력선이 잘 통하기 때문에 자력선이 철심에 집중 작용한다. 분자자석설에서 설명한 바와 같이 철심 속에서 제멋대로의 방향으로 향하고 있는 분자자석들이 코일에서 발생한 자력에 의하여 같은 방향으로 정렬되어 철심은 자석이 된다. 이로 인해 철심에서 강한 자력선이 나오게 된다.

이와 같이 된 자석을 전자석이라 한다. 전자석에서는 코일의 전류를 차단하면 철심 속의 분자자석이 다시 본래와 같이 제멋대로의 방향으로 향하게 되어 자력선은 없어지고 철심은 자성을 잃게 된다. 그러나 어떤 종류의 철은 코일의 전류를 차단해도 분자자석이 같은 방향으로 정렬된 상태로 남아 있어 자석의 작용을 지속한다. 앞에서 설명한 막대 자석이나 말굽형 자석은 이와 같은 성질을 가진 자석이며 이것을 영구자석이라 한다.

> ✏️ **정리**
> ① 자성체(磁性體)란 자력선이 통하기 쉬운 성질의 금속을 말한다.
> ② 비자성체란 자력선이 통하기 어려운 성질의 금속을 말한다.
> 자력선이 통하기 쉬운 정도를 투자율(透磁率)이라 하며, 공기의 투자율(진공)을 1로 하면 철은 5000~10000배나 크다.

10 자속과 자기회로

 코일과 전자석의 설명에서, 같은 코일에 같은 전류를 흐르게 하여도 철심이 들어 있는 전자석의 자력이 강하다는 것을 알았다. 즉 공기뿐일 때보다도 철심을 넣은 때가 전자석의 자극(磁極) 세기가 강해진다. 앞에서 자계의 세기를 나타내는 선으로는 자력선이 있듯이 자극의 세기와 관계가 있는 선을 **자속(磁束)**이라 한다.

 이 자속은 그림64와 같이 공기 중에서 N극에서 S극으로 들어가고, 자석의 내부에서는 S극에서는 N극으로 향해 환상(環狀)으로 되어 있어 그 도중에 어떤 재료가 있어도 잘라지지 않는다.

 이 자속밀도의 대소로 자극의 세기를 알 수 있다. 자력선과 자속의 관계는 자력선이 통과하는 물질이 자속을 통하는 비율(투자율)로 결정되므로 같은 물질 속에서는 일정한 비율 관계가 있어 자력선이 증가하면 자속도 증가한다(그림65).

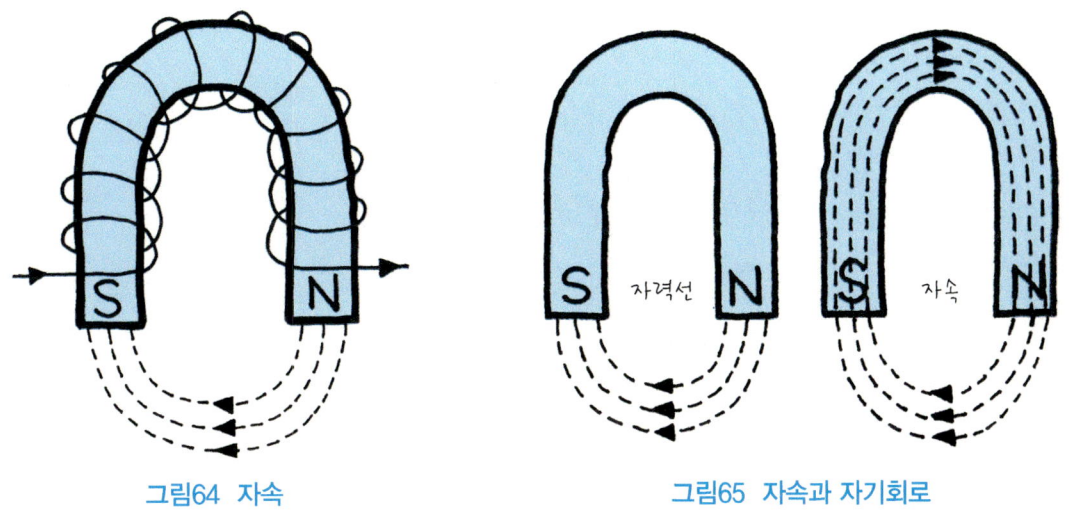

그림64 자속   그림65 자속과 자기회로

 자속 양의 단위로는 **웨버[Wb]**를 사용하며 자속이 환상(環狀)으로 되어 통하는 회로를 **자기회로**라 한다. 자기회로의 자속은 대부분이 철심 속을 지나가며 공기 속에는 극히 적은 자속이 새어 나간다. 이것을 **누설자속**이라 한다.

 전기회로에서는 전선을 피복한 절연물질의 절연이 매우 좋기 때문에 누설전류는 극히 적으나 자기회로는 공기 속에서도 자속이 잘 통하므로 자기적(磁氣的)인 절연이 매우 어렵기 때문에 누설자속이 많은 것이 특징이다. 따라서 자기회로를 취급할 때는 누설자속에 대해 주의할 필요가 있다.

11 자기회로와 전기회로의 비교

전자석의 세기는 전류와 권수를 곱한 값에 비례한다. 자기회로에서 발생하는 자속과 전류 및 코일 권수 사이에는 다음과 같은 관계가 있다.

$$\frac{전류 \times 권수}{자속} = 상수$$

이 상수를 자기회로의 **자기저항**이라 한다. 자속의 수를 Φ(파이), 코일의 권수를 N, 전류를 I, 자기저항을 R로 나타내면, 다음 식이 성립된다.

🏛 공식

$$\Phi = \frac{I \times N}{Rm}$$

자속 : Φ
기자력(起磁力) : I·N
자기저항 : Rm

그림66 (a)는 자기회로이며, 자기저항 Rm인 회로에 전류×권수(I×N)를 가하면 자속 Φ가 생긴다. 그래서 전류×권수를 기전력(起電力)에 상당한 것으로서 **기자력(起磁力)**이라 하고, 단위는 **암페어 회수**(기호 AT)를 사용한다.

그림66 (b)는 전기회로이며, 저항R(Ω)인 회로에 E(V)의 기전력(起電力)을 가하면 옴의 법칙대로 I(A)의 전류가 흐른다. 이 두 가지를 잘 살펴보면, 아주 비슷하다는 것을 알 수 있다.

📝 정리

전기회로	자기회로
기전력 E[V]	자기력 I·N[A]
전류 I[A]	자속 Φ[Wb]
전기저항 R[Ω]	자기저항 Rm[Wb]
$I = \dfrac{E}{R}$	$\Phi = \dfrac{I \cdot N}{Rm}$

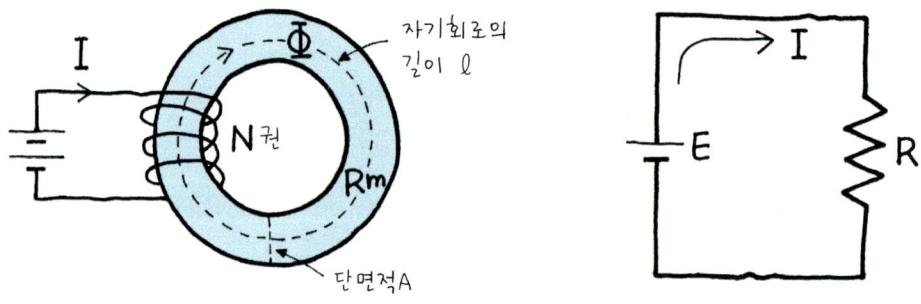

그림66 자기회로와 전기회로의 비교

12 자속밀도, 자화력(磁化力), 투자율

철심 속의 자기의 세기는 자속에 의해 결정되며, 이때 자속의 총량뿐만 아니라 철심의 단위 면적에 대한 자속을 생각할 필요가 있다. 이 양을 **자속밀도(기호 B)**라 한다. 그림(a)에서 철심 속의 자속을 Ø[Wb], 철심의 단면적을 A[m²]로 하면, 자속밀도 B는,

> **공식**
>
> $$\text{자속밀도 B[Wb/m}^2\text{]} = \frac{\text{자속}}{\text{단면적}} = \frac{Ø(Wb)}{A[m^2]}$$

자기회로에 IN(AT)의 기자력(起磁力)이 발생한다. 그러나, 철심을 자화하려는 힘은 기자력이 같아도 자기회로의 길이에 따라 다르다. 그래서 단위 길이에 대한 기자력을 생각해 볼 수 있는데 이것을 자화력(기호 H)이라 하며, 자기회로의 길이가 ℓ(m)일 경우,

> **공식**
>
> $$\text{자화력[H]} = \frac{\text{기자력}}{\text{길이}} = \frac{IN}{\ell} \text{ [AT/m]}$$

이 되며, 자기회로에 H[AT/m]라는 세기의 자화력을 가하여 자속을 발생시킬 때, 그 자속밀도가 B로 되었다고 하면 이때 B와 H의 비(比)를 그 자기회로를 형성하고 있는 자성체의 **투자율(透磁率, 기호 μ)**이라 한다. 즉 자성체의 투자율을 나타내는 값이다. 투자율 μ, 자화력 H, 자속밀도B 사이의 관계는,

> **공식**
>
> $$\text{투자율 } \mu = \frac{\text{자속밀도}}{\text{자화력}} = \frac{B}{H}$$

가 된다. 전자석에 철심을 넣으면, 철심의 투자율이 공기보다 크므로 자속이 커져서 전자석이 강하게 된다.

일반적으로 자기(磁氣) 재료의 투자율 μ를 구하여 이 값을 공기의 투자율을 1로 하여 비교한 값을 **비투자율(比透磁率)**이라 한다. 여러 가지 재료의 비투자율을 표2에 나타내었다. 여기서 알 수 있는 것은 비투자율이 큰 것일수록 자속밀도가 커지는 것을 알 수 있다.

철이나 코발트, 니켈 등이 강한 자석이 되는 것은 이때문이다. 이와 같은 비투자율이 큰 재료를 **강자성체(强磁性體)**라 한다.

표1. 재료의 비투자율

재료명	비투자율	재료명	비투자율
진 공	1.0	니 켈	180
공 기	약 1.0	코발트	270
구 리	약 1.0	망 간	4,000
알루미늄	약 1.0	철	120 ~ 2,000

13 자화곡선과 자기포화

철심에 코일을 감아 이것에 전류를 흘려 서서히 자화력을 증가시켜, 철심속의 자속밀도를 조사하면, 그림67과 같은 곡선 그래프를 얻는다. 이 곡선을 **자화(磁化)곡선**이라 한다.

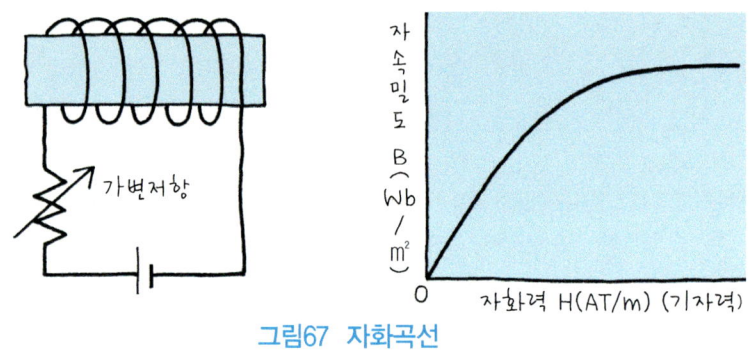

그림67 자화곡선

이 자화곡선에서 알 수 있는 것은 어느 점을 넘으면 자화력이 증가해도 자속밀도는 증가하지 않고 일정하게 된다. 이 현상을 **자기포화(磁氣飽和)**라 한다. 자화곡선을 보면 자기(磁氣) 재료의 자기적인 성질을 잘 알 수 있으므로 자기 재료의 성질을 조사할 때 중요한 자료가 된다.

자기포화가 왜 일어나는지에 대해서는 앞에서 설명한 분자자석설을 다시 생각해 보면 알 수 있다. 외부의 자력을 증가시키면, 처음에는 내부의 분자자석의 방향이 그다지 변화하지 않으므로 자속밀도는 완만하게 증가한다. 그리고 자화력 H가 강해짐에 따라 내부 분자자석의 방향이 급히 방향을 정렬하게 되므로 철속의 자속밀도는 급격히 증가한다. 그러나 자화력 H를 더 강하게 하면, 분자자석의 방향은 거의 같은 방향으로 정렬되어 자속밀도는 거의 증가하지 않고 자기포화가 된다.

14 잔류자기

자기(磁氣)가 포화한 상태에서, 반대로 자화력(磁化力)을 서서히 감소시키면 그림68과 같이 자속밀도가 변화하지만 자화력을 제거해도 철심에 자속이 남는다. 즉, 가고 오는 것이 다른 곡선이 된다. 이것을 **잔류자기 현상**(殘留磁氣, 히스테리시스), 또는 **자기이력**(磁氣履歷)이라고 한다.

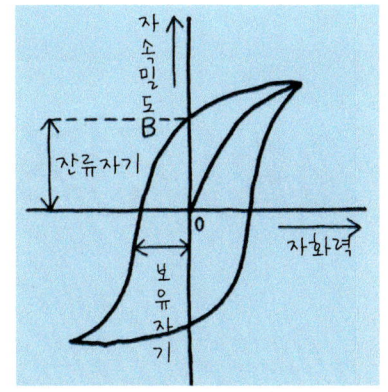

그림68 잔류자기

Electricity 06 전자력

1 자계 속의 전류에 작용하는 힘

자계 속에 도체를 놓고 전류를 흐르게 하면 힘이 발생한다. 이 힘을 **전자력(電磁力)**이라 한다. 도선에 전류가 흐르면 오른 나사의 법칙에 의해 도선 주위에 자계가 생긴다(그림69).

그림69 자계 중 도선에 작용하는 힘

이때 자계의 자력선 절반은 증가하고, 다른 절반은 감소한다. 자석의 자력선은 직선으로 되려고 하는 성질이 있기 때문에 도선을 밀어내는 힘이 작용한다.

이 도선에 작용하는 힘을 전자력이라 하며, 이 힘의 방향은 자석에서 나오는 자력선의 방향과 도체에 흐르는 전류의 방향에 의해 결정된다. 이들 방향의 관계는 그림70과 같이 **플레밍의 왼손법칙**에 의해 정해진다. 즉 왼손의 손가락 3개를 펴서 집게손가락을 자계의 방향, 가운뎃 손가락(中指)을 전류의 방향으로 하면, 엄지손가락이 전자력의 방향이 된다.

발생하는 전자력의 크기는 자계(자속밀도 B)가 강할수록 커지고 도선에 흐르는 전류 I가 클수록, 자계 속의 도선의 길이 ℓ이 길수록 강한 힘이 발생한다. 이것을 식으로 나타내면,

> **공식**
>
> 전자력 F = 자속밀도 B×전류 I×도체의 길이 ℓ [N : 뉴톤]

로 표시할 수 있다.

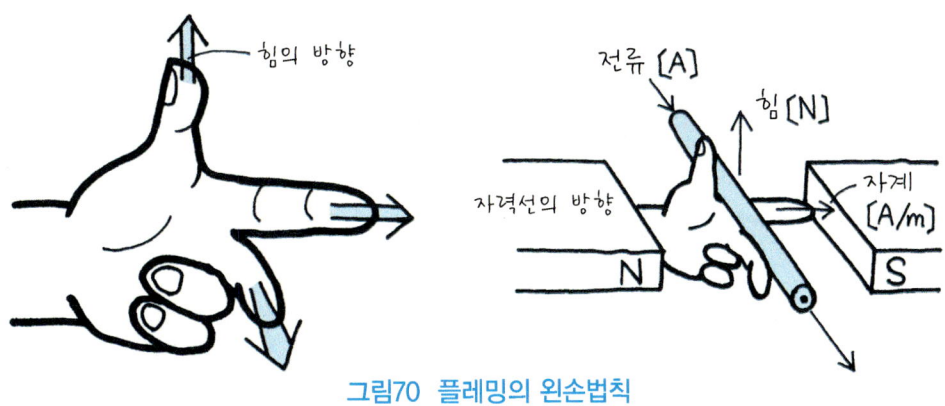

그림70 플레밍의 왼손법칙

플레밍의 왼손법칙에 모터의 원리를 대입해 보자. 그림71과 같이 자계 안에 자유로이 회전하는 U자형 도체를 놓고, 구리링(環)을 2분할하여 그 사이에 절연물을 삽입하여 절연한 **정류자(整流子, 커뮤테이터)** C_1, C_2와 항상 접촉하여 도체에 전류를 공급하는 브러시 B_1, B_2를 부착한다.

이 상태에서 도체에 전류를 흐르게 하면 전류는 도체 A에서 B로 향해 흐른다. 이 때문에 N극 가까이에 있는 도체 A는 아래쪽으로 힘을 받고, S극 가까이에 있는 도체 B는 위쪽으로 힘을 받아 회전한다(그림72 (b)).

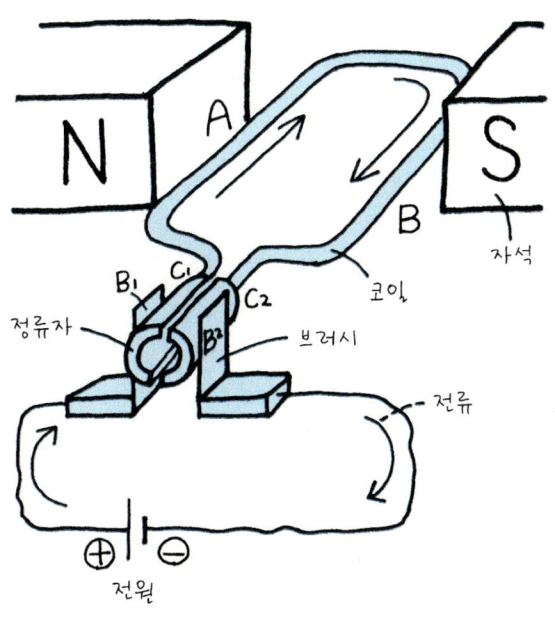

그림71 모터의 원리

그런데 도체 A, B가 회전하여 A, B의 위치가 바뀐 경우를 생각해보자. 전류의 방향이 같을 경우 A, B의 위치가 반대로 되었기 때문에 회전 방향을 역회전시키게 되어 모터로 작용할 수 없다. 따라서 정류자와 브러시에 의해 도체가 왼쪽으로 왔을 때는 항상 아래쪽으로 힘을 발생하고, 오른쪽으로 왔을 때는 위쪽으로 힘이 발생하도록 도체에 흐르는 전류의 방향을 유지할 필요가 있다. 이를 위해 도체 자체의 전류 방향을 반전(反轉)시키지 않으면 안 된다. 정류자와 브러시는 회전하는 도체에 전류가 흐르게 하는 역할을 하는 동시에 도체의 전류를 반회전(半回轉)마다 반전(反轉)시켜 좌, 우측 어느 쪽에서도 자계에 대해 일정한 방향으로 전류가 흐르도록 한다.

그림72 (a)는 도체에 전류가 흐를 때 그 주위에 발생하는 자력선의 상태를 나타내고 있다. 그림 (b)에서와 같이 도체를 자계 속에 놓으면, 자석과 도체의 자력선이 서로 간섭하여 좌측의 도체에는 하향(下向)의 힘이 작용하고, 우측의 도체에는 상향(上向)의 힘이 작용하게 된다. 따라서 U자형 도체는 좌회전하게 된다.

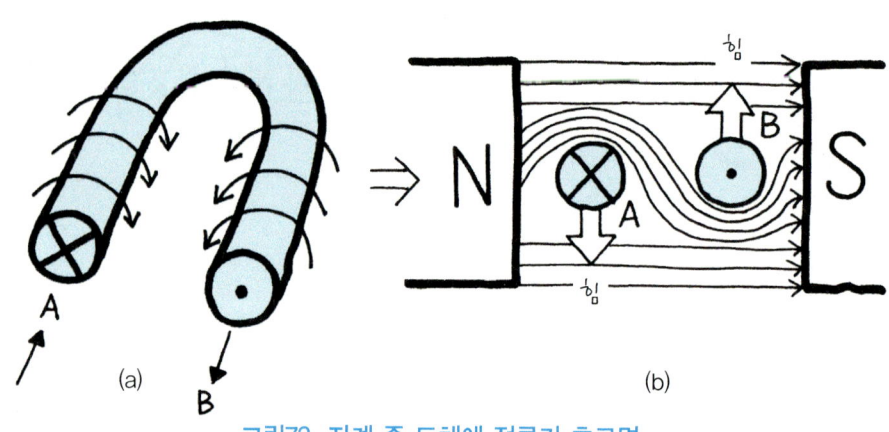

그림72 자계 중 도체에 전류가 흐르면

2 전자력의 응용 : 직류 전동기(모터의 원리)

고정된 자계 속에 **전기자(아마처)** 코일을 놓고 그 코일에 브러시와 정류자를 통해 직류를 흐르게 한다.

그림73의 ①, ②, ③ 위치에 있는 전기자에 작용하는 힘을 생각해보자.

① 전기자(回轉子) A의 부분에 플레밍의 왼손법칙을 적용하면 상향(上向)의 힘이 작용하고 전기자 B의 부분은 하향(下向)의 힘이 작용하여 전기자는 회전한다.

② 그림73의 중앙의 위치에 오면(90° 회전한 위치) 정류자(커뮤테이터)의 위치에 의해 전기자에 전류가 흐르지 않게 되나, 관성 때문에 전기자는 회전을 계속한다.

③ 전기자가 반회전하여 이 위치에 오면 전기자의 A와 B 부분이 바뀐다. 그러나 정류자에 의해 전류가 반대 방향으로 흐르기 때문에 전기자는 같은 힘을 받아 회전을 계속하게 된다. 이 원리는 각종 직류 모터에 응용하고 있다.

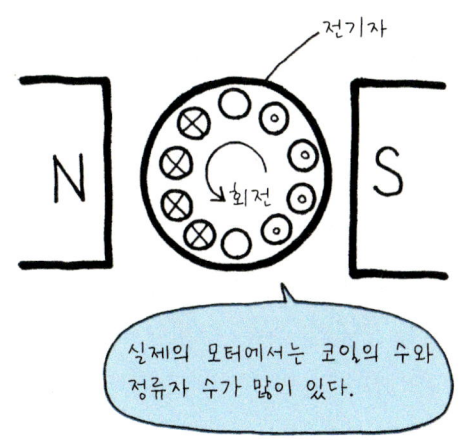

실제의 모터에서는 코일의 수와 정류자 수가 많이 있다.

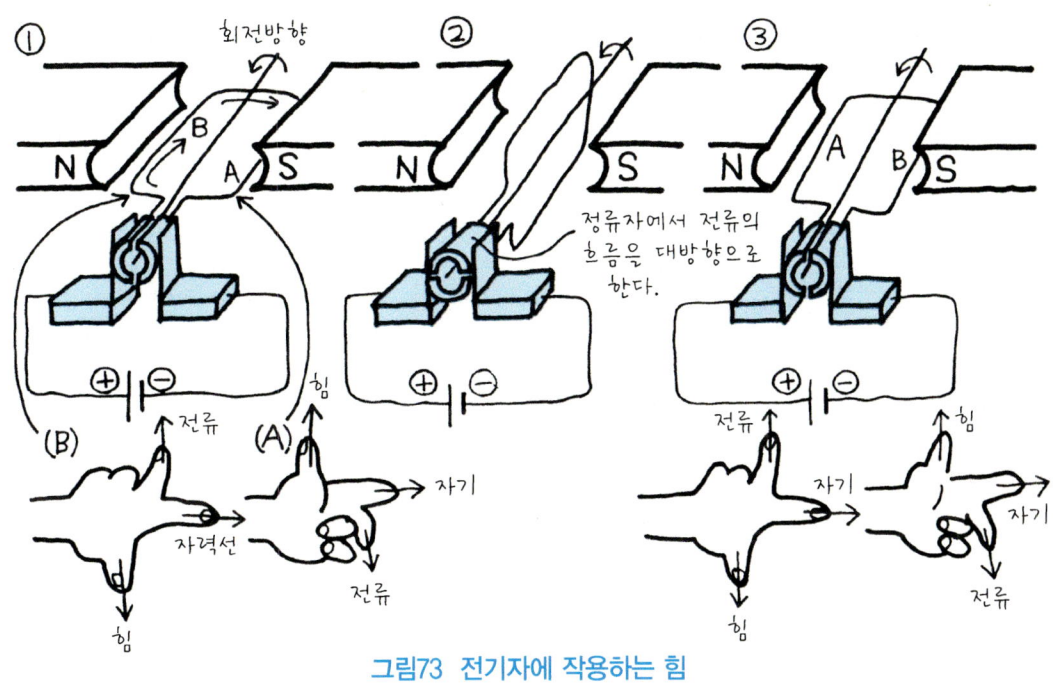

그림73 전기자에 작용하는 힘

3 직류 전동기(모터)의 종류

일반적으로 모터는 그림74와 같이 되어 있다. 모터의 원리에서도 설명한 바와 같이 모터는 고정(회전하지 않는) 부분과 회전하는 부분으로 나뉜다.

이 회전 부분이 이른바 모터로서 다른 기기에 일(회전)을 시킨다. 또 고정 부분은 전자석이 된다. 이 고정 부분에 감은 코일을 **여자(勵磁) 코일(필드 코일)**이라 하며, 이 코일 속에 흐르는 전류를 **여자 전류**라 한다.

한편 회전하는 코일을 **전기자 코일(아마처 코일)**이라 하고, 이 전기자 코일에 흐르는 전류를 **전기자 전류**라 한다. 직류 모터의 종류는 자석 부분의 전자석을 만드는 법, 즉 여자(勵磁) 방식에 따라 분류한다.

직류 모터의 종류는 여자 코일과 전기자 코일과의 접속 방법에 의해 결정된다.

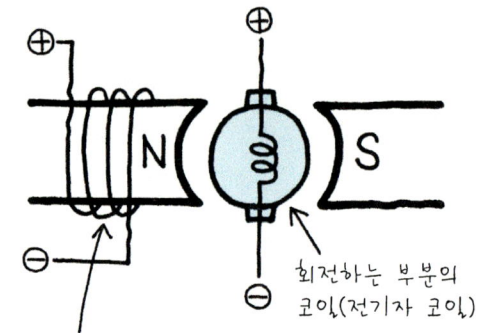

그림74 직류모터의 원리

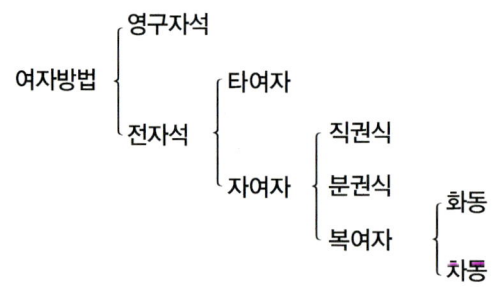

> **정리**
>
> ① 여자 코일 : 필드 코일   ③ 전기자 코일 : 아마처 코일
> ② 여자 전류 : 필드 전류   ④ 전기자 전류 : 아마처 전류

(1) 직권식(直卷式) 모터

전기자 코일과 여자 코일이 전원에 대해 직렬로 접속된 것으로(그림75), 전기자 전류와 여자 전류의 전류값은 같다. 이 형식은 회전 토크가 크고 부하의 변동에 따라 속도가 자동적으로 증감하므로 회전력이 커도(고부하), 전류가 과다하게 흐르지 않는다.

그러나 무부하(회전력이 작음)가 되면, 회전수가 매우 빨라져 모터가 파손될 염려가 있으므로 충분한 주의가 필요하다.

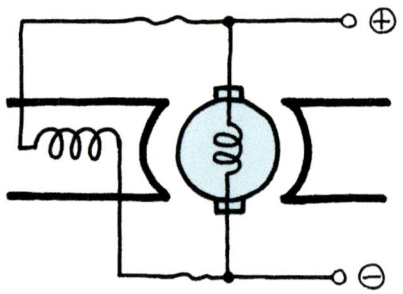

그림75 직권식 모터의 회로

이와 같은 특성을 이용한 것으로는 전차, 크레인이 있고, 자동차용으로는 시동 모터가 있다. 또 최근에는 전기 자동차의 동력으로도 직권 모터를 많이 사용하고 있다.

(2) 분권식(分卷式) 모터

전기자 코일과 여자 코일이 전원에 병렬로 접속된 것으로 전기자 코일과 여자 코일에 항상 전원 전압이 걸려 있다. 이 때문에 부하의 변동(토크가 변한다)에 대해 회전속도의 변화가 적다. 또 여자 전류를 변화시키면 상당히 넓은 범위로 회전 속도를 용이하게 바꿀 수 있다.

따라서 부하가 변해도 속도가 변하지 않는 정(定)속도 운전용 또는 여자 전류를 변화시켜 속도를 바꾸는 가감속용으로 사용한다(그림76).

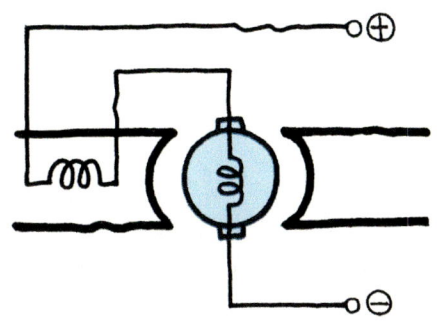

그림76 분권식 모터의 회로

(3) 복권식 모터

복권식(複卷式) 모터 가운데 화동(和動) 복권 모터는 그 특성이 직권(直卷) 모터에 가까워 자동차용 시동 모터에도 사용하고 있다. 한편 차동(差動) 복권 모터는 직권 권선의 기자력이 분권(分卷) 권선의 기자력을 상쇄하도록 작용하므로 과부하 시에 속도가 상승할 염려가 있거나, 때로는 역전할 위험이 있기 때문에 거의 실용화되지 않았다(그림77).

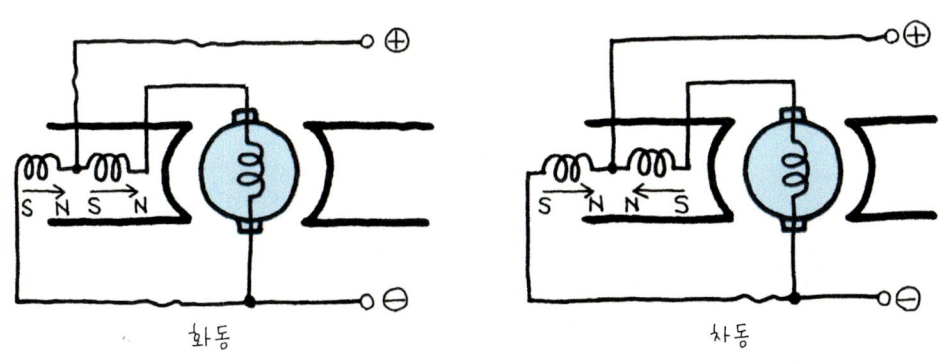

그림77 복권식 모터의 회로

화동 복권식 모터는 직권과 분권을 합한 것으로 여자 코일의 자극(磁極) 방향이 같은 방향이다. 또 차동 복권식 모터는 직권과 분권을 합한 것이지만 여자 코일의 자극 방향이 반대 방향으로 되어 있다.

(4) 페라이트 자석식 모터

페라이트 자석이란 금속 산화물(바륨과 철 등)의 분말을 압축 성형하여 고온에서 소결(燒結)한 자석으로, 자기(磁器)와 같이 여리지만 가볍고 자력(磁力)이 큰 특징을 가진 분말 야금 자석이다. 이 자석은 소형 기기의 여자용으로 권선식 대용으로 사용한다(그림78).

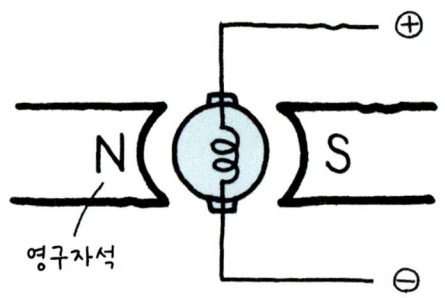

그림78 페라이트 자석식 모터의 원리

4 직류 모터의 특징

이 모터(그림79)를 이론적으로 생각해보면, 다음과 같은 기본적인 식 두 가지가 있다.

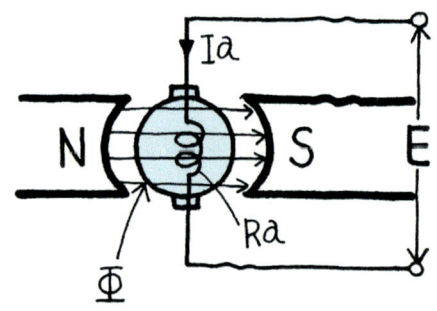

그림79 페라이트 자석식 모터의 원리

📖 공식

$$N = \frac{E - R_a I_a}{K_1 \Phi} \qquad T = K_2 \Phi I_a$$

N : 모터 회전수
E : 단자 전압
Ra : 전기자 코일의 저항
Ia : 전기자 전류

Φ : 자석의 자속
T : 회전 토크
K_1, K_2 : 상수

(1) 직권 모터의 특성

$$N = \frac{E - R_a I_a}{K_1 \Phi} \qquad T = K_2 \Phi I_a$$

직권식 모터는 그림80과 같이 자속 Φ도 전기자 전류 Ia에 의해 만들어지므로 Φ = KIa (K는 상수)로 생각하고, 위의 2개의 기본식의 에 대입한 후, 직권식 모터의 기본식을 그래프로 나타내면 그림81과 같이 된다.

$$N = \frac{E-RaIa}{K_1KIa} = \frac{E}{K_3Ia} - \frac{Ra}{K_3} \quad (K_1K=K_3 \text{ 정수})$$

$$T = K_2KIa^2 = K_4Ia^2 \quad (K_2K = K_4 \text{ 정수})$$

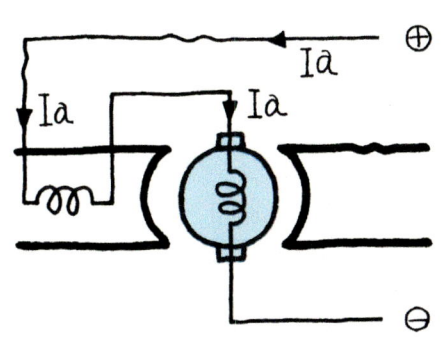

그림80 직권 모터를 이론적으로 생각했을 때

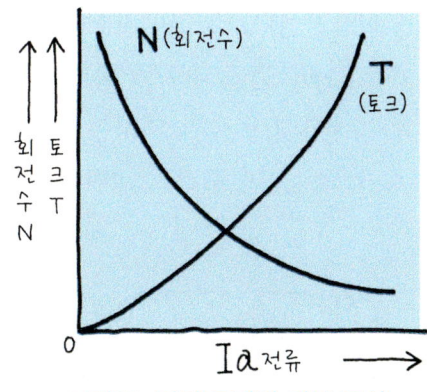

그림81 직권 모터의 기본 특성

회전수 N이 Ia에 대해 반비례 관계로 변화하고 있다. 또 앞에 설명한 2개의 식에서 회전수 N과 토크 T와의 관계를 보면,

$$T = K_4Ia^2 \rightarrow Ia = \sqrt{\frac{T}{K_4}}$$

그러므로 $N = \frac{E}{K_3Ia} - \frac{Ra}{K_3}$ 을 대입하면

$$N = \frac{E\sqrt{K_4}}{K_3\sqrt{T}} - \frac{Ra}{K_2} = K_5\frac{E}{\sqrt{T}} - \frac{Ra}{K_3} \quad (K_5 = \frac{\sqrt{K_4}}{K_3}\text{정수})$$

이 식의 토크 T와 회전수 N의 관계를 그래프로 그리면 그림82와 같이 된다.

즉 토크가 작아질수록 회전수가 커져 부하가 없어진 경우(T=0일 때), 회전수가 무한대로까지 커진다.

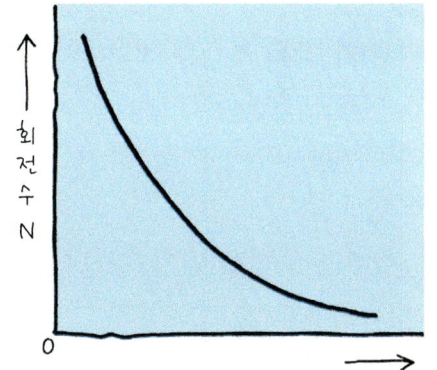

그림82 직권 모터의 토크와 회전수와의 관계

그러므로 모터는 파괴되고 만다. 이와 같은 현상을 **일주(逸走)**라 한다.

위의 특성을 간단히 정리하면, 회전하기 시작할 때는 큰 전류가 흐르고 이에 따라 큰 토크도 얻는다. 회전을 시작하여 회전수가 빨라짐에 따라 전류가 점점 작아진다.

이와 같이 직권 모터는 토크가 변하면 이에 따라 회전수도 크게 변한다.

(2) 분권 모터의 특성

$N = \dfrac{E - R_a I_a}{K_1 \Phi}$ 를 그래프로 나타내면 그림(83)과 같이 된다. 즉 Φ가 일정할 때는 전기자 전류가 변해도 회전수는 거의 변하지 않는다(R_a가 매우 작기 때문이다). 또 어떤 방법으로 자속Φ(알기 쉽게 말하면 자석의 힘)를 바꾸면 회전수는 간단히 변한다.

또 $T = K_2 \Phi I_a$를 그래프로 나타내면 그림84와 같이 된다. 즉 전기자 전류 I_a가 증가하면 그에 비례하여 토크가 커지는 것을 알 수 있다. 또 자속을 2배로 하면 토크도 2배로 되고, 절반으로 하면 토크도 절반으로 된다.

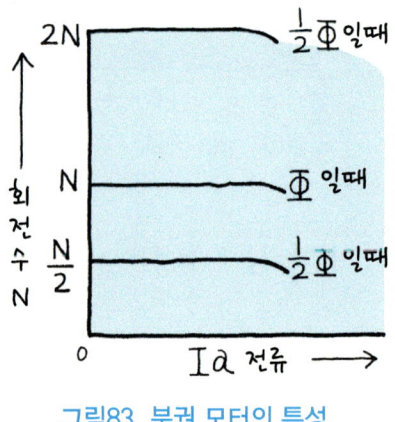

그림83 분권 모터의 특성

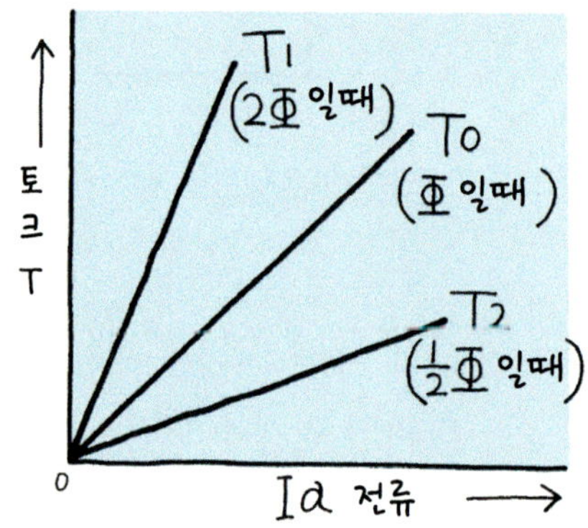

그림84 분권 모터의 토크와 전류와의 관계

위와 같은 특성을 정리하면, 부하(토크 T)가 변해도 회전수의 변화는 적으나 자석의 자속을 변화시켜 주면 회전수가 쉽게 변함을 알 수 있다.

실제의 모터에서는 영구자석을 전자석으로 하는 경우가 많고(그림85), 전기자(아마처)는 철심에 코일이 많이 감겨 있고, 또 정류자도 많이 있어 도체가 원활하게 효율적으로 회전할 수 있도록 되어 있다.

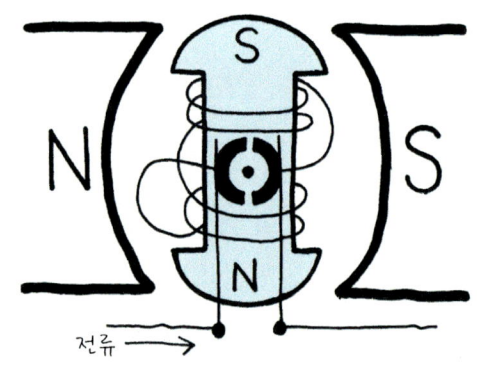

그림85 실제 모터에는 영구자석을 사용

그러나 큰 모터는 영구자석 대신에 전자석을 사용하고 있다.

전기자 코일의 자극 수(磁極數)와 여자코일의 자극 수가 많을수록 모터의 토크는 크고 회전이 원활하게 된다. 실제의 시동 모터에서는, 전기자 코일은 30극(極) 정도이고 여자 코일은 4극인 것을 쓰고 있다. 또 브러시의 수는 여자 코일의 자극 수와 같다.

5 모터의 토크

모터의 전기자 코일과 여자 코일은 각각의 자극(磁極)이 끌어당기거나 반발하여 회전한다.

(1) 모터의 토크와 전류의 관계

① 전기자 코일에 흐르는 전류가 클수록 토크는 크다(토크는 전류에 비례한다). 이것은 전기자 코일의 자력이 커지기 때문이다.

② 여자 코일에 흐르는 전류가 클수록(영구자석의 자력이 클수록) 토크는 크다(토크는 전류에 비례한다. 또는 영구자석의 자력에 비례한다). 이것은 여자 코일의 자력이 커지기 때문이다.

(2) 모터의 토크와 자극 수, 권수의 관계

① 자극 수가 많을수록 토크는 크다(토크는 자극 수에 비례한다). 이것은 전자력을 가하는 기회가 많아지기 때문이다.

② 코일의 선이 길수록, 또 권수가 많을수록 토크는 크다(토크는 코일 선의 길이 및 권수에 비례한다). 각각 코일의 자력이 커지기 때문이다.

07 전자 유도 작용

1 자계 안에서 도체를 움직이면 기전력이 생긴다

자계 안에 도체를 놓고, 이것에 전류가 흐르면, 그 도체를 움직이는 기전력(起電力)이 생긴다. 반대로 자계 안의 도체에 힘을 가하여 도체를 움직이면(도체가 자력선을 끊는다) 도체에 기전력이 발생한다. 이것을 **전자(電磁)유도** 작용이라 한다.

자계 안에서 도체를 움직이는 것은 도체 주위의 자력선을 변화시키는 것으로, 도체를 움직이거나 자력선을 움직이거나 기전력이 발생하는 것은 동일하다. 그림86과 같이 도체에 감도가 매우 예민한 전류계를 접속한 후 도체를 상하로 움직이면, 바늘은 좌우로 움직이고, 도체를 빠르게 움직이면 바늘은 크게 움직인다. 이것은 도체에 기전력이 발생하기 때문이다.

이 기전력의 크기는,

> **공식**
>
> 기전력[V] = 자속밀도[Wb/m²]×도체의 길이[m]×도체의 움직이는 속도[m/s]
> $E = Bℓv$

로 나타낸다. 이것이 발전기의 원리이다.

이 기전력의 방향은 ⊕, ⊖ 도선을 움직이는 힘의 방향과 자력선의 방향에 따라 결정된다. 이들 방향의 관계는 그림86과 같이 오른손을 펴서 집게손가락의 방향을 자력선의 방향으로 하고, 엄지손가락의 방향을 도체의 운동 방향으로 하면 가운뎃손가락의 방향으로 기전력이 발생한다. 이것을 **플레밍의 오른손법칙**이라 한다.

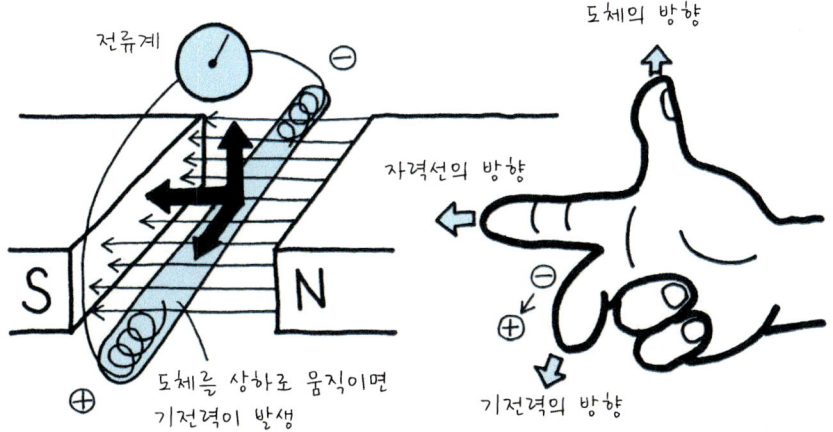

그림86 전자유도 작용

여기서 플레밍 왼손법칙과 오른손법칙을 익히는 법을 야구의 투수와 포수를 예로 들어 설명한다.

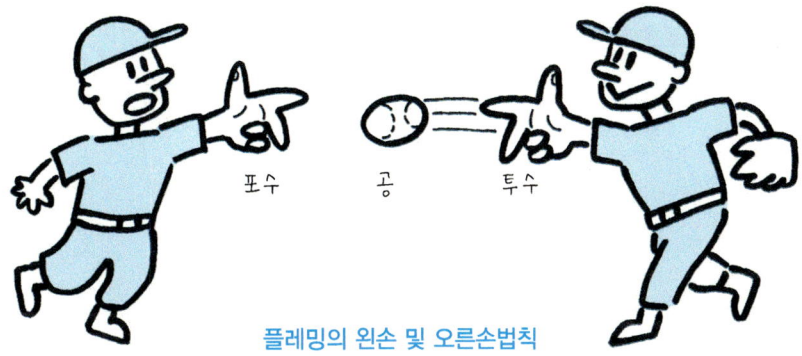

플레밍의 왼손 및 오른손법칙

> 📝 **정리**
> ① 왼손은 공을 받는 포수 → 전기를 받아 도체는 돈다 → 전동기
> ② 오른손은 공을 던지는 투수 → 전기를 발생한다 → 발전기

2 코일을 지나는 자속이 변화하면 기전력이 발생한다

그림87과 같이 코일 속에 자석을 넣었다 뺐다 하면, 코일 속을 지나는 자속이 변화하므로, 코일에는 기전력이 유기(誘起)되어 전류계의 바늘이 움직인다. 코일 속의 자속이 변화하는 것은 코일을 움직여 자속을 끊는 것과 같으므로, 이 현상을 **전자(電磁)유도**라 한다.

전자유도에 의해 코일에 발생하는 기전력의 크기는, 단위 시간에 코일 속의 자속이 변화하는 양과 코일의 권수를 곱한 값으로 결정된다.

코일 속을 지나는 자속의 증감과 코일에 유기되는 기전력의 방향에 대한 관계를 정리하면,

① 코일에 자석의 N극을 가까이하면 코일을 지나는 자속은 증가한다. 따라서 코일 안의 자계가 흐트러진다. 이것을 막으려고 코일 자체에 전류가 흘러 자석 쪽에 N극의 자계를 만들어서 자석의 N극이 접근하는 것을 저지하려고 한다. 왜냐하면 N극과 N극은 반발하기 때문이다(그림88).

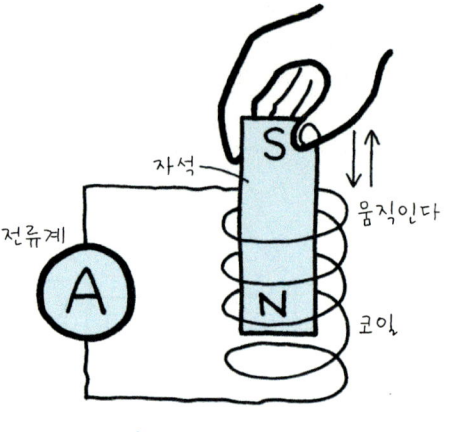

그림87 기전력이 생긴다.

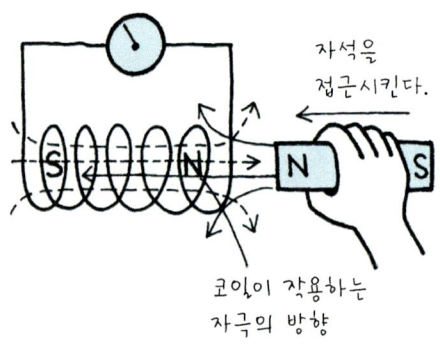

그림88 코일이 만드는 자속의 증감(Ⅰ)

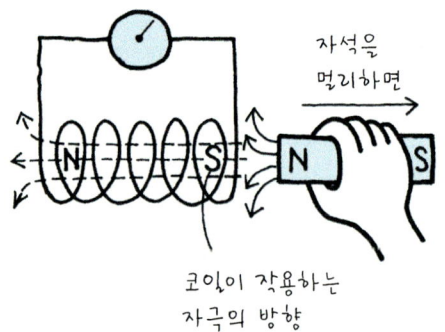

그림89 일이 만드는 자속의 증감(Ⅱ)

② 자석을 코일로부터 멀리하면 코일 자체는 자석 쪽에 S극을 만들어 자석이 멀어지는 것을 저지하려고 한다(N극과 S극은 서로 흡인하기 때문에, 그림89). 이 S극을 만들기 때문에 코일 안에는 전과 반대의 전류가 흐른다. 코일의 권수를 많게 하거나, 자석을 빠르게 움직이면, 전류는 많이 흐른다.

또 손에 걸리는 저항도 커진다. 이와 같이 전류의 방향도 쉽게 알 수 있다. 코일에 발생하는 기전력은 자계의 변화가 급격할수록 커진다. 즉 코일을 지나는 자속이 더 크고, 또 빨리 변화할수록 큰 기전력이 발생한다. 이것을 **렌츠의 법칙**이라 한다.

권수 N의 코일을 관통하는 자속이 $\Delta t[s]$시간에 $\Delta \Phi[Wb]$의 비율로 변화했을 때 유도기전력 $e[V]$은 다음 식으로 나타낸다.

🏛 공식

$e = -N \dfrac{d\Phi}{dt}$ [V]

e : 코일에 유기되는 기전력[V]
N : 코일의 권수[회]

$\dfrac{d\Phi}{dt}$: 단시간 dt[초]에 자속Φ[Wb]이 변화하는 비율

$-$: 마이너스는 자속 Φ의 변화를 방해하는 방향으로 발생하는 것을 나타낸다.

> **예제 1.** 100회를 감은 코일 내에서 자속이 0.1초 동안에 5웨버가 변화했을 때, 이 코일 에는 몇 볼트의 전압이 발생하는가?
>
>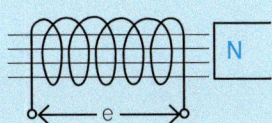
>
> **풀이** $e = N\dfrac{d\Phi}{dt}$의 식에서 100회가 감긴 코일이므로 N=100이고 0.1초 동안에 5웨버가 변화했으므로 1초간에는
>
> $\dfrac{d\Phi}{dt} = \dfrac{5}{0.1} = 50$
>
> 따라서 $e = 100 \times 50 = 5000[V]$

3 전자유도 작용의 응용

여기서는 직류발전기의 원리에 대해 알아보자. 코일(전기자 코일)을 외부의 힘으로 회전시키면 기전력이 발생하게 된다.

그림90과 같이 전자석 N, S극 사이에 코일(전기자 코일) a, b, c, d를 놓고 단자 b, c를 정류자(커뮤테이터)라 부르는 서로 절연된 도체 조각 C_1, C_2에 접속하였다.

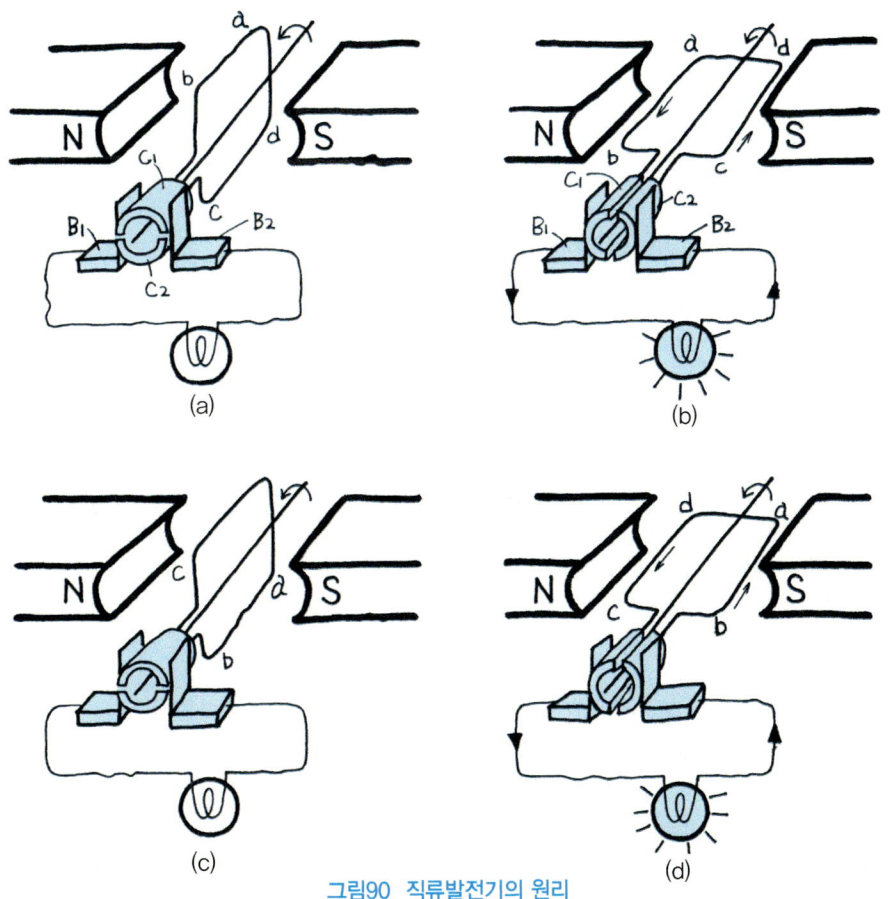

그림90 직류발전기의 원리

이것에 외력(外力)을 가하여 코일을 회전시키면 자속을 끊어 전자유도 작용을 유발하여 기전력이 발생한다. 발생 전압의 방향은 플레밍의 오른손법칙에 따르며, 그 크기는 자속을 직각으로 자르는 비율에 비례한다.

그림90의 (a)~(b)까지 코일이 회전하며 그림91과 같이 발생 전압이 점점 커져 ②에서 가장 크며, ③에 가까워질수록 점점 작아져서 ③에서 0이 된다.

이 전압은 정류자 C_1 및 C_2를 거쳐 이것에 접촉하고 있는 브러시 B_1 및 B_2 사이에 나타난다.

따라서 발전기에서 외부로 가는 방향이 정방향이면, 브러시의 극성(極性)은 B_1이 ⊕, B_2가 ⊖로 된다. 회전을 더 계속하여 그림90 (b)가 되면 발생하는 전류의 방향은 b에서 a, d에서 c로 향하여 그림90 (b)와는 반대로 되나, 브러시에 접촉하는 정류자가 동시에 변화되었기 때문에 브러시의 극성은 항상 일정하다. 이로 인해 발생한 전류는 실선(實線)의 화살표 방향으로 정류되어 흐른다.

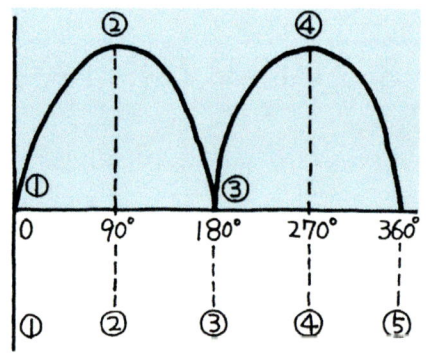

그림91 발생 전압의 크기

그러나 전류의 방향은 항상 일정하게 되지만, 크기는 그림91과 같이 0에서 최대값까지 변화하므로 실제 발전기에서는 코일의 수와 정류자의 수를 증가시켜 브러시 사이의 전압 변동을 적게 하여, 발생 전압을 될 수 있는 대로 균일하게 하고 있다.

지금까지 직류발전기의 원리에 대해 설명하였고, 지금부터 교류발전기에 대해 설명한다.

그림92와 같이 도체 코일의 양 끝에 슬립링이라 부르는 금속 링 S_1, S_2를 결합한 후 각 슬립링에 브러시 B_1, B_2를 접촉시켜 자계 속에서 회전시키면 전자유도 작용에 의해 코일에 기전력이 유기된다.

이때 발전기에서 발생한 기전력의 방향을 브러시에 접속한 전류계로 조사해 보면, 그림 (b)와 같이 코일을 화살표 방향으로 회전시켜 코일의 a-b가 N극에 접근하고 c-d가 S극에 접근하면 기전력의 방향은 b→a, c→d의 방향이 된다. 또 그림(d)와 같이 코일이 반회전하여 a-b가 S극에 접근하고, c-d가 N극에 접근하면 기전력의 방향은 a→b, d→c로 되어 역전(逆轉)한다.

따라서 코일이 1/2회전할 때마다 전류계의 움직이는 방향이 변한다. 즉 전류의 흐르는 방향이 변한다. 이와 같이 전류의 흐르는 방향이 일정한 주기로 변하는 전류를 교류전류라고 한다. 이것을 그래프로 나타내면 그림93과 같이 된다. 이와 같이 전류의 방향이 변하는 상태로 외부로 출력하는 발전기를 교류발전기라 부른다.

실제의 발전기에는 자석이 되는 부분이 회전하고 도체가 고정되는 부분에 감겨 있다. 이와 같은 발전기를 회전 계자형(界磁型)발전기라 한다.

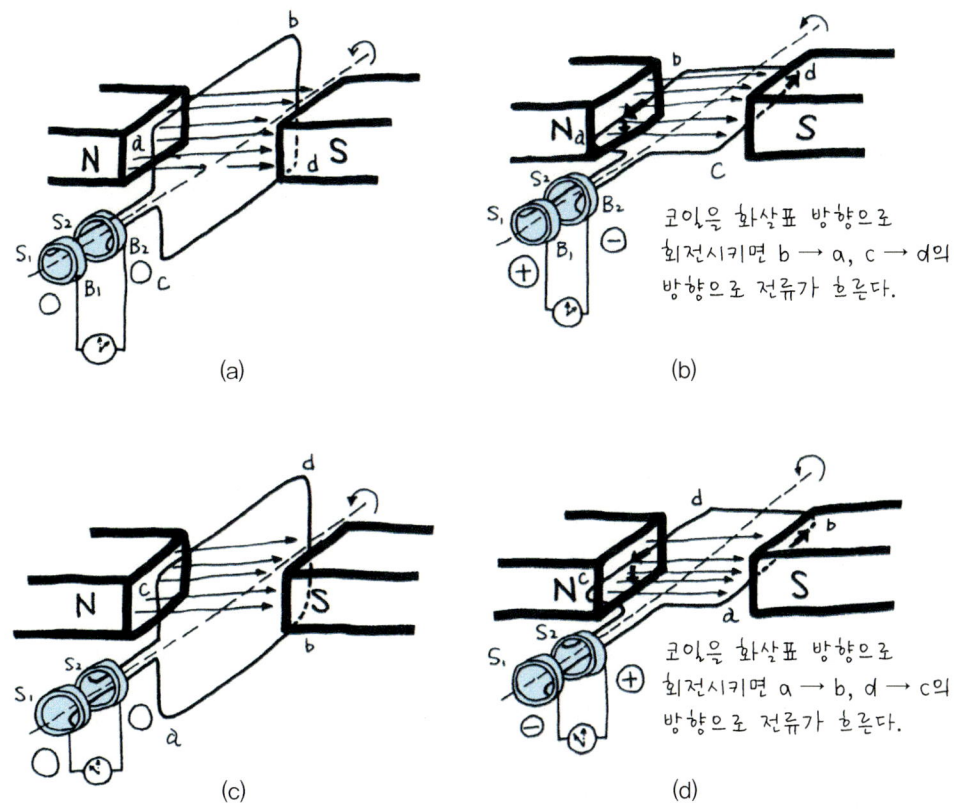

그림92 교류발전기의 원리

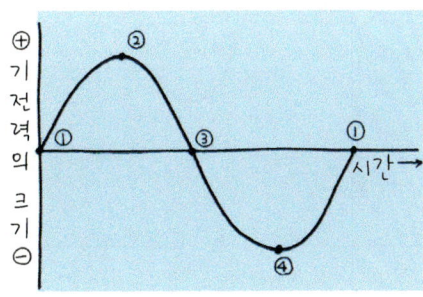

그림93 교류발전기의 작동

 교류 회로

교류란 시간의 변화에 따라 흐르는 전류의 방향과 크기가 일정한 주기로 변화하는 전류를 말하고, 그와 같은 전류가 흐르는 근본을 교류전압이라 한다.

1 주파수

교류전류나 전압이 변화하는 과정을 보면, 일정한 시간마다 같은 변화를 반복하고 있다(그림94).

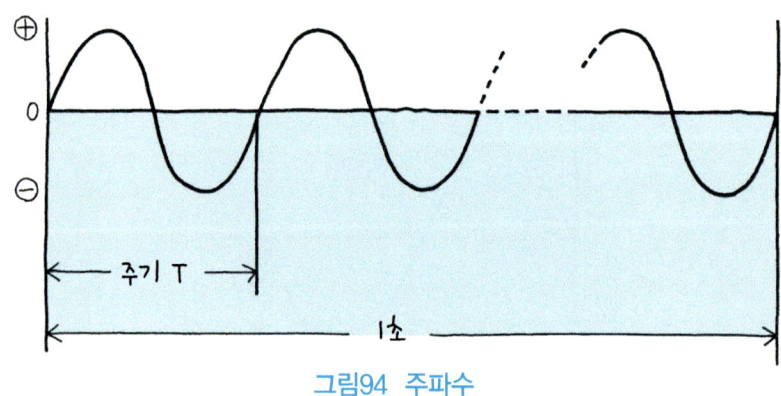

그림94 주파수

이 파형은 전압이나 전류의 어느 쪽이라도 좋으나, 가령 전류라고 하면, 0[A]→⊕최대 전류→0[A]→⊖최대 전류→0[A]를 1회 주기로 하고 이 1회의 변화에 필요한 시간 T를 **주기**라 한다. 그리고 1초간에 반복하는 회수 f를 주파수라 한다. 주파수의 단위는 **헤르츠 [Hz]**로 나타낸다. 최근에는 이 [Hz]를 사용하고 있으나, 이전에는 사이클이 1초간에 몇 번 반복하는가를 그대로 단위로 사용하여 사이클/초로 나타내기도 했었다.

또 주파수 f가 커지면 0자리가 많아져 불편하므로 표3과 같은 단위를 사용한다.

표3. 주파수의 단위

주파수 f	읽는 법	헤르츠	킬로 헤르츠	메가 헤르츠	기가 헤르츠
	단위기호	[Hz]	[KHz]	[MHz]	[GHz]
	승 수	1	1×10^3	1×10^6	1×10^9

교류 파형은 그림에서 보는 바와 같이, 주기 T와 주파수 f 사이에 다음과 같은 관계가 성립된다.

$$f = \frac{1}{T} \, [Hz]$$

우리나라에서는 가정이나 공장으로 송전하는 교류를 60[Hz] 기준으로 하고 있다. 60[Hz]라 하면 1초간에 60사이클로 0[V]로 되는 점이 120회 있다는 것을 의미한다.

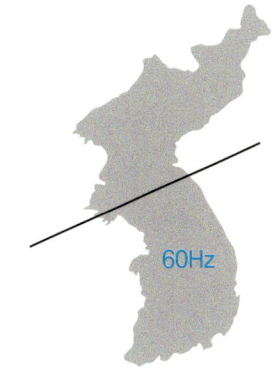

그림95 한국의 표준은 60Hz이다.

2 교류와 저항의 관계

어느 저항에 교류전압을 가할 때 흐르는 전류는, 직류와 같이 옴의 법칙이 성립된다. 그림96의 회로에서는 e = Ri가 된다.

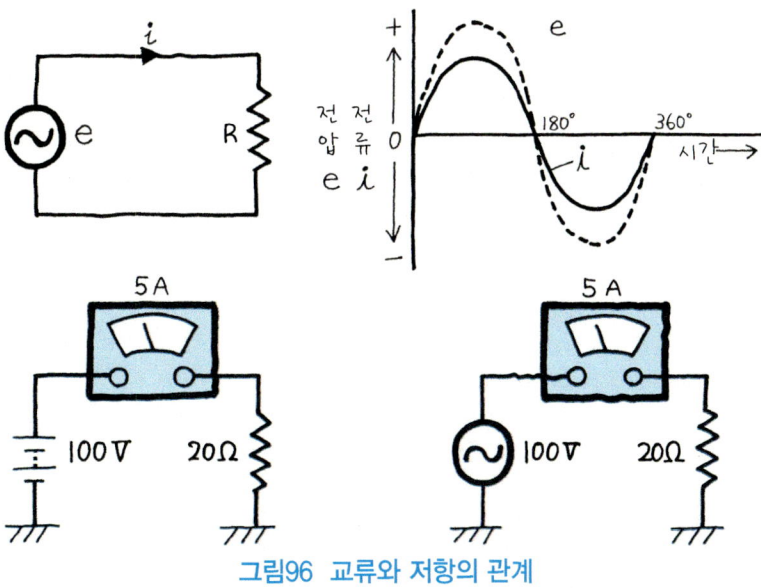

그림96 교류와 저항의 관계

3 교류와 코일의 관계

그림97에서 코일에 교류전압을 가한 때는 전류의 흐름이 저항의 경우와 다르다는 것을 알 수 있다. 이것은 코일이 전류의 변화를 방해하려고 하는 성질을 갖고 있기 때문이다. 전원 전압의 변동과 완전히 반대의 역기전력(逆起電力)이 코일 안에 발생되는 것이다. 다시 말하면 코일의 인덕턴스가 교류의 흐름을 방해하는 작용을 한다.

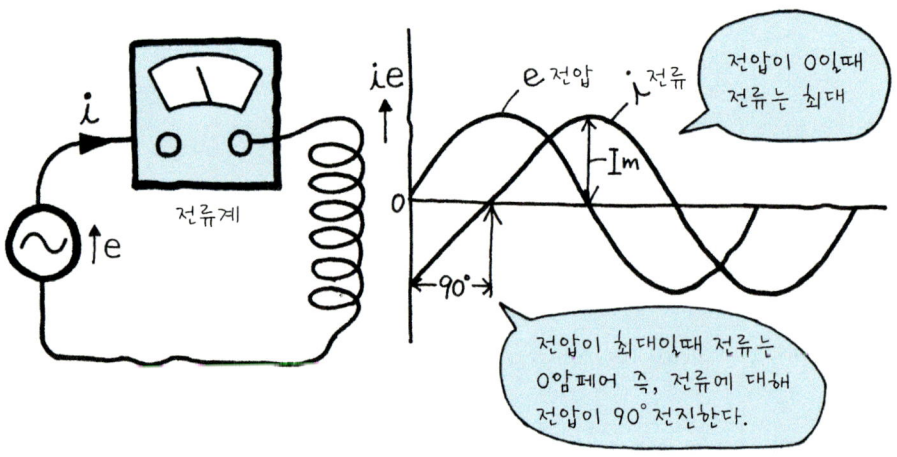

그림97 교류와 코일의 관계

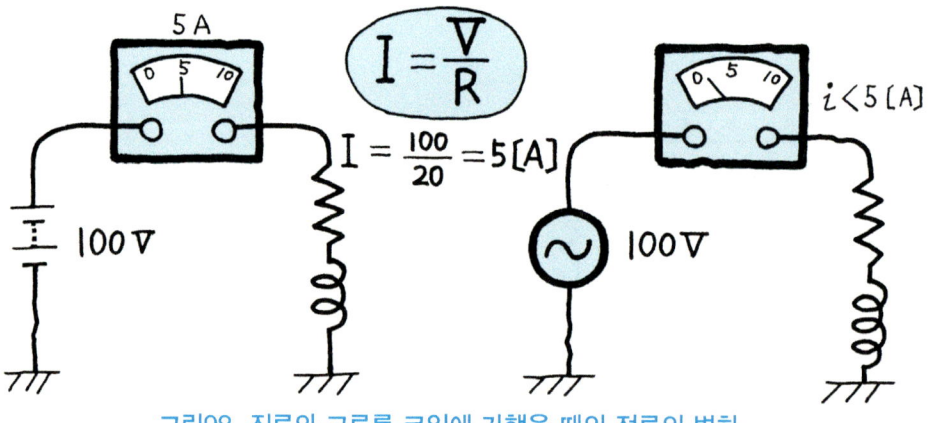

그림98 직류와 교류를 코일에 가했을 때의 전류의 변화

또 같은 코일에 직류와 같은 전압(실효값)의 교류전압을 가하면, 흐르는 전류는 직류의 경우보다 훨씬 작아진다(그림98). 이것은 교류전압을 가한 경우 도체의 길이에 따른 저항 이외에도 코일이 전류의 흐름을 저지하려고 하는 성질이 있기 때문이다. 이로 인해 전류가

방향이 변화하면서 흐르면 전류를 방해하는 방향으로 역기전력이 작용하므로 전류가 흐르기 어렵다.

실제로 코일은 교류전압에 대해 어느 정도의 저항을 가지고 있다. 즉, 자기인덕턴스는 교류에 대해 일종의 저항 작용을 한다. 이것을 **유도 리액턴스(X_L)**로 나타내며, 단위는 저항과 같은 [Ω]을 사용한다.

이것을 식으로 나타내면,

공식

$X_L = 2\pi fL$

X_L : 유도 리액턴스[Ω]
π : 원주율 3.14
f : 주파수[Hz]
L : 인덕턴스[H]

옴의 법칙과 같이 $V = X_L \times I$가 성립한다.

정리

① 주파수가 높아질수록 유도 리액턴스는 커지고, 전류는 흐르기 어렵다.
② 인덕턴스가 클수록 유도 리액턴스는 커져 전류는 흐르기 어렵게 된다.

예제 1. 자기인덕턴스 10[mH]의 코일에 50Hz, 100V의 교류전압을 가했을 때, 몇 A의 전류가 흐르는가(단 코일의 저항은 없는 것으로 한다)?

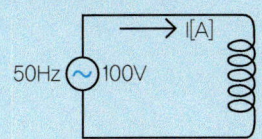

풀이 유도 리액턴스 X_L
$X_L = 2\pi fL$
$\quad = 2 \times 3.14 \times 50 \times 10 \times 10^{-3}$
$\quad = 3.14[Ω]$
따라서 흐르는 전류는,
$V = X_L \times I$에서
$I = \dfrac{V}{X_L} = \dfrac{100}{3.14} = 31.9[A]$

이와 같이 리액턴스 X_L은 주파수에 비례하므로 60Hz용 코일을 50Hz로 사용하면 저항이 감소한다. 60Hz는 1초간에 60사이클이며 0[V]로 되는 점이 120회가 발생한다. 교류전원에 전구를 접속한 경우를 생각하면, 이 0[V]의 점에서 불이 꺼지나, 반복이 빠르기 때문에 실제로 어른거리지는 않는다.

4 교류와 콘덴서의 관계

실생활에는 선풍기, 세탁기 또는 라디오의 잡음 방지용 콘덴서가 사용되고 있다.

콘덴서의 원리는 그림99와 같이 2장의 금속판을 맞대어 만들었으며 그 금속판 사이에는 공기 또는 절연체가 들어 있다. 이 콘덴서에 직류전압을 가하면 그림과 같이 전기가 저장된다. 그리고 바로 콘덴서의 전압이 전원 전압과 같아 전류는 흐르지 않는다. 즉 콘덴서는 직류에 대해서는 큰 저항을 갖게 된다.

이 콘덴서에 교류전압을 가하면 전류가 흐른다(그림100). 즉 콘덴서는 직류에는 큰 저항을 나타내지만, 교류에 대해서는 그 저항이 훨씬 작아진다(콘덴서는 교류전류를 흐르게 하나, 직류전류는 흐르지 못한다). 그러나, 직류도 콘덴서에 접속한 다음 전기가 축전되기까지 극히 짧은 순간은 전류가 흐른다.

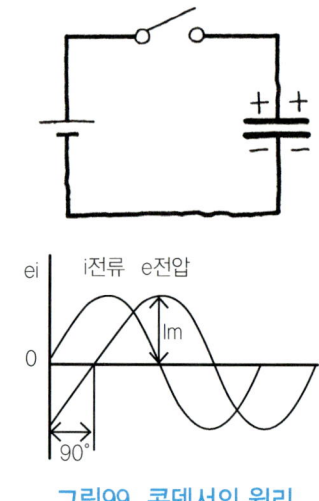

그림99 콘덴서의 원리

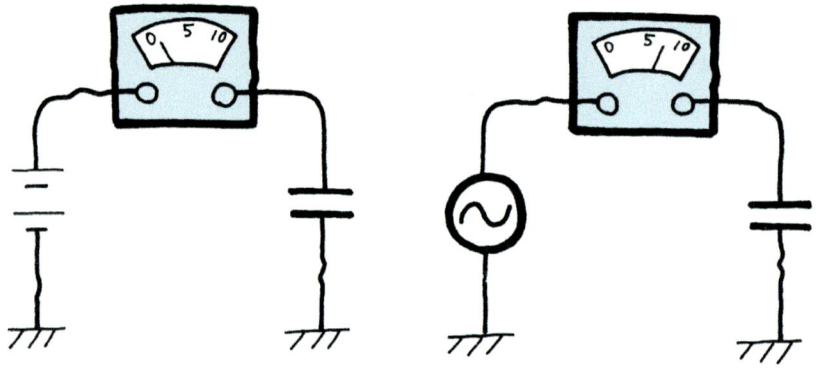

그림100 콘덴서에 직류와 교류를 가했을 때

지금까지의 설명을 그림101에서 생각해 보면, 콘덴서에 흐르는 전류는 전압이 일정하면 (직류전압) 흐르지 않으나, 교류는 전압이 변화하여 콘덴서 양 끝의 전압과 전원 전압과의 차이가 0이 되는 일이 거의 없으므로 전류가 흐른다.

📝 정리

① 주파수가 낮을수록(전압의 변화가 느릴수록) 즉 직류에 가까울수록 전류가 흐르기 어렵게 된다.
② 콘덴서의 용량이 작을수록 전류는 흐르기 어렵게 된다.

그림101 콘덴서의 작동을 물에 비교하면

콘덴서는 위와 같은 성질을 갖고 있으나, 교류라도 자유로이 흐르지 못한다. 콘덴서도 역시 일종의 저항 작용을 하기 때문이다. 이와 같은 일종의 저항을 **용량 리액턴스**라 한다. 용량 리액턴스는 보통 Xc로 나타내고, 단위는 [Ω]을 사용하며, 다음 식으로 나타낸다.

공식

$$X_c = \frac{1}{\omega C} [\Omega] = \frac{1}{2\pi fC}$$

X_c : 용량 리액턴스
π : 원주율 3.14
f : 주파수[Hz]
C : 콘덴서 용량[F]

위 식을 그래프로 나타내면 그림102와 같다. 즉 주파수가 높아지면 용량 리액턴스는 작아진다. 위의 설명에서 용량 리액턴스와 유도 리액턴스는 아주 반대의 성질이 있다는 것을 알 수 있다. 이것은 매우 중요하므로 잘 기억해 두어야 한다.

콘덴서가 사용되는 곳으로는 릴레이류 또는 각종 접점의 소손(燒損) 방지용으로 사용한다.

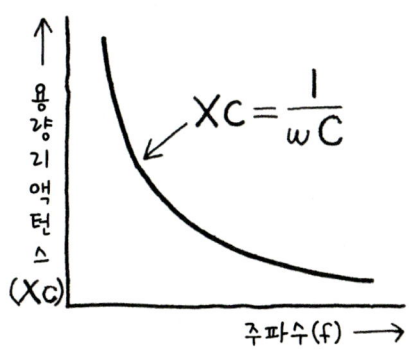

그림102 용량 리액턴스와 주파수의 관계

예제 1. 정전용량이 0.22[F]인 콘덴서에 50Hz, 100V의 교류전압을 가했을 때, 몇 A의 전류가 흐르는가?

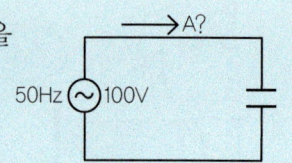

풀이 용량 리액턴스 Xc는,

$$Xc = \frac{1}{\omega C} = \frac{1}{2\pi fC} = \frac{1}{2 \times 3.14 \times 50 \times 0.22 \times 10^{-6}} = 14500[\Omega]$$

Xc에 대해서는, V = Xc×I가 성립하므로,

$$I = \frac{V}{Xc} = \frac{100}{14500} = 0.0069[A]$$

1차 코일에 흐르고 있는 전류는 포인트가 열려도(코일의 특성에 의해), 바로 0[A]로 되지 않는다. 이 사이에 포인트에는 1차 코일의 자기유도작용에 의해 높은 전압이 발생한다.

이 전류는 스파크 진류가 되어 접섬을 소손시킨다. 이때 포인트에 병렬로 콘덴서를 부착하면 포인트가 열릴 때 발생한 높은 전압을 이 콘덴서가 흡수한다. 그런데 포인트에는 스파크 전류가 흐르지 않으므로, 접점의 소손을 방지할 수 있으며 2차 코일에 대한 유도기전력(2차 전압)도 상승시킬 수 있다(그림103).

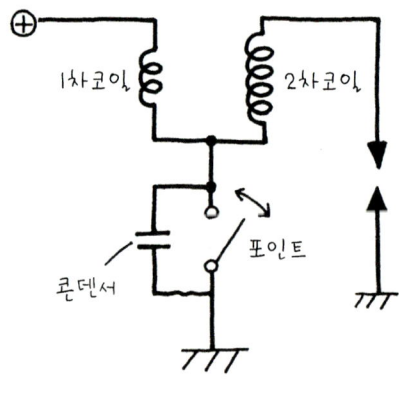

그림103 콘덴서의 응용

5 교류발전기

발전기는 일반적으로 제너레이터나 다이나모라 하는데, 특히 교류발전기는 **올터네이터**라 한다. 그림105는 교류발전기의 기본적인 회로이다. 이 교류발전기는 크게 3개 부분으로 되어 있다.

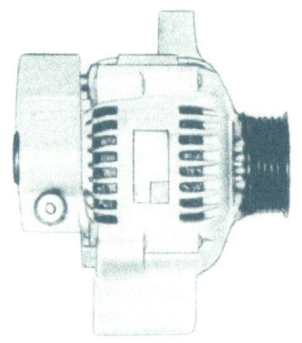

그림104 교류발전기

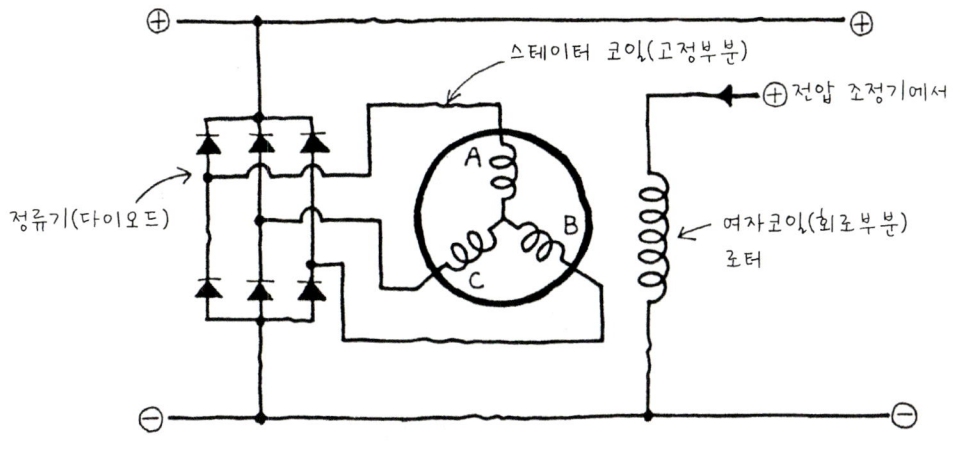

그림105 교류발전기의 기본 회로

(1) 스테이터 코일

이 코일은 고정자(固定子)에 감겨 있으며, 회로로는 3개의 코일(A코일, B코일, C코일)의 한 쪽이 공통으로 결선(結線)되어 있고 이를 중성점이라 한다. 이런 결선을 스타 결선이라 하며 이들 코일에서는 3상교류가 발생한다.

이와 같이 A, B, C의 3개의 코일에 발생하는 전압 파형(波形)을 그리면 그림106과 같이 된다. 이러한 전압을 3상교류전압이라 하고, 이 전압에 의해 흐르는 전류를 3상교류라 한다.

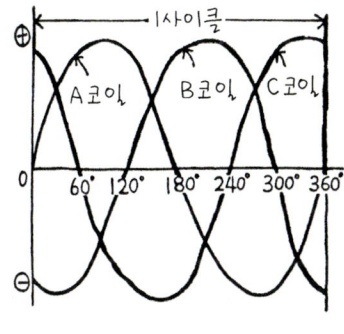

그림106 3상교류

(2) 필드 코일(여자 코일)

이 코일은 발전기의 자석 부분으로 엔진에 의해 회전한다. 이 코일에는 전압조정기로부터 조정된 전압이 흘러 발생한 전압을 제어하고 있다.

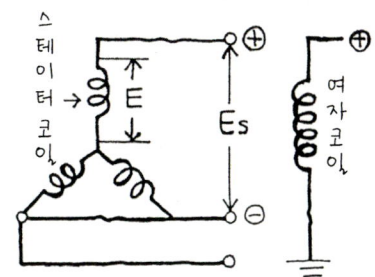

그림107 스테이터 코일에 발생하는 유도기전력

(3) 정류기(커뮤테이터)

6개의 다이오드로 구성되어 스테이터 코일에서 발생한 교류를 이 정류기(整流器)에서 직류로 바꾼다. 정류 방식에 대해서는 뒤에 설명하기로 한다.

스테이터 코일에 발생하는 유도기전력 E는,

> **공식**
>
> $E = K\Phi n$
>
> E : 스테이터 코일 1상의 발생 전압
> K : 교류발전기의 구조로 결정되는 상수
> Φ : 자속수(여자 코일이 만드는)
> n : 교류발전기의 여자 코일 회전속도

따라서 이 유도기전력은 여자 코일의 전류량에 따라 변화하며, 전압조정기는 이 여자 코일의 전류량을 제어한다.

1상에 대한 전압[E]와 실제로 전선에서 나오는 전선 간의 전압(線間電壓 Es)과의 관계는 다음과 같다.

$$Es = \sqrt{3}E = 1.732E$$

(4) 발전기의 결선

발전기의 결선에는 그림108 (a)와 같이 Y(스타)결선과, 그림108 (b)와 같은 Δ(델타)결선이 있으며, 그 제원의 비교는 표4와 같다.

표4. 결선별 제원 비교

방식	선간전압	선전류	3상전류
Y	$\sqrt{3}E$[V]	I[A]	$\sqrt{3}EI$[W]
Δ	E[V]	$\sqrt{3}I$[A]	$\sqrt{3}EI$[W]

Y결선은 선간전압(線間電壓)이 상간전압(相間電壓)보다 높고, 선전류(相間電流)와 상전류는 같다. 또 Δ결선은 각 상(相)코일을 직렬로 결선한 것으로서, 선전압이 상간전압과 같고, 선간전류가 상간전류보다 큰 특징이 있다.

Y결선의 특징은, 결선이 간단하고 작업성이 좋으며, 최대출력 전류가 떨어지나 저속 특성이 뛰어나고 중성점(中性點)을 이용할 수 있다는 것이다. Δ결선은 대용량(출력 약 1KW이상)에 쓰인다.

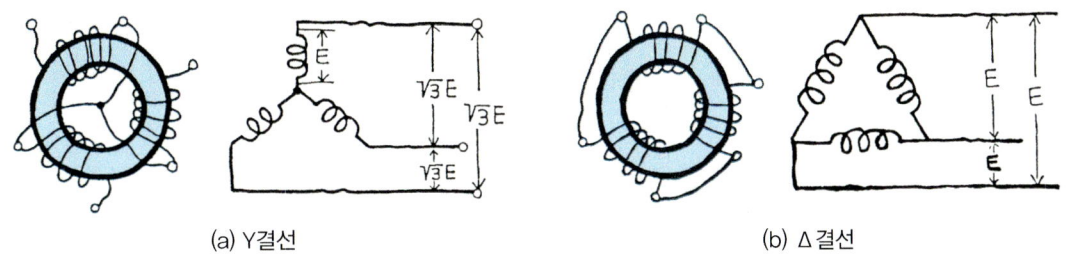

(a) Y결선 (b) △결선

그림108 발전기의 결선

(5) 교류유기전압과 직류출력전압과의 관계

교류유기(誘器)전압과 직류출력전압의 관계에 대해 알아보기로 하자.

교류발전기에서 발생한 전압을 직류 전압으로 이용하기 위해서는 그림109와 같이 다이오드를 사용 하여 전파정류(全波整流) 하여 직류로 변환해야 한다. 이때의 교류유기전압과 직류출력 전압과의 관계는 다음 식으로 나타낼 수 있다.

> 🏛 **공식**
>
> $E_S = 0.741(E_D + 2E_d)$
> ※ 이 식이 어떻게 나온 것인지 관계식은 생략한다.
>
> E_S : 선간교류전압
> E_D : 직류출력전압[V]
> E_d : 정류기(다이오드) 1개에 대한 전압강하(약 0.3~0.8V)

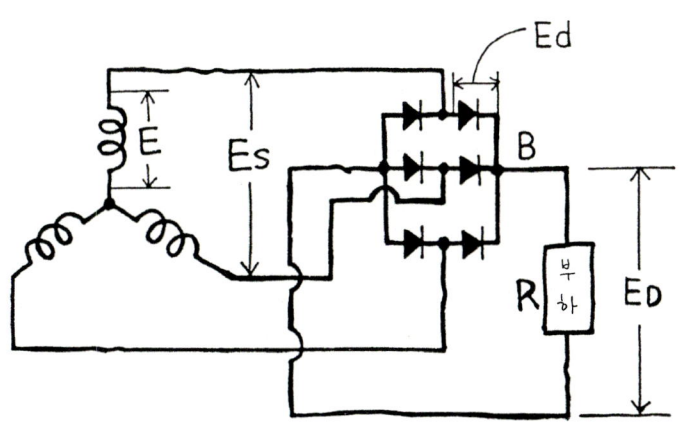

그림109 교류발전기의 정류회로

예제1. 직류출력전압 15V를 발생시키는데 필요한 교류선간(線間)전압(실효값) Es, 교류 상(相) 전압(실효값) E를 구하라. 단 다이오드 1개에 대한 전압강하는 0.8V로 한다.

풀이 $E_S = 0.741(E_D + 2E_d)$의 식에서 E_D : 15V, E_d : 0.8을 식에 대입하면
$E_S = 0.741(15 + 2 \times 0.8) = 0.741 \times 16.6 = 12.30$

$$E = \frac{1}{\sqrt{3}} \quad E_S = \frac{1}{1.732} \times 12.30 = 7.10 [V]$$

이 [예제]에서 알 수 있는 것은 1상의 전압이 7.1V일 때, 선간전압이 12.30V로 되어 출력 전압이 15V가 된다.

(6) 교류의 실효값

교류는 그림110과 같이 순간순간 그 크기도 변하고 방향도 변하기 때문에 교류전압이란 어느 위치의 전압을 교류전압이라고 정할 필요가 있다.

그림110에서 평균값이란 반사이클의 전압을 평균한 값을 말한다. 평균값이란 최대값의 64% 이다. 또 교류에는 실효값이라는 것이 있다. 직류에서 100V의 전압이 하는 일과 같은 일을 하는 교류의 전압을 실효값 100V라 한다.

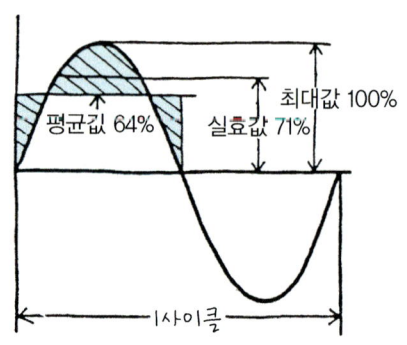

그림110 교류의 실효값(평균값)

전력[P] = 전압[E]×전류[I]이므로, 이 식에 옴의 법칙 E = IR을 대입하면,

$$P = \frac{E^2}{R} = I^2 R$$

로 되어, 전력은 전압이나 전류의 제곱에 비례하는 것을 알 수 있다.

예를 들어, 우리가 일상 사용하는 회로시험기를 보자. 회로시험기는 평균값의 힘을 받으므로 실효값 눈금으로 되어 있어 전압계의 내부저항은 직류보다 작게 했다. 게다가 반파정류(半波整流)이므로 절반의 전류는 시험기로 흐르지 않고 그냥 지나치게 된다.

보통 직류시험기의 경우 20[KΩ/V]DC의 내부저항을 가지나, 교류는 8[KΩ/V]AC로 절반 이하이다. 그러나 내부저항이 작은 4[KΩ/V]DC 정도의 시험기에서는 교류의 내부저항은 나타나지 않는다. 이것은 정류의 특성상 0부터의 전압이 직선적으로 상승할 수 없기 때문에 별도로 AC 10V 전용 눈금이 있다.

앞의 [예제]에서 Es = 12.30[V]를 실효값으로 구했는데, 이때의 최대전압(선두전압)은, $\frac{12.30}{0.7} ≒ 17.57[V]$ 정도이다.

6 정 류

가정용 전기는 교류라는 것을 알고 있다. 그러나 전기기구 중에는 교류와 직류를 겸용하는 것이 많다. 예를 들면 라디오, 카세트 테이프, 레코더 등은 직류전지를 사용하거나 가정의 교류전원을 사용하는 경우가 많다. 이때는 전원 콘센트에 직접 접속하지 않고, **AC 어댑터**를 사용한다. 이 AC 어댑터는 교류 100V의 전원에서 낮은 전압의 직류를 만들어 내는 장치이다. 이와 같이 교류를 직류로 바꾸는 것을 정류(整流)라 한다. 교류를 직류로 정류하기 위해서는 정류회로가 필요하다.

정류회로에는 **다이오드**나 수은정류기(整流器)를 사용한다. 이것들은 전류가 어느 일정한 방향으로만 흐르고, 반대 방향으로는 흐르지 않는 성질을 갖고 있다.

※다이오드의 상세한 설명은 「반도체 소자」편에서 다루기로 한다.

그림111은 교류발전기용 다이오드의 내부 구조를 나타낸 것이다. 정류회로의 대표적인 회로를 알아보자.

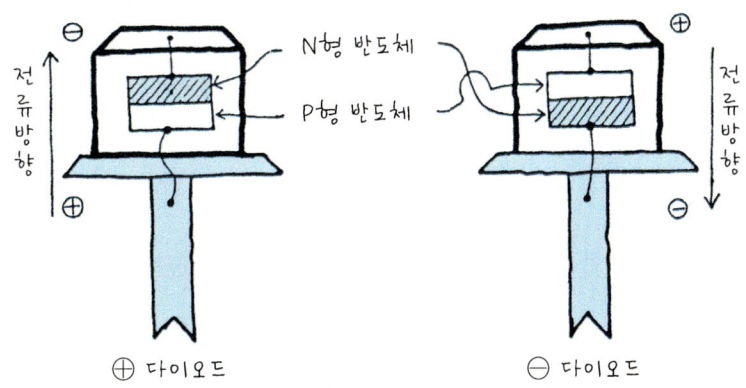

그림111 교류발전기용 다이오드 내부 구조

(1) 단상반파정류

이 회로는 입력 교류파형(波形)의 반(半) 사이클만 통과시키고, 다른 반 사이클은 정류기로 저지하는 회로로서 가장 간단한 것이다. 정류된 파형은 직류와는 다르므로 그다지 사용하지 않는다(그림112).

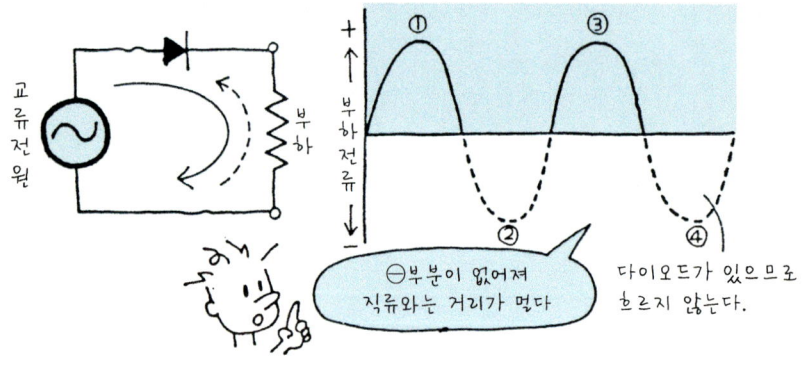

그림112 단상반파정류

(2) 단상전파정류

이 회로는 다이오드 4개를 사용함으로써 그림113의 a점이 ⊖로 된 경우에도 회로에 전류가 흐른다. 즉 a점이 ⊕일 때, 전류는 a점→D→c점→저항R→d점→D→b점으로 흐르고, a점이 ⊖일 때, 전류는 b점→D→c점→저항R→d점→D→a점으로 흐른다.

이와 같이 교류의 ⊕와 ⊖의 양 성분을 정류하는 것을 **전파정류(全波整流)**라 한다.

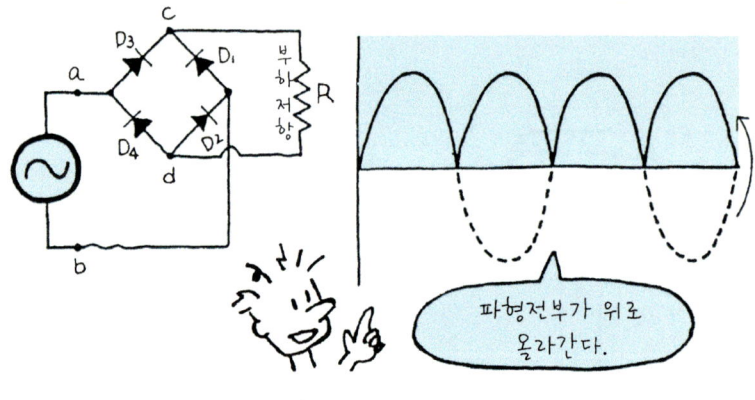

그림113 단상전파정류

(3) 3상전파정류

자동차용 교류발전기에서 발생한 3상교류는 6개의 정류기(다이오드)를 사용하여 정류한다(그림114). 정류된 파형은 그림114와 같이 산(山) 부분과 골짜기 부분이 평탄하게 된다. 이것은 직류에 더 가까운 파형이다.

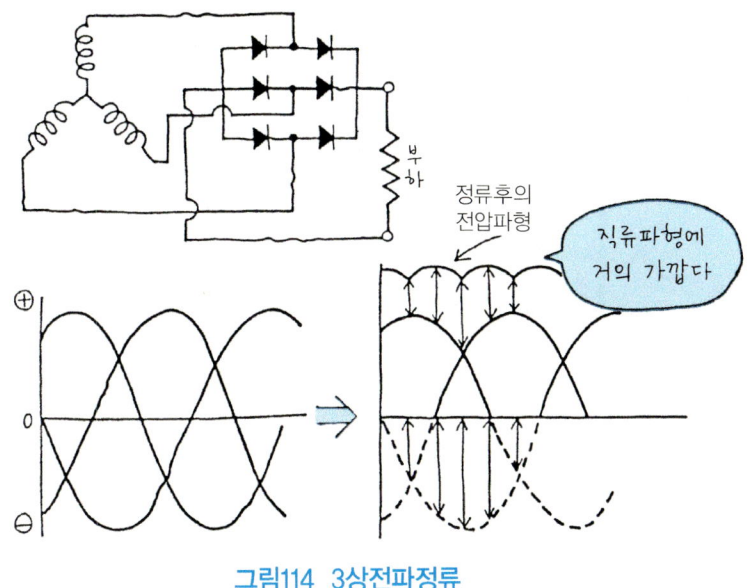

그림114 3상전파정류

09 자기유도작용

그림115와 같이 코일에 흐르는 전류를 ON·OFF시켜 그 자체의 자계(磁界)를 변화시키면 코일의 양 끝에 기전력이 발생한다.

여기서 자기유도작용을 설명하기 위해 다음과 같은 실험을 통해 설명한다. 그림116 (a)와 같이 권수가 많은 철심 코일에 12V의 전류를 흐르게 한 후 스위치 S를 OFF시키면, 스위치 S의 위치에서 큰 아크(불꽃)가 발생한다. 또 그림 116 (b)와 같이 코일의 양 끝에 100V용 네온 전구를 접속한다. 그리고 스위치 S를 닫아 코일에 전류가 흘러도 전원이 12V이므로 전구는 켜지지 않는다.

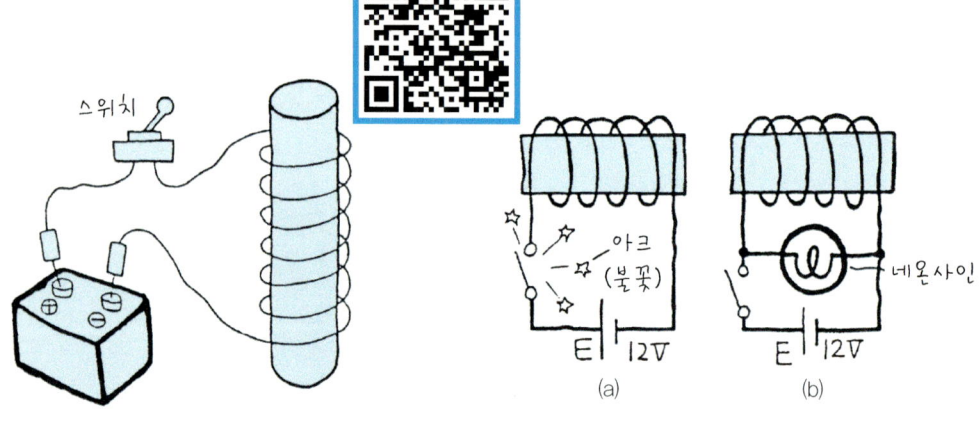

그림115 자기유도작용   그림116 자기유도작용을 이해하기 위한 실험

그러나 스위치를 끊으면 순간적으로 네온 전구는 밝게 켜진다. 또한 스위치 S를 끊는 속도가 빠를수록 더 밝게 켜지는 것을 알 수 있다.

그러면 이 현상은 왜 발생하는지 더 자세히 알아보자.

그림117 (a)와 같이 스위치를 닫아 코일에 전류가 흐르면, 코일 내부에 갑자기 자속(磁束)이 발생한다. 이 때문에 코일에는 **렌츠의 법칙**에 의해 기전력이 발생하여 전류의 흐름을

방해한다. 또 그림 (b)와 같이 스위치를 열어 코일의 전류를 끊으면, 지금까지 코일에 생긴 자속이 급히 감소하면서 다시 코일에 역기전력이 발생한다. 이와 같이 코일 자체의 전류가 변화하기 때문에 코일 자체에 기전력이 유도되는 것을 **자기유도작용** 또는 **자기인덕턴스**라 한다. 그리고 코일 자체에 **자기인덕턴스**가 있다고 한다.

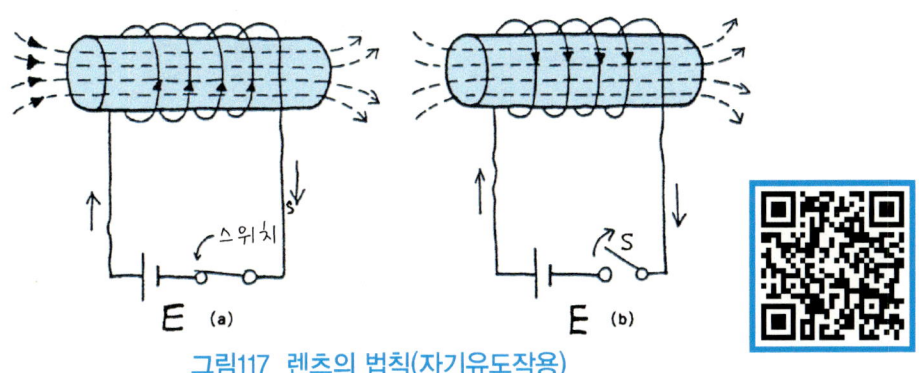

그림117 렌츠의 법칙(자기유도작용)

이와 같이 자기유도작용에 의한 기전력은 코일에 처음 가한 전압에 따라 결정되는 것이 아니라, 전류의 변화 속도에 따라 결정된다(그림118). 즉 자기유도작용의 크기는, 코일에 흐르는 전류를 1초에 1A의 비율로 변화시킬 때 그 코일에 유도되는 기전력의 크기로 나타내며 이 값을 자기인덕턴스라 부르고 기호는 L로 표시하며, 단위는 H(헨리)를 사용한다. 이것을 식으로 나타내면,

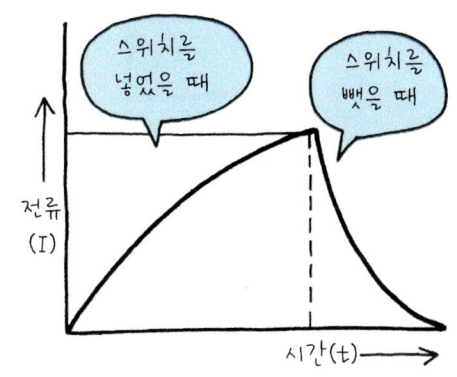

그림118 자기유도작용에 따른 전류와 시간의 관계

공식

$$e_1 = L\frac{I}{t}\,[V]$$

e_1 : 자기유도기전력[V]
L : 자기인덕턴스[H]
I : 전류[A]
t : 시간[초]

그리고 인덕턴스는 코일의 권수의 제곱에 비례하고, 또 철심의 굵기 등에 비례한다. 저항은 전류의 흐름을 저지하는 성질이 있고, 인덕턴스는 전류의 변화를 방해하는 성질이 있다.

Electricity 10 상호유도작용

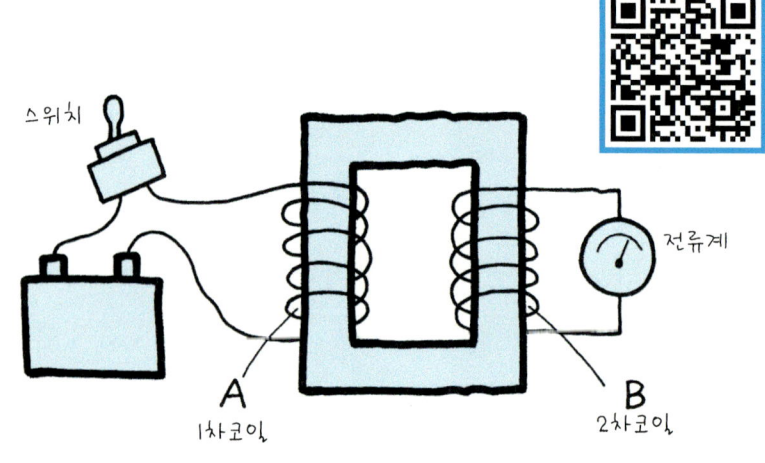

그림119 상호유도작용

그림119와 같이 철심에 2개의 코일 A, B를 감는다. 코일 A에 전원과 스위치를 접속하고, B코일에 전류계를 접속한다. 코일 A를 1차 코일, 코일 B를 2차 코일이라 한다. 스위치를 열었다 닫았다 하면, 스위치를 개폐할 때만 전류계의 바늘이 움직이고, 스위치가 열린 상태로 있을 때나 스위치가 닫힌 상태로 있을 때는 바늘이 움직이지 않는다.

이 현상에서 스위치의 개폐에 의해 1차 코일에 흐르는 전류가 변화할 때, 즉 철심 안에 자속이 증가 또는 감소할 때 기전력이 유기(誘起)되며, 코일 안에 자속이 통하고 있어도 자속의 변화가 없을 때는 기전력이 발생하지 않는다는 것을 알 수 있다.

즉, 2차 코일을 움직이지 않고 1차 코일에 흐르는 전류만 변화시켜도 2차 코일에 기전력이 유기된다. 이와 같은 전자(電磁)유도작용을 **상호유도작용**이라 한다.

그런데 같은 1차 코일에 흐르는 전류를 동일하게 변화시켜도 상호유도작용이 높은 코일도 있고, 낮은 코일도 있다(그림120).

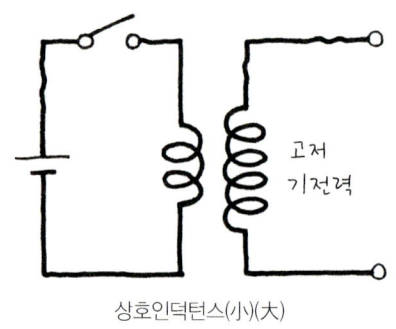

상호인덕턴스(小)(大)

그림120 상호인덕턴스는 코일에 따라 다르다

이와 같이 2차 코일의 기전력의 높이를 좌우하는 것을 **상호인덕턴스**라 하며, 기호는 M 으로 나타내고 단위는 [H]를 사용한다.

1[H]의 상호인덕턴스를 가진 2개의 코일이란, 1차 코일에 흐르는 전류를 1초간에 1[A] 변화시키면, 2차 코일에 1[V]의 기전력이 발생하는 것을 말한다. 이것을 식으로 나타내면,

🏛 **공식**

$$e_2 = M\frac{I}{t} \text{ [V]} \qquad e_2 : 상호유도기전력[V] \\ M : 상호인덕턴스[H]$$

상호인덕턴스는 자기인덕턴스 및 코일의 권수비(捲數比)에 비례한다(그림121).

🏛 **공식**

$$M = L \times \frac{2차\ 코일\ 권수\ N_2}{1차\ 코일\ 권수\ N_1}$$

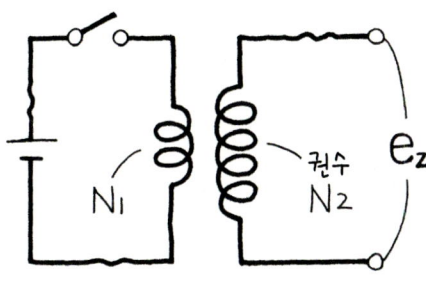

그림121 상호인덕턴스는 자기인덕턴스와 코일의 권수비에 비례

따라서,

$$e_2 = L \times \frac{N_2}{N_1} \times \frac{I}{t} = e_1 \times \frac{N_2}{N_1} \text{ 로 된다.}$$

그리고 헨리[H]라는 단위는 매우 크기 때문에 실제로는 밀리헨리[mH]를 사용한다.

❓ **예제 1.** 자기인덕턴스가 10[mH]인 1차 코일에 2A의 전류가 흘렀을 때, 포인트가 열려 이 전류가 0[A]로 되기까지 100[μs]의 시간이 걸렸다. 이때 1차 코일에 발생하는 자기유도기전력은 얼마인가? 단, 2차쪽과의 상호유도는 없는 것으로 한다.

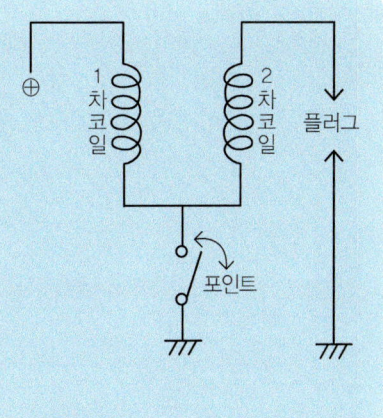

💡 **풀이** $e_1 = L\frac{I}{t}$ 의 식에서

$10[mH] = 10 \times 10^{-3}[H] \qquad 100[\mu s] = 100 \times 10^{-6}[S]$

$e_1 = 10 \times 10^{-3} \times \frac{2}{100 \times 10^{-6}} = 200[V]$

1 변압기(트랜스포머)의 원리

권수가 N_1인 1차 코일과 N_2인 2차 코일을 같은 철심에 감은 다음 1차 코일에는 V_1의 교류전압에 따라 전류를 흐르게 한다. 이 전류는 교류전류 이므로 1차 코일 안에는 자속 Φ가 증감하게 된다(그림122). 따라서 1차 코일에는 자기유도에 의해 e_1V의 기전력이 발생하고, 2차 코일에는 상호유도작용에 의해 e_2V의 기전력이 발생한다. 이때 1차 코일에 유기된 기전력과 2차 코일의 유기 기전력의 비는 권수비에 비례하는 것을 알 수 있다.

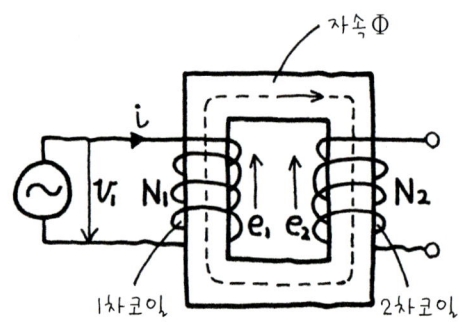

그림122 변압기의 원리

이것을 수식으로 증명하기 위해 1차 코일과 2차 코일에 대해 알아 보면, 같은 철심 안을 같은 속도로 자속 Φ가 변화하고 있다. 따라서

공식

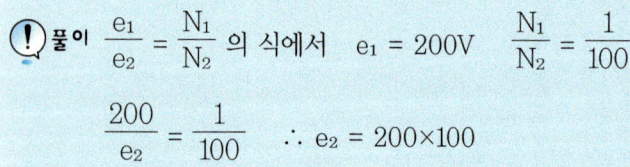

e_1 : 1차 코일 기전력
e_2 : 2차 코일 기전력
N_1 : 1차 코일의 권수
N_2 : 2차 코일의 권수

가 된다.

예제1. 그림에서 1차 코일과 2차 코일의 권수비는 1:100으로 되어 있다. 이때 1차 코일에 200V의 유기 전압이 발생했을 때, 2차 코일에는 몇 볼트가 발생하는가?

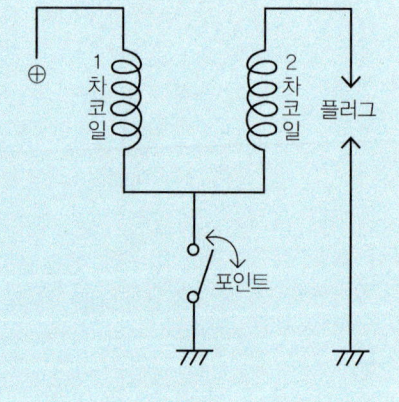

풀이 $\dfrac{e_1}{e_2} = \dfrac{N_1}{N_2}$ 의 식에서 $e_1 = 200V$ $\dfrac{N_1}{N_2} = \dfrac{1}{100}$

$\dfrac{200}{e_2} = \dfrac{1}{100}$ ∴ $e_2 = 200 \times 100$

따라서 $e_2 = 20000[V]$ 즉 2차 코일에는 20000[V]의 유기 전력이 발생한다.

11 정전작용과 콘덴서

1 정전기

전기가 물질에 정지(靜止)한 상태로 있을 때 이것을 **정전기**라 하며, 정전기의 이동, 즉 전류에 의해 생기는 현상을 **동전기(動電起)**라 한다. 전기에는 **양전기**와 **음전기**의 2종류가 존재한다는 것은 실험에 의해 알게 되었다.

이번에는 정전 유도에 대해 알아보자. 그림123과 같이 도체에 정전하("+"전하)를 가까이하면 도체 속의 음전하("−"전하)를 끌어당기고, ⊕전하를 멀리하면 그림과 같이 도체 표면에 전하가 나타난다.

이 현상을 **정전유도(靜電誘導)**라 한다. 이것은 도체 속에 자유로이 움직이는 전자(자유전자)가 전하로부터의 전계(電界)의 작용을 받아 새로 배치되기 때문이다. 정전유도를 이용하여 도체를 대전(帶電) 시킬 수 있다. 그림124와 같이 접촉하고 있는 도체 A, B의 옆에 전하를 가까이하여 정전유도를 일으킨 다음 도체 A, B를 분리하고 전하를 멀리 하면 A는 부(−), B는 정(+)으로 대전한다. 정전유도로 생긴 ⊕, ⊖의 전하량은 같다.

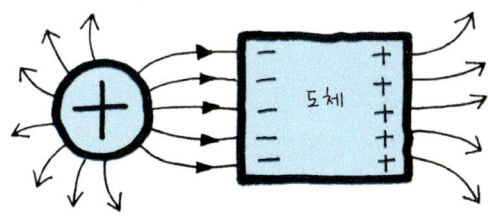

그림123 정전유도

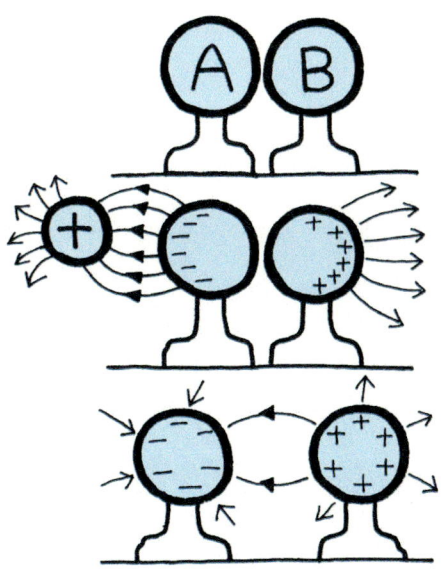

그림124 정전유도와 대전

일상생활에서 정전유도를 경험한다. 예를 들면 겨울의 건조한 날에 스웨터나 의복을 갈아 입을 때 찍찍하고 방전하는 소리가 들린다. 이것은 스웨터와 내의처럼 성질이 다른 2가지 물질이 마찰하여 정전유도작용이 발생하였기 때문이다.

2 콘덴서

콘덴서는 전하를 축전하는 장치이다. 전하를 축전하려면 축전지를 사용하면 된다고 생각할지도 모른다. 분명히 축전지를 충전하거나 방전함으로써 전하를 축전하거나 끌어낼 수 있다. 그러나 이 경우에 축전지 내부의 전하는 화학에너지로 축전되어 있는 것이지, 전하가 축전되어 있는 것은 아니다. 콘덴서는 전하를 축전하는 장치이다.

(1) 콘덴서의 구조

콘덴서는 그림125와 같이 2장의 금속판(전극판)을 마주 댄 구조로 되어 있다. 이 콘덴서에 전압을 가하면 플러스 극의 금속판에는 ⊕전하가 축적되고 마이너스 극의 금속판에는 ⊖전하가 축적된다. 이 양극에 전하를 축적하는 것을 **충전**이라 한다.

일단 충전된 상태에서 전압을 끊어도 전하는 서로 흡인하여 충전된 상태로 되어 있다. 콘덴서는 이와 같이 전기를 축적하는 성질이 있어, 축전기라 부르기도 한다.

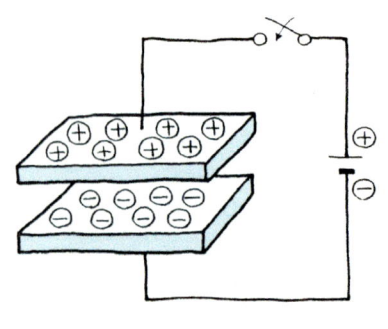

그림125 콘덴서의 구조

그림125와 같이 전극판을 평행으로 놓고 그 사이에 절연물을 끼워 넣은 것을 평행판 콘덴서라 한다. 이 콘덴서에서는 공기가 절연물의 역할을 한다. 전극판으로는 알루미늄이나 주석 등을 사용하고 절연물로는 절연지, 공기, 기름, 운모 등을 많이 사용한다.

또 일반적으로 축적하는 전하(전기량)를 바꿀 수 없는 콘덴서를 **고정 콘덴서**라 하고 전하를 바꿀 수 있는 것을 **가변 콘덴서**라 한다. 콘덴서에 축적된 전하의 양 Q[C]는 콘덴서의 정전(靜電)용량과 가하는 전압[V]에 비례한다. 이 정전 용량을 비례상수 C로 하면,

> **공식**
>
> $Q = C \cdot V$
>
> Q : 전하
> C : 정전 용량
> V : 가하는 전압

의 관계가 있다. C가 크면 낮은 전압으로도 많은 전하를 축적할 수 있고 C가 작으면 전압을 높여도 약간의 전하밖에 축적할 수 없다.

이 비례상수 C는
① 전극판의 면적에 비례
② 전극판 사이의 절연물의 절연도 (絶緣度)에 비례
③ 전극판 간의 거리에 반비례하여 변화하게 된다 (그림126).

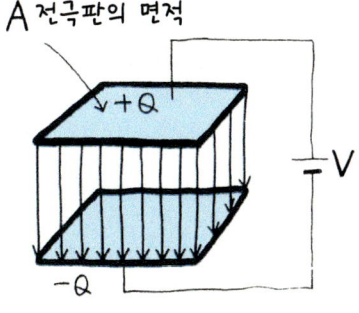

그림126 전하(Q)는 정전용량(C)과 전압(V)에 비례한다.

일반적으로 2장의 전극판에 단위(같은 크기의) 전압을 가했을 때 축적되는 전하의 크기(능력)로 콘덴서 용량을 나타낸다.

이 용량을 콘덴서의 정전용량(electrostatic capacity)[C]이라 하고 단위는 페럿[F]을 쓴다. 따라서 1페럿의 정전용량을 가진 콘덴서는 1볼트의 전압을 가했을 때 1쿨롱[C]의 전하를 축적하는 용량을 나타낸다. 또 어느 전압[V]을 가하여 전하 Q[C]가 축적되었다면 그 정전 용량 C[F]는,

공식

$$C = \frac{Q}{V}[F]$$

콘덴서 = 축전기의 예

가 된다.

위와 같이 비례상수 C는 콘덴서의 축전 능력을 나타내는 값이며 정전용량 자체를 의미한다. 또 콘덴서에 축적되는 전하의 양은 극히 적으므로 페럿[F]의 단위는 실용상 불편하기 때문에 전자회로에서는 1페럿[F]의 100만분의 1인 1마이크로페럿[μF]이나 1조분의 1인 1피코페럿[PF]을 단위로 사용하고 있다.

또 그림127과 같은 2개의 전극 간의 정전용량이 특히 커지도록 고안하려면 2개의 전극판의 배치가 문제가 된다. 2장의 전극판을 그림127과 같이 절연물을 삽입하여 거리 ℓ에서 평행하게 배치한 때의 정전용량 C[F]는,

> **공식**
>
> $$C = \varepsilon \frac{A}{\ell} [F]$$
>
> A : 전극판의 면적[m²]
> ε : 절연체의 유전율(誘電率)
> ℓ : 전극판의 거리[m]

의 식으로 나타낸다. 즉 엡실론[ε]은 전극판 사이에 넣은 절연물에 따라 결정되는 상수이며 유전율이라 한다.

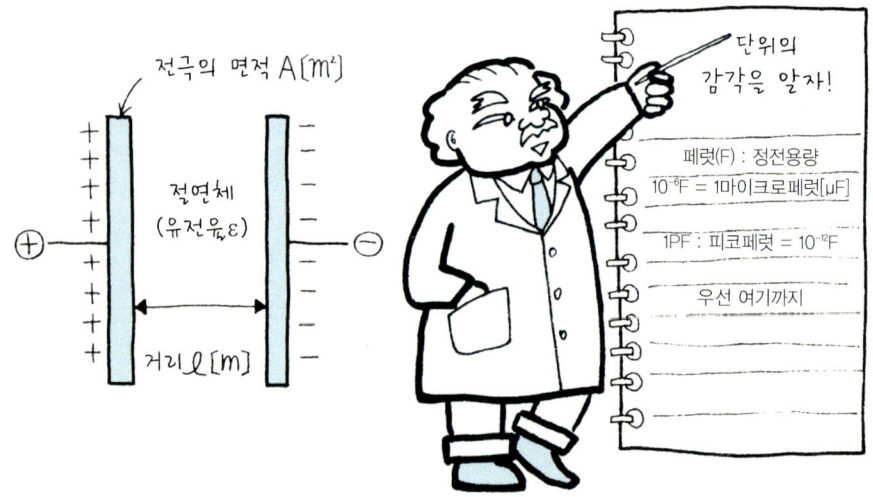

그림127 전극의 배치에 따라 정전용량이 변한다.

이 식에서 알 수 있는 것은 2장의 전극판의 면적 A가 클수록 능력이 커지고, 또 전극판 간의 거리가 좁을수록 전기를 축적하는 능력이 커진다. 따라서 정전용량도 커진다.

(2) 쿨롱의 법칙

정지하고 있는 전하를 정전기라 하며, 정지한 전하 사이에 작용하는 힘을 정전기력이라 한다. 같은 종류의 전하는 서로 반발하고, 다른 종류의 전하는 서로 끌어당긴다.

진공 속에서 거리 r[m]를 사이에 두고 정지하고 있는 2개의 전하 Q_1, Q_2 사이에 작용하는 힘 F[N]는 두 전하를 연결하는 방향으로 작용하고 그 크기는,

$$F = K \frac{Q_1 Q_2}{r^2} \quad \cdots \cdots \cdots \cdots \quad ①$$

이다(그림128). 여기서 K는 비례상수이다.

이것을 정전기력에 관한 **쿨롱의 법칙**이라 한다.

진공 속에서 양이 같은 전하를 1m 떼어 놓았을 때, 그 사이에 작용하는 힘이 $9.0×10^9$[N]로 되는 전기량을 1쿨롱[C]이라 한다.

이와 같이 전기량의 단위를 정하면, ①식의 K = $9.0×10^9$[N·m²/C²]이 된다. 따라서 쿨롱의 법칙은 다음과 같이 된다.

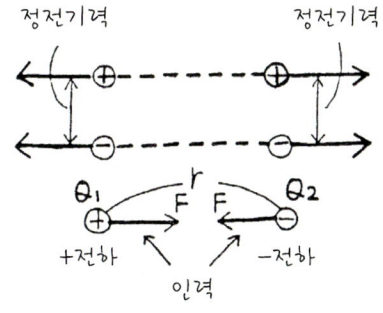

그림128 **쿨롱의 법칙**

$$F = 9.0×10^9 \frac{Q_1 Q_2}{r^2}$$

(K = $9×10^9$[MKS 단위계])

쿨롱은 전하의 단위를 사용한다(기호는 C).

(3) 콘덴서의 충전, 방전

콘덴서에 직류전압을 가했을 때 2장의 전극판에 ⊕와 ⊖전하가 대전(帶電)하며 전하를 전혀 축적하지 않은 콘덴서에 전하가 축적되는 속도는 그림129에서 곡선으로 나타낸 것과 같이 급속히 전기가 축적되다가 점점 그 속도가 느려진다. 콘덴서에 전하가 축적되는 것을 **충전**이라 하고, 그로 인해 흐르는 전류를 **충전전류**라 한다.

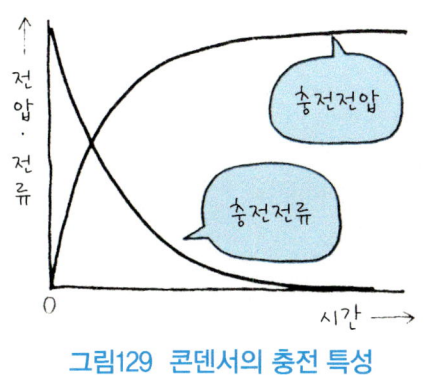

그림129 **콘덴서의 충전 특성**

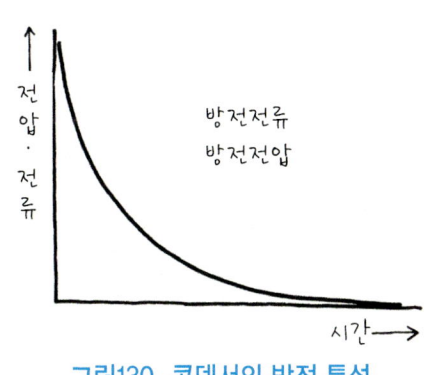

그림130 **콘덴서의 방전 특성**

충전된 콘덴서를 단락(短絡)시켰을 때 순간적으로 전류가 흘러 중화(中和)하는 것을 방전이라 하고 방전 시에 흐르는 전류를 **방전전류**라 한다. 방전전류도 그림130과 같이 처음에는 컸다가 점점 작아진다.

충전 시나 방전 시도 그 회로 안에 저항을 넣어 그림131과 같이 접속하면 충전전류나 방전전류에 따라 저항의 양 끝에 전압이 발생하므로 충전 시와 방전 시에 전압의 극성(極性)은 반대로 된다.

또 저항의 크기에 따라 전류가 방해를 받는 정도가 변하므로 충전에 필요한 시간과 방전에 필요한 시간을 바꿀 수 있다.

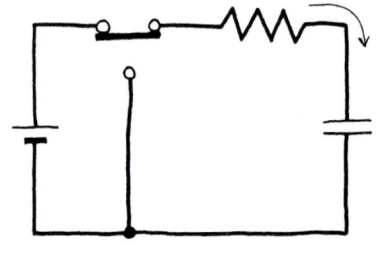

그림131 충전 시의 전압 극성

(4) 시상수(時常數)

그림132와 같은 콘덴서 C와 저항 R의 직렬회로에서 스위치를 ①로 하면 콘덴서 C는 전원V에 의해 충전 되며, 콘덴서 C의 단자전압 Vc는 급격히 V로 되지 않고 그림133 (a)과 같이 서서히 V에 가까워진다.

다음에 스위치를 ②로 하면 콘덴서 C에 충전된 전하는 저항 R을 통해 방전하여 Vc는 충전할 때와는 반대로 서서히 내려가서 마침내 0으로 된다(그림133 (b)).

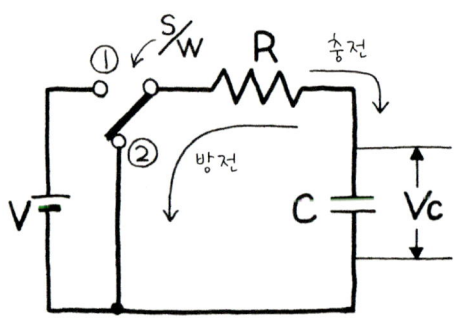

그림132 충전, 방전 시의 전압 극성

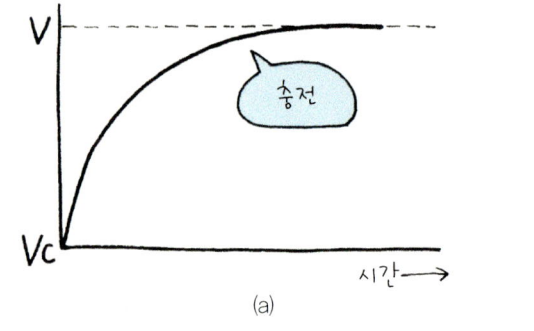
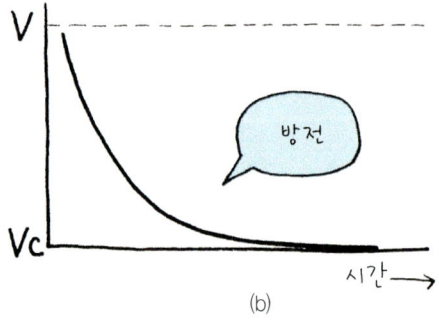

그림133 충전·방전의 특성

그림134는 충방전의 상태를 조금 상세하게 나타낸 것이다. 충전 시에는 Vc가 일정한 전압V의 63.2%로 되는 시간, 방전 시에는 Vc가 일정한 전압의 36.8%로 되기까지의 시간을 **시상수(時常數)**라고 한다. 타우[τ]의 기호로 표기하며 다음 식으로 나타낼 수 있다.

$$\tau[\text{sec}] = C[F] \cdot R[\Omega]$$

또 인덕턴스 L과 저항 R의 직렬회로에서 L에 흐르는 전류는 콘덴서의 경우와 같으며 이때 시상수는

$$\tau[\text{sec}] = \frac{L[H]}{R[\Omega]}$$

로 나타낸다.

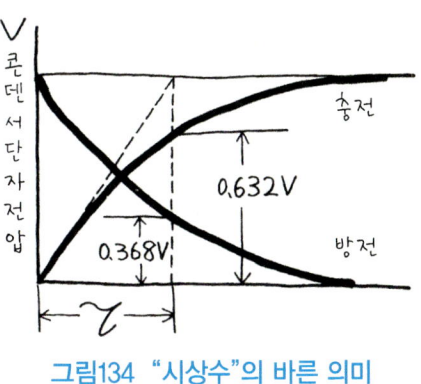

그림134 "시상수"의 바른 의미

(5) 콘덴서의 직류전류와 교류전류

콘덴서 회로상의 작용을 한마디로 말하면 직류는 흐르지 않으나 교류는 흐르는 성질을 갖고 있다(그림135). 직류가 흐르지 않는다는 것은 처음에는 전류가 흐르나 콘덴서의 정전용량이 충족되면 전류가 멈추는 것을 말한다. 따라서 이러한 상태에서는 직류전류가 흐르지 않는다는 것이다.

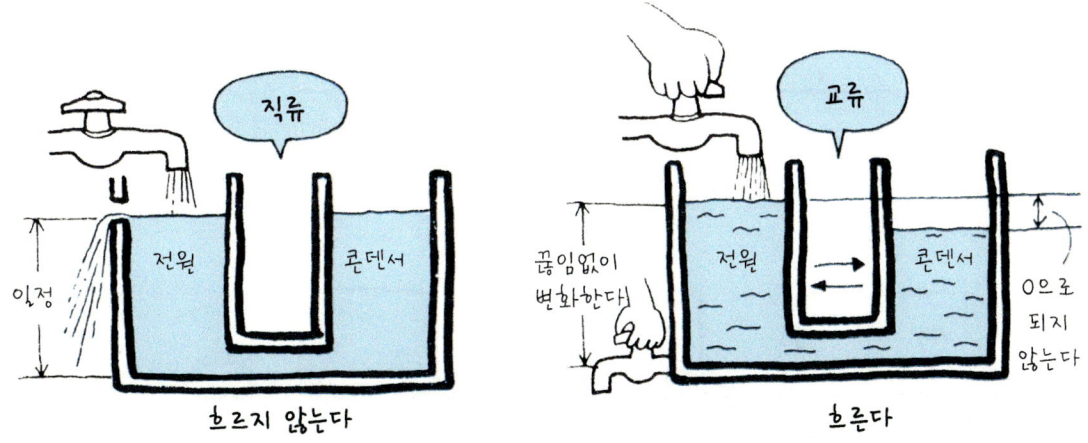

그림135 콘덴서는 교류는 통하나 직류는 통하지 않는다.

교류는 간단히 말하면 ⊕극과 ⊖극이 일정한 주기로 교체하는 전압을 말하거나 방향이 일정한 주기로 변하는 전류를 말한다. 교류전압의 대표적인 예로는 가정에서 사용하고 있는 220볼트의 교류전압이 있다. 그림136과 같이 ⊕와 ⊖가 변화하여 정현파형(正弦波形)이 되어 나타난다.

⊕
⊖

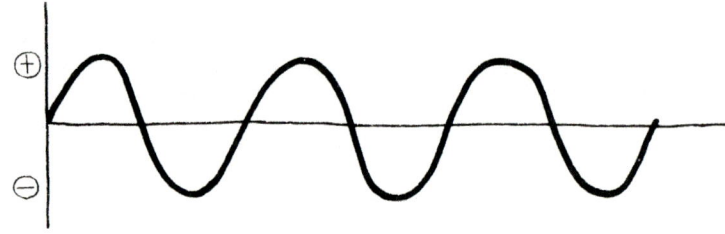

그림136 교류의 전압은 정현(sin)파형

다음으로 콘덴서에 교류전압을 접속하면 그림137과 같이 ①에서 ④까지의 변화를 되풀이한다. 그러면 전압과 전류의 파형에 대해 알아보자.

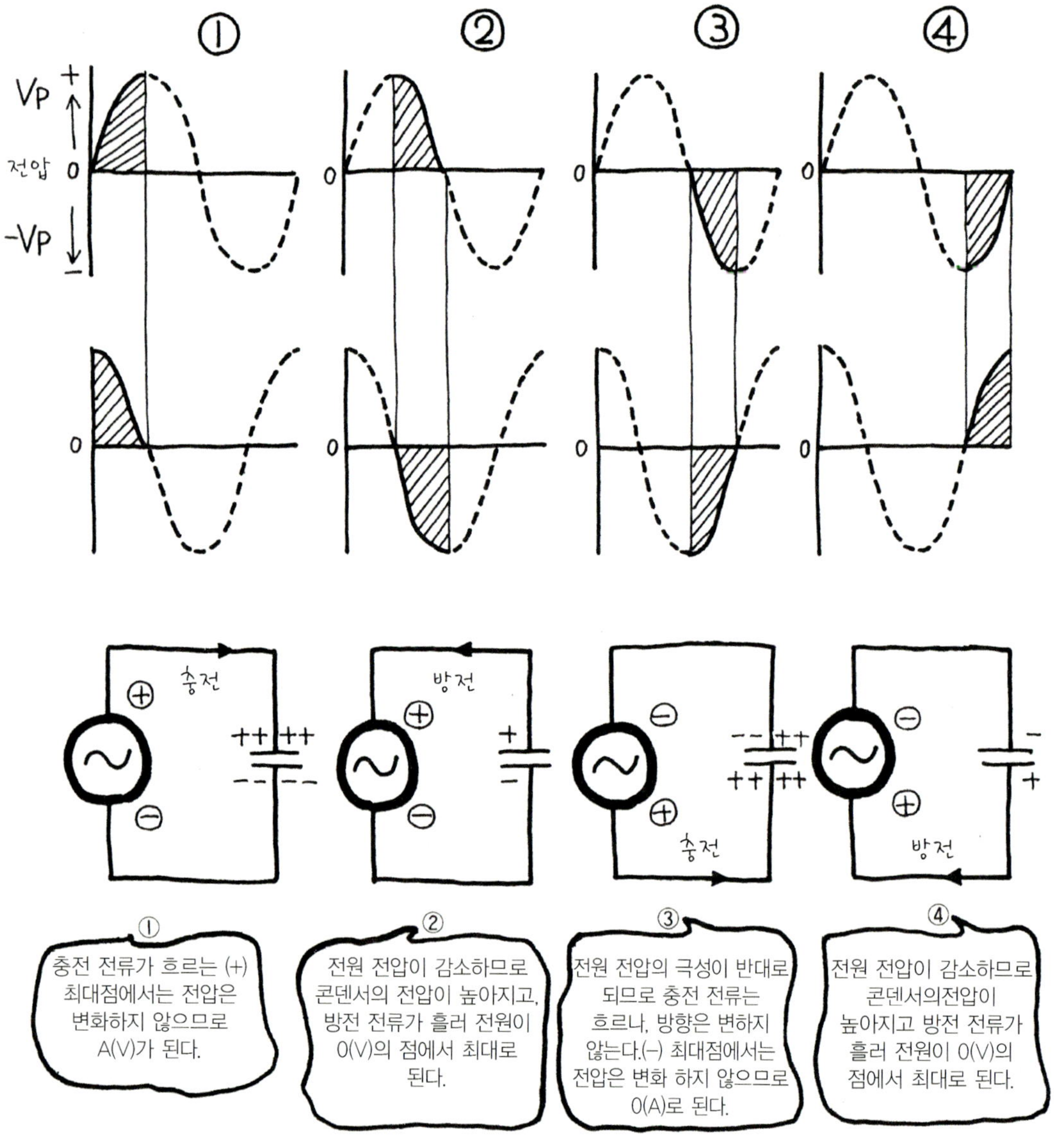

①
②
③
④
Vp
전압
0
-Vp
충전
방전
충전
방전
① 충전 전류가 흐르는 (+) 최대점에서는 전압은 변화하지 않으므로 A(V)가 된다.
② 전원 전압이 감소하므로 콘덴서의 전압이 높아지고, 방전 전류가 흘러 전원이 0(V)의 점에서 최대로 된다.
③ 전원 전압의 극성이 반대로 되므로 충전 전류는 흐르나, 방향은 변하지 않는다.(–) 최대점에서는 전압은 변화 하지 않으므로 0(A)로 된다.
④ 전원 전압이 감소하므로 콘덴서의전압이 높아지고 방전 전류가 흘러 전원이 0(V)의 점에서 최대로 된다.

그림137 콘덴서에 교류전압을 접속한 때의 전압파형과 전류파형의 변화

그림137에서 교류전압의 상태를 보면

① 교류전압이 0에서 +Vp로 점점 높아지면 콘덴서는 충전된다.
② 교류전압이 +Vp에서 0으로 내려가면 콘덴서에 충전된 전하가 방전된다.
③ 교류전압이 0에서 −Vp로 내려가면 콘덴서에서는 ①의 경우와 반대의 전압이 가해지므로 ⊕와 ⊖가 반대로 충전된다.
④ 교류전압이 −Vp에서 0으로 상승하면 콘덴서에 충전된 전하가 방전된다.

이와 같이 콘덴서에 교류전압을 가하면 충전과 방전을 반복한다. 또 콘덴서의 한쪽 전극에서부터 반대쪽 전극에는 전류가 흐르지 않지만 교류전원과 콘덴서를 접속한 전선에서는 전기가 흐르므로 교류전원에서 보면 콘덴서에 흐른 것과 같은 것이 된다. 그러므로 콘덴서에 교류를 가하면 전류가 흐른다고 할 수 있다.

> **정리**
> - 교류의 경우 전류는 계속해서 흐르나, 직류의 경우는 콘덴서 전압이 일정하게 된 뒤에는 흐르지 않는다.
> - 주파수가 높을수록 많은 전류가 흐른다. 반대로 낮을수록(전압의 변화가 느릴수록), 즉 직류에 가까울수록 전류는 흐르기 어렵게 된다.
> - 전류는 전압 변화가 클수록 많이 흐르고, 또 정전용량이 클수록 많이 흐른다. 반대로 용량이 적을수록 전류는 흐르기 어렵게 된다.

(6) 콘덴서의 리액턴스

콘덴서에 흐르는 충전전류, 방전전류는 전압이 일정하면 콘덴서의 용량이 클수록 많이 흐른다.

그림138에서 콘덴서의 크기에 따라 전류가 다른 것은 전류를 저지하는 힘에 대소(大小)가 있기 때문이다. 그 저지하는 힘, 즉 저항력을 **리액턴스**라 하고 옴으로 측정한다.

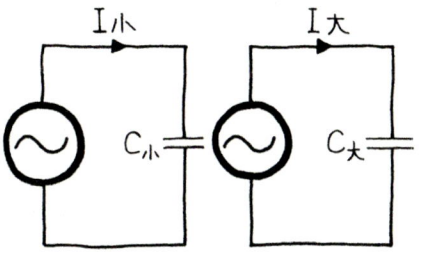

그림138 리액턴스(저항력)의 설명

다만 인덕턴스(코일)의 리액턴스와 구별할 때는 전류는 용량만이 아니라 교류의 주파수와도 관계되어 주파수가 높아지면 충전, 방전회로가 많아지므로 전류가 많아진다. 즉 주파수가 높아지면 리액턴스가 낮아진다. 이 용량 리액턴스(Xc)를 식으로 나타내면

> **공식**
>
> $$Xc = \frac{1}{2\pi fc} \ (\Omega)$$
>
> Xc : 용량 리액턴스 [Ω]
> π : 원주율 3.14
> f : 주파수 [Hz]
> c : 콘덴서 용량 [F]

가 된다.

또 코일의 리액턴스는 인덕턴스[L]와 주파수[f]에 비례하나 콘덴서는 전혀 반대의 성질이 있다. 이것은 매우 중요한 사항이다.

(7) 콘덴서의 종류

콘덴서를 크게 분류하면 고정용량 콘덴서와 음향기기용의 가변용량 콘덴서로 나눌 수 있다.

① 고정용량형(그림139)

고정용량형을 분류하면 극성(極性)이 있는 것과 극성이 없는 것으로 나눌 수 있다. 극성이 있는 것은 접속하는 단자가 ⊕와 ⊖로 정해져 있어 회로에 접속할 때는 전압이 높은 쪽에 ⊕단자를 접속하고 낮은 쪽에 ⊖단자를 접속한다. 이것을 반대로 접속하면 콘덴서가 파괴되거나 회로가 파손되는 경우가 있다. 또 극성이 없는 콘덴서는 어느 단자에 접속해도 좋다. 그림140에서부터 그림146까지는 각각의 구조를 나타낸 것이다.

※ 탄탈 콘덴서

탄탈(tantalum)이란 흔하지 않은 원소의 하나이며 화학기호 Ta로 표시한다. 산(酸)에 침전해도 녹지 않고, 광물에서 추출하기가 매우 어려운 성질의 물질이다.
탄탈 콘덴서는 전해(電解)콘덴서의 일종이며, 유전체(誘電體)로서 탄탈의 산화 피막 또는 질화(窒化) 피막을 사용한 콘덴서이다. 알루미늄 전해콘덴서에 비하여 누설전류가 적기 때문에 매우 약한 전류나 전압을 증폭하는 회로에 사용한다.

고정용량형

극성 있음
- 전해콘덴서
  - 탄탈 또는 알루미늄의 전극 표면을 전해(電解) 처리하여, 표면적을 크게 하고 페이스트 모양의 전해물질을 침투시킨 것
  - 알루미늄 케이스에 넣은 것이 주로 큰 용량인 것이 많다. 1~수백 μF

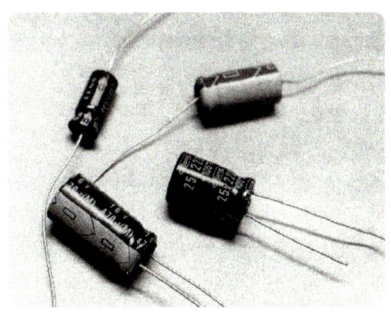

극성 없음
- 세라믹 콘덴서
  - 세라믹(자기)을 유도체로 하고, 양면에 전극을 부착했다.
  - 온도에 대한 안정성이 좋은 것이 많으므로 온도보상회로 등에 사용한다.
- 마일러 콘덴서
  - 마일러 시트를 유전체로 사용하고 이것에 금속전극을 부착한 것.
  - 고주파 고온도용에 사용한다.
- 스티롤 콘덴서
  - 폴리스티롤을 사용하여 전극 사이에 끼워 감은 것, 외피는 투명 스티롤이 많다.
  - 용량 오차가 매우 작다. 고정밀 용량(±5%) 펄스회로용으로 사용한다.
- 마이카 콘덴서
  - 마이카와 알루미늄박(箔)을 번갈아 포갠 것, 또는 마이카에 금속막을 형성한 것.
  - 정전용량의 온도계수와 손실이 작기 때문에 고주파 회로에 사용한다.
- 종이 콘덴서
  - 알루미늄박(箔)의 전극 사이에 종이를 끼워 감은 것에 침투제를 사용하여 플라스틱을 형성한 것.
- MP 콘덴서
  - 콘덴서 페이퍼에 금속막을 증착(蒸着)한 것을 감았다.
  - 알루미늄 케이스에 넣은 것이 많고 소형이며 대용량, 자기회복작용이 있다.

그림139 고정용량형 콘덴서의 구분

※ 마일러 콘덴서

마일러(mylar)란, 미국 듀퐁사(社)에서 만드는 폴리에틸렌 테레프탈레이트 필름의 상품명이다. 플라스틱 필름 중에서도 기계적 강도, 내열성, 절연성, 내습성 등이 뛰어난 성질을 가진 가요성(可撓性)[1] 절연재료이며, 전기 절연재료, 사진 필름, 자기 테이프 등에 널리 사용하고 있다. 특히 그 가요성을 이용하여 플렉시블 케이블에 사용하고 있는 것이 대표적인 예이다.

1_ 가요성 : 휘어지는 성질

그림140 전해(電解)콘덴서

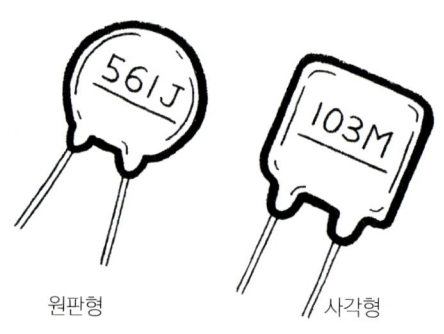

그림141 세라믹 콘덴서

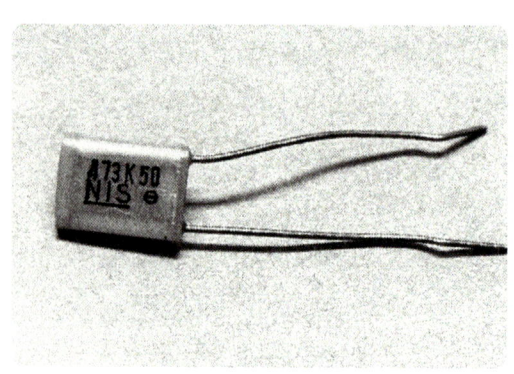

그림142 마일러 콘덴서

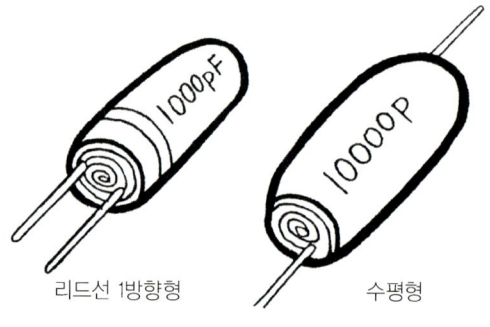

그림143 스티롤 콘덴서

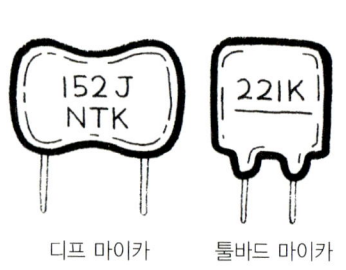

그림144 마이카 콘덴서

그림145 페이퍼 콘덴서

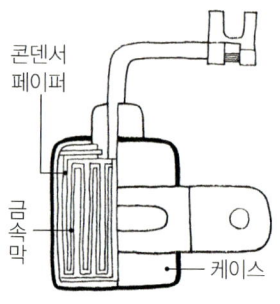

그림146 MP 콘덴서

② **가변용량형(그림147)**

가변용량형 콘덴서는 라디오의 동조(同調)회로에 사용한다(그림148). 폴리베리어블 콘덴서(poly-variable condenser)란 폴리에틸렌계 필름을 유전체로 사용한 것이다. 또 공기를 유전체로 사용한 것도 있다. 라디오의 동조용은 아니지만 역시 용량을 가변할 수 있는 트리머라 부르는 것도 있다(그림149).

그림150에 콘덴서의 표시를 읽는 법을 나타내었다.

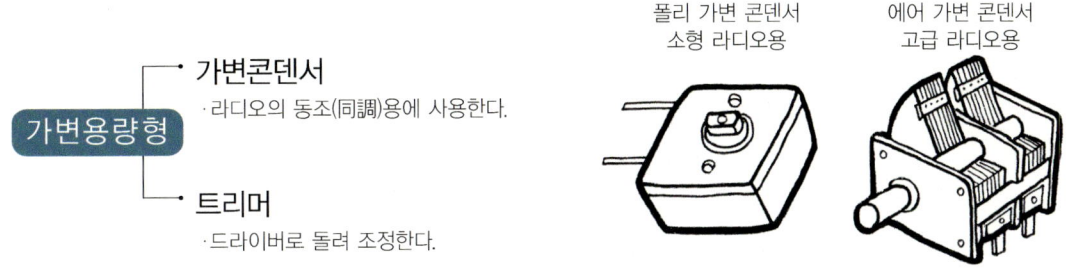

그림147 가변용량형 콘덴서   그림148 가변콘덴서의 활용

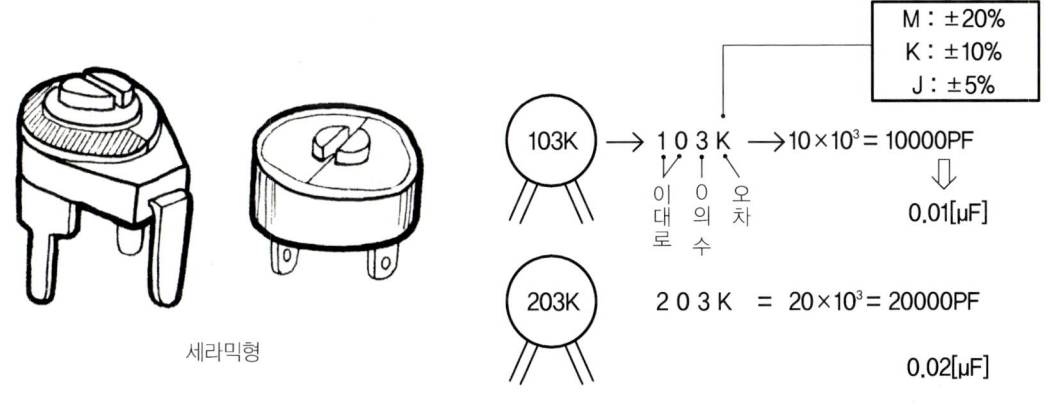

그림149 트리머도 가변용량형의 일종   그림150 콘덴서의 표시 읽는 법

예제 1. 다음 콘덴서의 표시는 어느 정도일까?

풀이 $105J = 10 \times 10^5 = 10 \times 100000$
$= 1000000PF = 1\mu F \pm 5\%$

$101K = 10 \times 10^1 = 100PF \pm 10\%$

(8) 콘덴서의 직렬, 병렬접속

① 병렬접속(그림151)

콘덴서를 병렬로 접속하면 전체의 정전용량이 커진다. 그림151에서 전체의 정전용량을 C라 하면

> **📖 공식**
>
> $$C = C_1 + C_2$$

가 된다.

각 정전용량을 $C_1 + C_2$로 하면, 병렬접속한 때의 정전용량은 C_1과 C_2의 합계가 된다. 콘덴서는 전하(전기량)를 저장하는 탱크이므로, 병렬로 접속하면 탱크가 증가한 것과 같다.

2개의 콘덴서를 병렬로 접속한 때의 합성 용량을 구체적으로 계산해 보면, 콘덴서에 축적된 진진하(全電荷)는

$$Q = C_1 V + C_2 V = V(C_1 + C_2)$$

합성 용량 C는, $Q = C \cdot V$에서 식을 변형하여 $C = \dfrac{Q}{V}$이므로

$$C = \dfrac{Q}{V} = \dfrac{V(C_1 + C_2)}{V} = C_1 + C_2$$

로 된다. 즉 병렬접속의 합성 용량은 전부 더하면 된다.

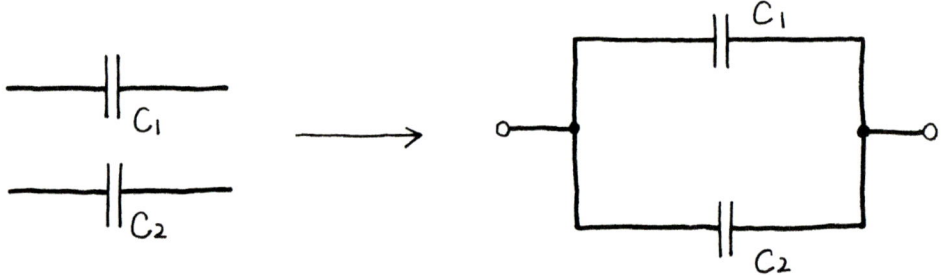

그림151 컨덴서를 병렬접속하면 용량은 커진다

② 직렬접속(그림152)

직렬접속의 경우 전체의 용량은 적어진다. 그림152에서 전체의 정전용량을 C라고 하면

> **공식**
> $$\frac{1}{C} = \frac{1}{C_1} + \frac{1}{C_2} \quad \text{또는} \quad C = \frac{C_1 \times C_2}{C_1 + C_2}$$

가 된다.

어떻게 이 식으로 산출할 수 있는지를 구체적으로 생각해본다.

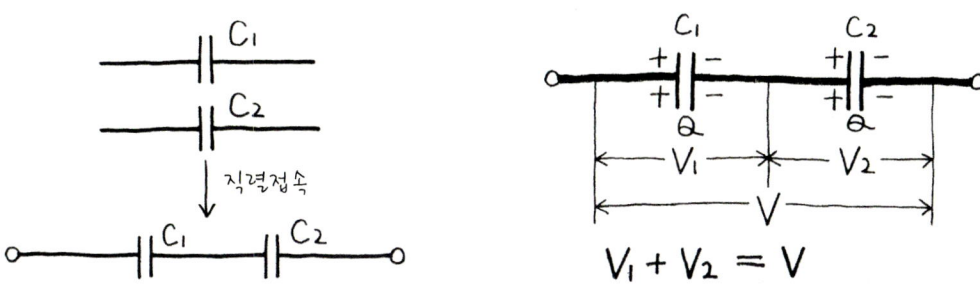

그림152 콘덴서를 직렬접속하면 용량은 작아진다   그림153 정전용량은 "$C_1 \times C_2 / C_1+C_2$"로 구한다

그림153과 같이 2개의 콘덴서를 직렬접속하여 그 양 끝에 전압 V를 가하면 개개의 콘덴서는 V_1과 V_2로 분할되어 가해지므로 $Q = C \cdot V$의 기본식에서 각각의 콘덴서에 대해

> **공식**
> $$V_1 = \frac{Q}{C_1} \qquad V_2 = \frac{Q}{C_2} \qquad \begin{array}{l} C_1, C_2 : \text{각 콘덴서의 용량[F]} \\ Q : \text{축적된 전하[C, 쿨롱]} \end{array}$$

이 성립한다.

이때 축적한 전하 Q에 대해선, 앞 항의 병렬접속일 때 각 콘덴서에 걸리는 전압이 같으므로 각 콘덴서의 용량에 따라 Q가 변한다. 그리고 이 직렬접속의 경우에는 각 콘덴서에 충전된다.

또 전류가 공통이므로 따라서 축적된 전하도 모두 같게 된다. 다만 다른 것은 각 콘덴서의 용량에 따라 양 끝 전압이 다르다는 것이다. 그리고 V_1과 V_2를 더하면 반드시 전체에 가한 전원 전압 V와 같아지므로

$$V = V_1 + V_2 = \frac{Q}{C_1} + \frac{Q}{C_2}$$

또, 합성 용량 C와 전체 전압 V와의 사이에는 $C = \frac{Q}{V}$ 의 관계가 있으므로 이 V에 윗식을 대입하면,

$$C = \frac{Q}{V} = \frac{Q}{\frac{Q}{C_1}+\frac{Q}{C_2}} = \frac{Q}{Q(\frac{1}{C_1}+\frac{1}{Q_2})} = \frac{1}{\frac{1}{C_1}+\frac{1}{C_2}}$$

분모를 통분하여 정리하면,

$$C = \frac{1}{\frac{1}{C_1}+\frac{1}{C_2}} = \frac{1}{\frac{C_2}{C_1C_2}+\frac{C_1}{C_1C_2}} = \frac{1}{\frac{C_2+C_1}{C_1C_2}}$$

이것은 $C = 1 \div \frac{C_2+C_1}{C_1C_2}$ 로 되므로 분수(分數)의 나누기는 분자와 분모를 뒤바꾸어 곱하기로 대치할 수 있다. 그러므로 $C = 1 \div \frac{C_2+C_1}{C_1 \cdot C_2} = 1 \times \frac{C_1 \cdot C_2}{C_2+C_1} = \frac{C_1 \cdot C_2}{C_2+C_1} = \frac{C_1 \cdot C_2}{C_1+C_2}$

따라서 직렬 접속일 때는

🏛 **공식**

$$C = \frac{C_1 \cdot C_2}{C_1+C_2}$$

로 된다.

> ※ **콘덴서를 사용할 때의 주의**
>
> 첫째 정전용량, 둘째 최대 내압(耐壓), 셋째 극성(極性)이다. 정전용량은 회로에 지시된 것, 또는 그것에 가까운 값을 가진 것을 선택하고, 최대 내압은 콘덴서에 가하는 전압 이상의 것을 선택한다. 회로의 전원 전압 이상의 내압을 가진 콘덴서를 선택하면 문제는 없다.
> 전해 콘덴서나 탄탈 콘덴서를 사용할 때는 극성이 틀리지 않도록 접속한다.

❓ **예제 2.** 다음 회로의 합성 정전용량을 구하라.

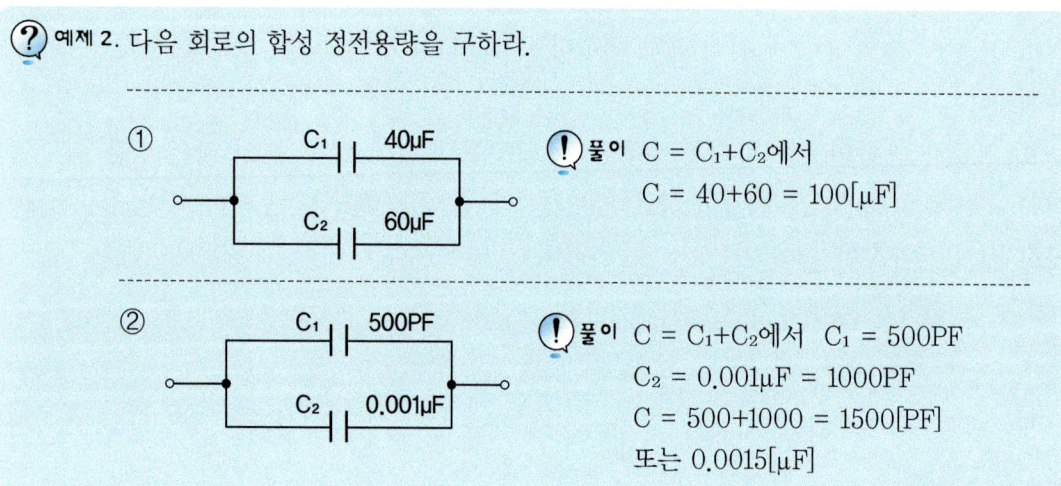

③

C_1 $2\mu F$, C_2 $3\mu F$ (직렬)

풀이 $C = \dfrac{C_1 \cdot C_2}{C_1 + C_2}$ 에서

$C = \dfrac{2 \times 3}{2+3} = \dfrac{6}{5} = 1.2[\mu F]$

참고 ※ $\dfrac{1}{\frac{2}{4}} = 1 \div \dfrac{2}{4} = 1 \div 0.5 = 2$ 로 되고, 이것을 $1 \div \dfrac{2}{4} = 1 \times \dfrac{4}{2} = 2$ 로 해도 결과는 같다는 것을 알 수 있다.

예제 3. 직렬회로에서 V_1과 V_2를 구하라.

$3\mu F$, $9\mu F$, $V = 12V$

풀이 $V_1 = \dfrac{C_2}{C_1+C_2} \times V = \dfrac{9}{3+9} \times 12$

$= \dfrac{9}{12} \times 12 = 9V$

$V_2 = \dfrac{C_1}{C_1+C_2} \times V = \dfrac{3}{3+9} \times 12$

$= \dfrac{3}{12} \times 12 = 3V$

예제 4. 정전용량 $100[\mu F]$의 콘덴서에 전압 $10V$를 가했다. 이 콘덴서에 축적된 전하는 얼마인가?

풀이 $Q = C \cdot V$에서

$= 100 \times 10^{-6} \times 10 = 1000 \times 10^{-6}$

$= 1 \times 10^3 \times 10^{-6} = 1 \times 10^{-3}[C]$

예제 5. 어느 콘덴서에 $10\mu C$의 전기량을 가했을 때 $5V$의 전위차가 생겼다. 이 콘덴서의 정전용량 C는 얼마인가?

풀이 $C = \dfrac{Q}{V} = \dfrac{10\mu C}{5} = 2\mu F$

PART Ⅳ

전자란 무엇인가

전자 (電子, electron)는 음(-)의 전하를 띠고 있는 기본 입자이다. 원자 내부에서 양성자와 중성자로 구성된 원자핵의 주위에 분포한다.

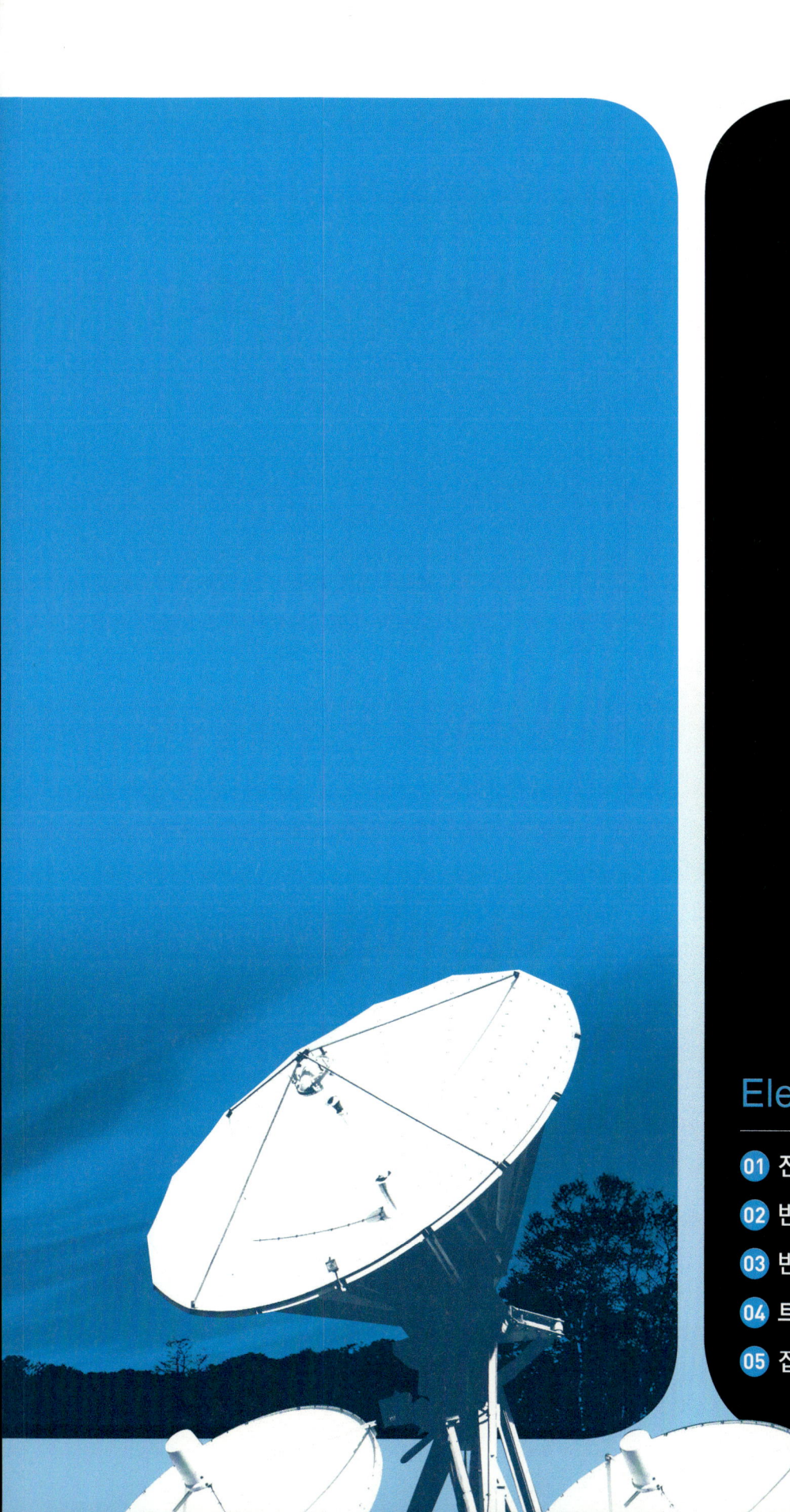

Electronics

01 전자 회로의 기초
02 반도체의 기초
03 반도체 소자
04 트랜지스터
05 집적회로와 논리회로

01 전자 회로의 기초

 일반적으로 전기회로와 전자회로는 어떤 차이가 있는가, 그 차이점이 애매하여 뚜렷한 정의를 내리기는 매우 어렵다.
 오래 전에 전기공학이나 전자공학이라는 용어 대신에 강전(強電) 약전(弱電)이란 용어를 썼다. 이 용어에서 알 수 있듯이 전기회로는 큰 전류가 흐르고 전자회로는 작은 전류가 흐르는 것이라고 할 수 있다. 전기회로와 전자회로에 대해 조금 더 구체적으로 설명하면 다음과 같다.

(1) 전기회로
 큰 전류를 이용한 일, 예를 들면 모터로 무거운 것을 들어올리거나, 전기난로로 방을 덥게 하는 일 등에 사용한다. 즉 전기를 에너지로 주고받는(授受)데 사용하는 회로나 배선을 말한다(그림1).

(2) 전자회로
 전기를 전자의 흐름으로 생각하여 정보량과 신호를 주고받는 데 사용하는 회로나 배선을 가리킨다. 증폭회로, 스위치회로, 파형(波形)변환회로 등 트랜지스터, 다이오드, IC, 저항, 콘덴서, 코일 등은 전자 부품으로 구성되어 있다(그림2).
 따라서 전기회로는 동력이나 조명 등 직접 일을 하는 것이 많고 점검도 전기가 흐르고 있는지 또 그것에 의해 작동하고 있는지 등으로 간단히 할 수 있다.
 그러나 전자회로의 경우는 주로 전기파형의 상태나 신호가 어떻게 처리되느냐가 문제가 된다. 또 회로에 흐르고 있는 전기의 양은 매우 작고 또한 복잡하기 때문에 간단한 시험기로는 점검할 수 없는 것이 많다. 사람에 비유하면 전기회로가 혈관이고, 전자회로는 신경계통이라고 할 수도 있다.

위와 같이 전기회로에 비하여 전자회로는 복잡한 회로가 많고 점검하려면 고성능의 시험기가 필요하다(예를 들면 오실로스코프). 그러므로 전기회로는 알겠는데 전자회로는 잘 모른다고 말하는 경우가 많다. 왜 이와 같은 전자회로를 최근에 급속히 사용하게 되었는가. 간단한 전기와 전자회로를 예로 들어 각각의 특징에 대해 설명한다.

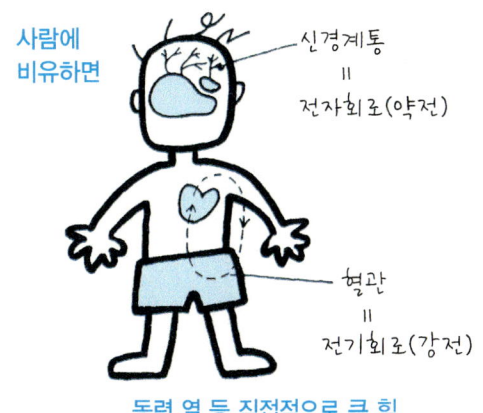

그림1 전기회로란

그림2 전자회로란

그림3의 2개의 회로는 램프의 밝기를 자유로이 조정할 수 있는 회로이다.

(a)의 전기회로는 전구에 직렬로 가변저항을 넣어 전구에 흐르는 전류를 제어하여 전구의 밝기를 조정한다.

(b)의 전자회로는 가변저항에 의해 트랜지스터의 베이스 전류를 제어하여 컬렉터와 이미터간의 전류, 즉 전구에 흐르는 전류를 제어하여 전구의 밝기를 조정하고 있다.

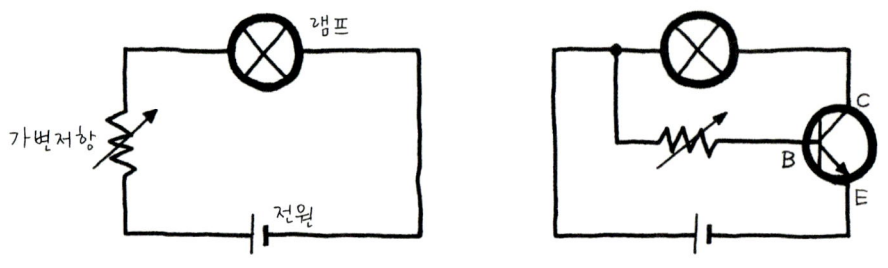

그림3 간단한 전기회로(a)와 전자회로(b)

이 2개의 회로에 대해 생각해 보면 (a)의 전기회로는 가변저항으로 전구를 점등시키기 위해 큰 전류가 흘러 열의 발산 등 쓸데없는 에너지가 소비된다. 또 가변저항은 큰 전류가 흐르기 때문에 용량이 큰 것이 필요하다(소형의 저항으로는 접점의 마모가 심하여 수명이 짧아진다).

(b)의 전자회로는 가변저항에 흐르는 트랜지스터의 베이스 전류는 매우 작기 때문에 전기회로에 비하여 가변저항에 의한 필요없는 열손실이 매우 적고 또 접점 부분의 마모도 적으므로 오래 사용할 수 있다. 그 밖에 트랜지스터의 증폭 작용에 이용하므로 제어가 확실하고 안정되어 있다.

이와 같이 트랜지스터 등의 전자소자를 사용하면 손실이 적고 확실하며 그러면서도 고장이 적은 회로를 구성하는 이점이 있다. 반면에 개개의 전자소자는 과(過)전압이나 과전류에 약하고 주위온도에 영향을 받기 쉬운 등의 결점이 있다. 이때문에 회로에는 여러 가지 보호회로가 결합되어 있다.

02 반도체의 기초

1 반도체

물질에는 전기적 성질에 따라 전류가 흐르기 쉬운 도체(양도체라고도 한다)와 흐르기 어려운 성질을 가진 부도체(절연체)가 있다. 반도체(semi-conductor)란 도체와 절연체의 중간 성질을 가진 물질을 말한다. 즉 도체처럼 전류가 흐르기 쉽지도 않고 부도체처럼 전류가 흐르기 어려운 것도 아니다. 이와 같이 고유한 전기적 성질을 가진 물질이 반도체이다.

여기서 일반적으로 반도체는 어떤 성질을 갖고 있는지 알아 본다.

① 물질의 저항률에 따라 도체, 절연체, 반도체로 각각 구분할 수 있다(그림4).

② 전기저항의 온도계수가 부(-)라는 것은 온도가 상승하면 저항이 감소하는 것을 의미한다. 금속(구리, 철) 등에서는 온도가 올라가면 계수가 정(+, 저항이 증가한다)으로 되는 것이 보통이다(그림5).

그림4 물질은 저항률에 의해 도체, 반도체, 절연체로 나눈다.

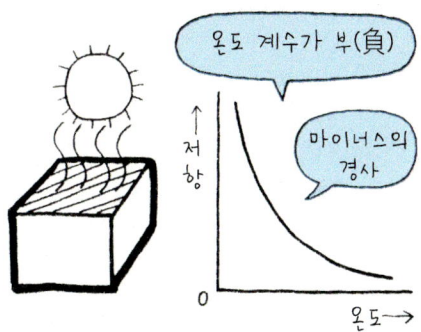

그림5 반도체는 온도가 상승하면 저항이 감소한다.

③ 반도체 속에 극소량의 금속 원자(불순물)나 결정(結晶)이 좋지 않은 부분이 있으면 전기저항에 큰 영향을 준다(그림6).

④ 열이나 빛 등을 받으면 전기저항이 변하거나, 전압을 가하면 발광하는 등 고유한 현상을 나타낸다(그림7).

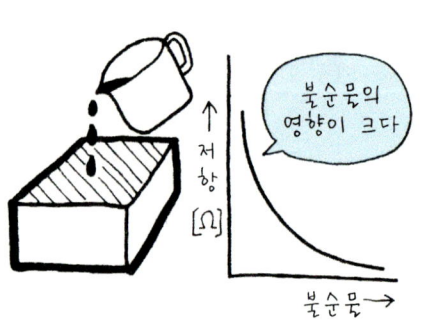

그림6 반도체는 그 안에 약간의 불순물을 혼합하면 저항이 감소한다.

그림7 반도체는 열, 빛, 전압에도 민감하다

위와 같이 하나의 물질로 외부 조건을 바꿈으로써 그 성질이 크게 변하는 물질을 반도체라 한다.

그러면 도체, 반도체, 부도체에 대해 구체적으로 구별해 보자. 전류가 흐르기 쉽다(傳導性)는 관점에서 저항률이라는 것이 있다. 저항률이란, 온도를 일정하게 했을 때 길이 1cm, 면적 1cm²에 대한 전류의 흐르기 쉬움을 나타낸다.

물질의 길이 ℓ[cm], 단면적 A[cm²], 저항을 R[Ω]로 하면 저항률ρ[로오, Ω·cm]는

> 🏛 **공식**
>
> $$\rho = R \cdot \frac{A}{\ell}$$

로 구한다.

위 식의 저항률 ρ[Ω·cm]는 저항률은 "단위 면적에서 단위 길이에 대한 저항"을 말한다. 예를 들어 cm를 단위로 하면, 1cm²×1cm의 물체의 저항을 말한다(그림8). 이 저항률의 값은 $\rho = R\frac{1}{1} = R$이며 전기용어사전 등을 보면 일람표로 수록되어 있다.

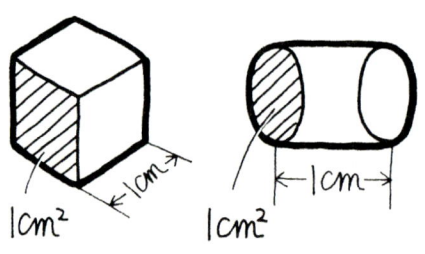

그림8 저항률은 양쪽 서로가 같다

재료명	저항률ρ(×10⁻⁶)[Ω·cm]	재료명	저항률ρ(×10⁻⁶)[Ω·cm]
은	1.62	철	10.0
연강	1.72	백금	10.5
알루미늄	2.62	납	21.9
텅스텐	5.48	스트론튬	23.0
니켈	6.9		

그림9 도전(導電)재료의 저항률

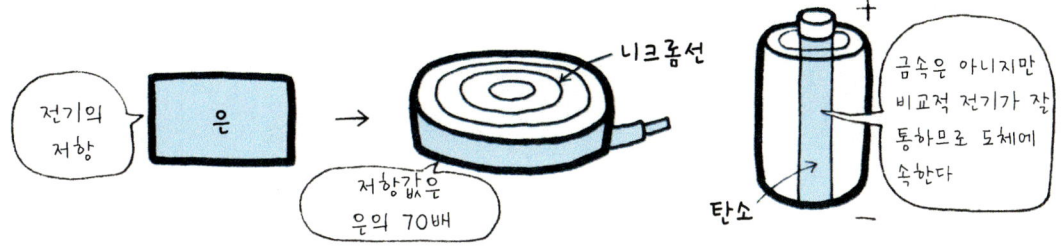

이 저항률을 이용하여 도체, 반도체, 부도체를 구별하여 정리하면 다음과 같이 된다(그림10).

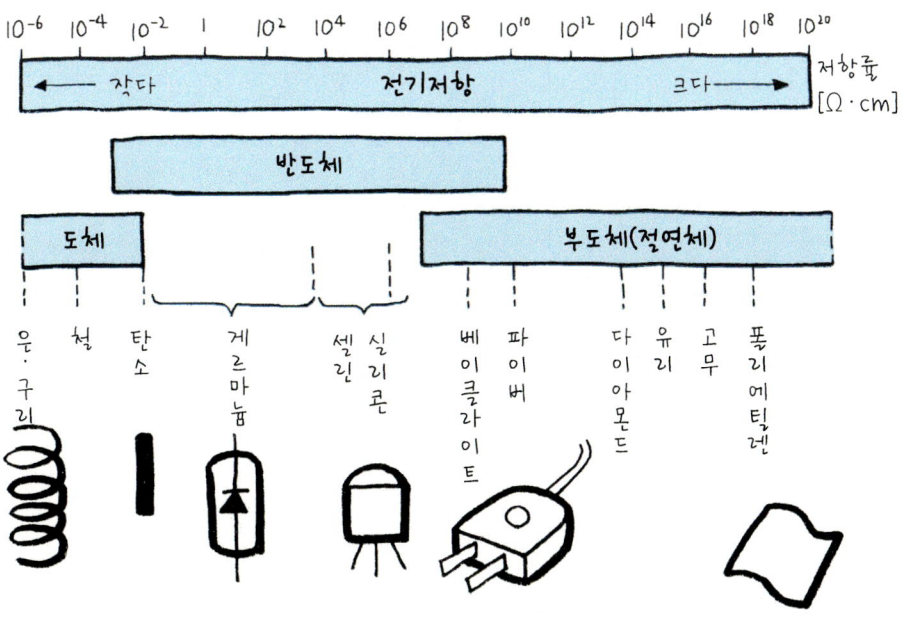

그림10 여러 가지 물질의 저항 범위

이와 같이 반도체는 그 일부가 도체 또는 부도체에 속하고 대략 그 중간의 저항률을 가졌다는 것을 알 수 있다.

구체적으로 반도체의 물질로는 게르마늄, 실리콘, 셀렌, 베이클라이트 등을 들 수 있다. 그런데 이 도체, 반도체, 부도체를 구별하는 물질에 전류가 흐르기 쉬움은 무엇에 따라 결정되는가. 이에는 반도체의 전기적 성질을 충분히 이해하는 것이 중요하다. 이를 위해 원자의 구조와 전자의 작용에 대해 알아둘 필요가 있다. 다음 항에서는 이에 대해 자세히 설명한다.

> **정리**
> ① 도체 : 저항률이 $1\Omega \cdot cm$ 이하인 것
> ② 반도체 : 저항률이 $0.01\Omega \cdot cm$ 이상이고 $10^{10}\Omega \cdot cm$ 이하인 것
> ③ 부도체 : 저항률이 $10^9\Omega \cdot cm$ 이상인 것

2 원자의 구조와 가전자

어떤 물질을 계속해서 분할해 나가면 그 최소 단위인 분자(예를 들어 물이라면 물이라 부를 수 있는 최소 단위)에 도달한다(그림11). 물질은 그 성질을 잃지 않는 조건에서 계속해서 세분했을 때, 극한(極限)의 입자는 지름이 약 1억분의 1cm의 원자로 된다.

원자는 다음 2가지로 구성되어 있다(그림12).
① **원자핵** : 양자(프로톤)와 중성자(뉴트론)로 되어 있다.
② **전자(일렉트론)** : 원자핵의 둘레를 돌고 있다.

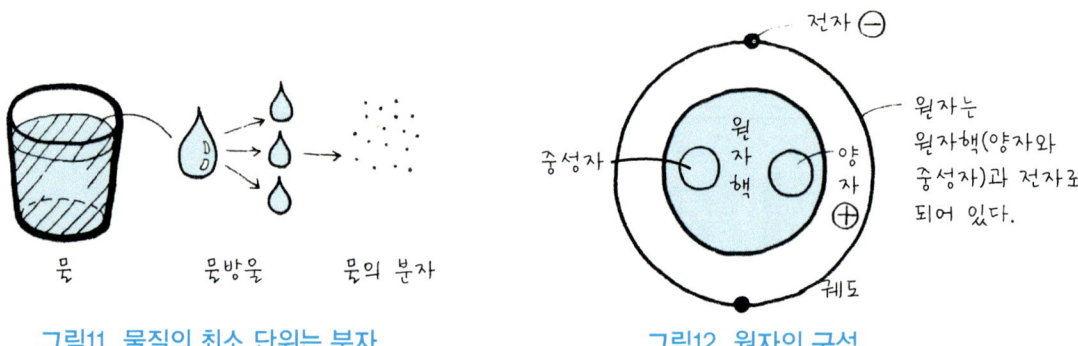

그림11 물질의 최소 단위는 분자   그림12 원자의 구성

전자 수는 물체에 따라 결정된다. 앞에서 설명한 도체, 반도체, 부도체의 전기 전도의 좋고 나쁨은 이 물질의 원자구조에 따라 정해진다.

여기서 도체에 속하는 탄소의 원자구조를 예를 들어 설명한다. 그림13과 같이 중앙에 원자핵이 있고 원자핵 속에는 6개의 양자(프로톤)가 들어 있다.

양자 1개에는 ⊕1의 정(正)전하가 있다고 하면 탄소의 원자핵은 "⊕1×6"에서 ⊕6의 정전하를 가진 것이 된다. 그리고 원자핵의 둘레에는 6개의 전자가 돌고 있다. 전자는 ⊖1의 부(負)전하를 갖고 있으므로 6개의 전자에 의해 "⊖1×6"이며 ⊖6의 부전하로 되어 이것이 양자가 갖는 ⊕6의 정전하와 균형을 이루고 있다.

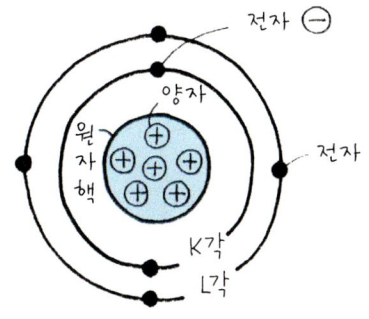

그림13 탄소의 원자구조

이 전자의 배열이 전기 전도의 큰 요인이 된다. 그림13을 보면 6개의 전자는 같은 궤도 상을 돌고 있는 것이 아니라 K각(殼), L각이라는 2개의 궤도에 각각 2개와 4개의 전자가 돌고 있는 것을 알 수 있다.

원자핵 둘레의 전자의 궤도는 안쪽부터 K, L, M, N, O, P, Q각이라 호칭하고, 각 궤도에 있는 전자의 수는 정해져 있다. 즉 전자의 수에 정원(正員)이 있는 것이다.

각 궤도와 정원 전자수와의 관계는 그림14의 표와 같이 된다. 표를 보면 K각에는 전자가 2개 밖에 들어가지 못한다. 때문에 탄소의 원자 구조의 K각에는 2개의 전자밖에 없다. 따라서 "6-2"에서 4개의 전자는 남아 더 외각(外殼)인 L각으로 들어간다. L각의 정원은 전자 8개이므로 4개의 전자가 들어가도 전혀 문제가 없다.

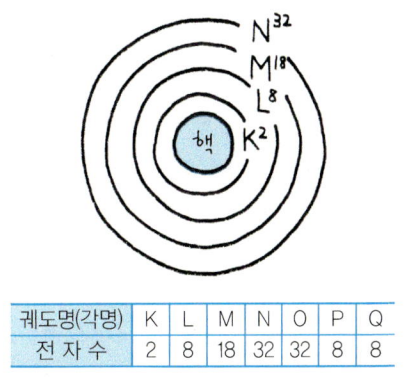

궤도명(각명)	K	L	M	N	O	P	Q
전 자 수	2	8	18	32	32	8	8

그림14 전자의 궤도명과 전자의 수

이 탄소 원자에서 L각 4개의 전자와 같이 그 원자의 원자핵으로부터 가장 먼 궤도(最外殼)상에 있어 정원이 충족되지 않은 전자를 **가전자(價電子)**라 한다(그림15).

모든 원자는 전자(일렉트론)가 원자핵에서 가장 먼 궤도의 정원 전자수를 모두 충족했을 때에 화학적으로 가장 안정된다. 즉 가전자가 없는 원자는 화학적으로 안정된 원자라고 할 수 있다.

그림15 "價전자"란 최외각(價外殼)에 있어 정원이 충족되지 않은 전자

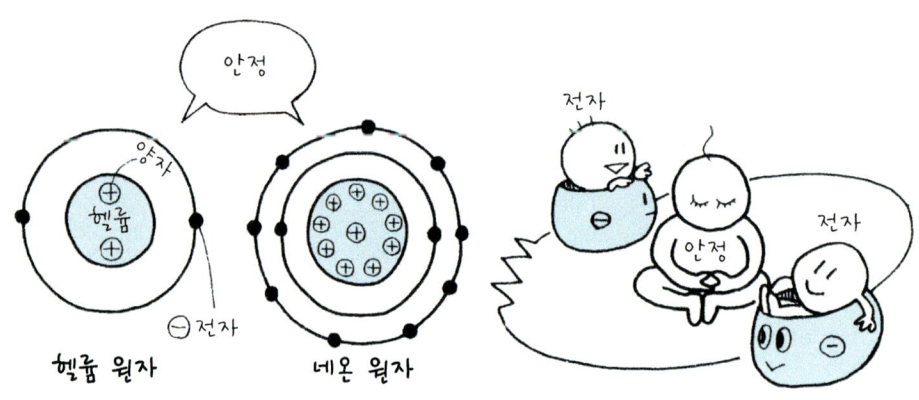

그림16 헬륨이나 네온과 같이 가(價)전자가 없는 전자는 화학적으로 안정하다

예를 들면 원자 중에서 헬륨(He)이나 네온(Ne)은 화학적으로 안정된 원자라고 할 수 있다(그림16). 전자가 원자핵에서 가장 먼 궤도의 정원 전자수를 충족하지 않은 원자, 즉 가전자가 있는 원자는 화학적으로 불안정하다(그림17).

이와 같이 원자는 가전자를 다른 원자에 주거나, 다른 원자로부터 받아서 어떻게든 안정된 상태가 되려고 한다. 이 때문에 가전자가 있는 원자는 화학적으로 활발해진다. 이 원자가 화학적으로 활발한가는 전기의 전도와 크게 관계가 있다.

그림17 가(價)전자가 있는 전자는 불안정하다.

또 가전자가 없는 원자는 다른 원자에 전자를 주거나 받지 않아도 안정되므로 부도체가 된다. 가전자가 있는 원자는 다른 원자에 전자를 주거나 받아서 화학적으로 활발하기 때문에 전도성을 갖는다.

이와 같이 물질의 전기 흐름(傳導性)은 물질의 원자 구조, 특히 가전자에 의해 결정된다.

3 가전자의 움직임은 어떠한가

물질에 전류가 흐름은 가전자에 의해 결정된다는 것을 설명했는데 그 가전자의 움직임에 대해 구체적으로 설명한다.

어느 원자 속에서 만약 1개라도 가전자가 튀어나가면 그 원자는 1개분의 부(−)전하를 잃게 되어 지금까지의 전기적인 균형이 무너져 원자로서는 ⊕전하를 갖게 된다. 또 1개라도 다른 원자로부터 전자를 받으면 1개분의 ⊖전하가 늘어나서 원자로서는 ⊖전하를 갖게 된다.

그런데 원자로부터 전자가 튀어나가게 하기 위해서는 외부에서 에너지를 가해야 한다. 그러나 가전자는 원자핵에서 가장 먼 거리에 있기 때문에 원자핵이 끌어당기는 인력이 다른 전자에 비하여 약하고, 열이나 빛 그리고 전압 등의 에너지를 외부에서 가하면 원자핵의 인력 궤도 밖으로 튀어나가서 **자유전자**가 된다(그림18). 이와 같이 튀어나간 가전자는 자유전자가 되므로 물질에서 전류의 흐름에 큰 영향을 준다.

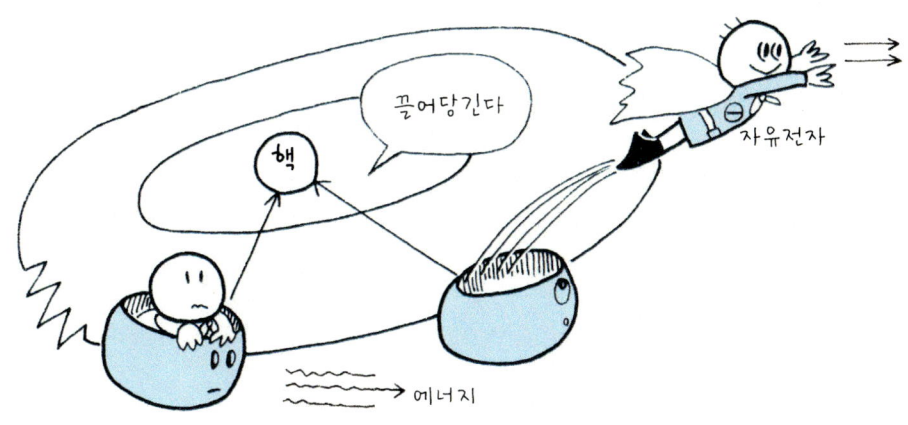

그림18 가전자는 열, 빛, 전압의 영향으로 자유전자가 되기 쉽다

(1) 가전자와 자유전자

여기서 반도체 원자끼리의 결합에서 가전자와 자유전자는 어떤 움직임을 하는지 알아보자.

원자의 결합에는 이온결합, 공유결합, 금속결합, 반데르발스(Van der waals)결합 등이 있다. 특히 이온결합과 공유결합에 대해 알아보기로 한다.

① 이온결합

그림19와 같이 3개의 각(殼)에 가원자가 1개 있는 나트륨(Na)은, 이것을 방출하여 ⊕전하를 가진 양이온 Na^+로 되기 쉽다. 그런데 3개의 각 일부 원소는 8개이며 최외각은 충분히 충족되는 성질이 있으므로 7개의 가전자를 가진 염소(Cl)는 외부에서 전자 1개를 받아 ⊖전하를 가진 음이온 Cl^-로 되기 쉬워진다.

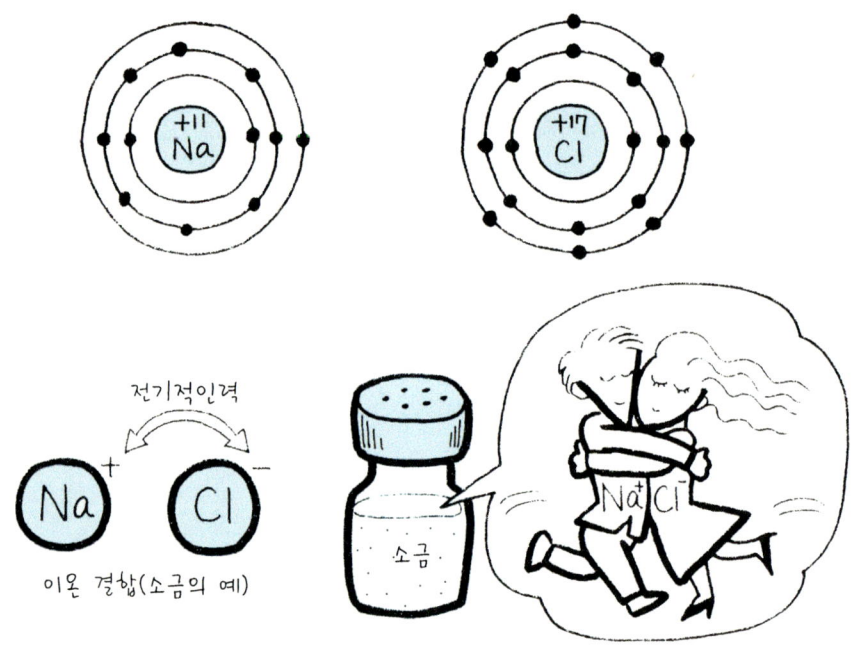

그림19 "소금"은 이온결합

따라서, 나트륨과 염소는 ⊕와 ⊖전하의 인력으로 결합하여 안정한 "식염(食鹽)" 결정을 만든다. 이와 같은 결합을 **이온결합**이라 한다.

② 공유결합

다음에 공유결합이란 어떤 결합인지 알아본다. 반도체에서는 공유결합으로 원자끼리 결합되어 있다고 한다. 그래서 반도체의 대표적인 게르마늄(Ge)과 실리콘(Si) 원자의 공유결합에 있어 가전자와 자유전자가 어떤 움직임을 하는지 설명한다.

게르마늄의 원자구조는 그림20과 같이 원자핵의 각 궤도상에 32개의 전자가 배열되어 있다.

K각(殼) : 정원인 2전자

L각 : 정원인 8전자

M각 : 정원인 18전자

N각 : 정원에 미달한 4개의 가전자를 갖고 있다.

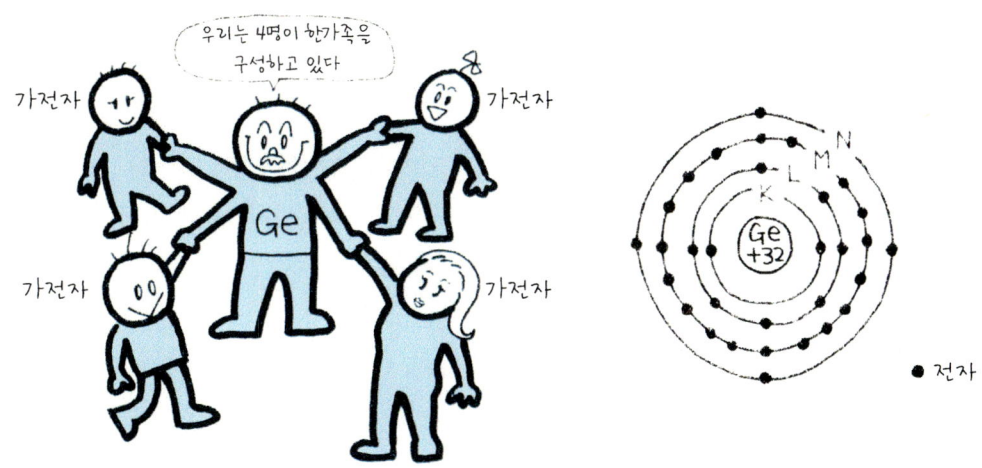

그림20 게르마늄(Ge)의 원자구조

즉 32-(2+8+18) = 4에서 4개의 가전자가 존재한다. 게르마늄(Ge)은 이 4개의 가전자가 원자끼리 서로 튀어나가 결합하고 있다. 가전자가 4개이므로 각각 결합하기 위해서는 하나의 원자에 대해 4개의 원자가 필요하다. 1개의 게르마늄 원자는 인접한 4개의 게르마늄 원자와 가전자를 공유하여 결합하고 있다.

다음은 실리콘의 원자구조에 대해 알아본다. 원자핵의 둘레에는 그림21과 같이 14개의 전자가 존재한다.

K각 : 2개의 전자

L각 : 8개의 전자

M각 : 정원수는 18이나 전자가 4개밖에 없다.

M각 안의 4개의 전자는 가전자이다.

K, L, M각의 각 궤도의 전자수를 합계하면 2+8+4 = 14가 되어 전자수는 14개가 된다.

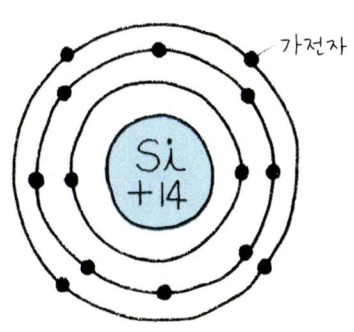

그림21 실리콘(Si)의 원자구조

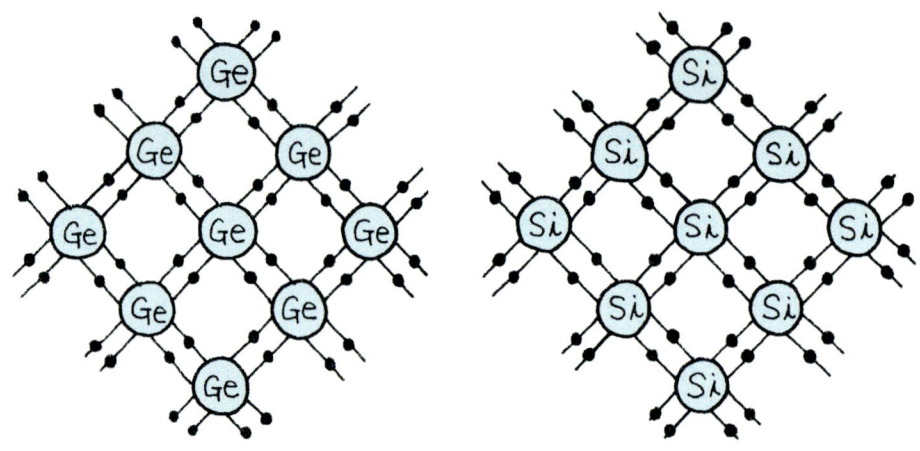

그림22 게르마늄과 실리콘의 공유결합

　이와 같이 실리콘 원자는 4개의 가전자로 결합되어 있으므로 각각의 원자가 결합하기 위해서는 4개의 원자가 필요하다. 즉 1개의 실리콘 원자는 인접한 4개의 원자와 가전자를 공유하여 결합하고 있다. 이와 같은 결합을 **공유결합**이라 한다(그림22).
　또 게르마늄이나 실리콘의 공유결합은 그 결합 형태에 따라 다이아몬드 구조라고도 한다. 이 공유결합의 세기는 전도성(傳導性)과 큰 관계를 갖고 있다.
　공유결합이 약하면 열이나 전기 에너지를 외부에서 가함으로써 결합이 무너져 자유전자가 이동하기 시작한다. 이렇게 이동하는 자유전자가 전도성을 가져온다.
　게르마늄이나 실리콘과 같이 4개의 가전자로 공유결합하고 있는 물질로는 납, 주석, 다이아몬드가 있다. 이 가운데 공유결합이 가장 강한 다이아몬드는 외부에서 에너지를 가해도 결합이 무너지지 않기 때문에 자유전자가 이동하지 못하여 절연체의 성질을 나타낸다. 또 납이나 주석은 공유결합이 약하기 때문에 결합이 무너지기 쉬워 자유로이 이동할 수 있는 자유전자가 많이 있어 도체의 성질을 나타낸다.
　반도체에서는 게르마늄이나 실리콘은 공유결합의 강도가 절연체와 도체의 중간으로서 어느 정도 자유전자가 곁들어 있으므로 다소의 도전성을 나타낸다.

4 에너지준위도(準位圖)에 따른 도체, 반도체, 부도체

　반도체의 여러 가지 현상 특히 반도체 안에서의 전자의 이동을 생각해 보면 밴드(띠) 이야기를 하지 않을 수 없다.

그림23과 같이 실리콘이나 게르마늄의 가장 바깥쪽 전자는 궤도를 돌고 있다. 그러나 만일 어떤 힘(에너지)을 가하면 또 하나의 자유로운 바깥쪽 통로로 튀어나갈 수 있다. 이 힘은 온도를 높이거나 빛을 보내거나 전압을 가하는 등 여러가지 방법을 쓴다.

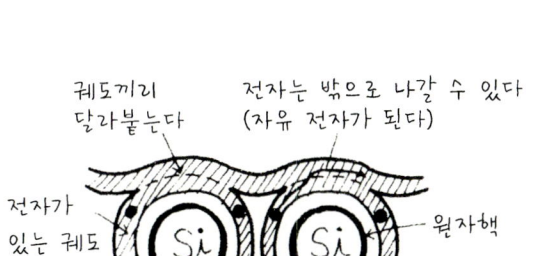

그림23 최외각(最外殼)의 전자는 자유전자로 되어 다른 궤도로 튀어나가기 쉽다.

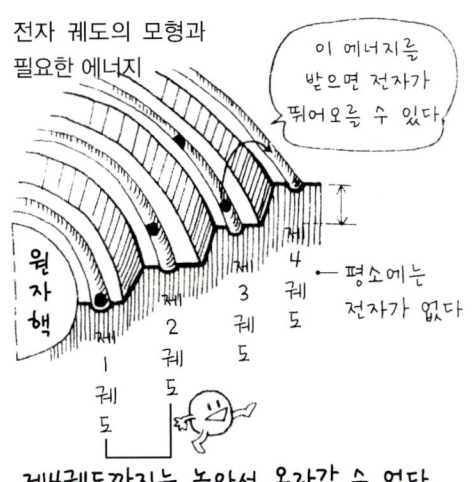

그림24 전자 궤도의 모형

그런데 전자쪽 입장에서 생각해보면, 바깥쪽으로 튀어나가기 위해서는 "적은 힘을 받지 않으면 안되므로", 바깥쪽 궤도는 평소에 존재하는 궤도보다 높다.

이것을 이해하기 쉽도록 그림24와 같이 실리콘 및 궤도의 단면을 생각해본다. 보통 낮은 쪽 궤도에 존재하는 전자가 비탈길을 올라가서 뛰어오르면 위 궤도에 알맞게 존재할 수 있다.

다음에 원자가 많이 모여서 결정을 만들게 되면 상태가 조금 달라진다. 전자나 원자 수가 인근에 대단히 증가하므로 전자 궤도의 모양이 변한다. 이것은 전자가 서로 전기적인 힘을 가하기 때문이다. 그 결과 2개의 궤도는 그림25와 같이 수가 늘어 마치 계단과 같이 조금씩 높아 진다. 즉 같은 궤도라도 높이가 다르기 때문에 궤도의 높이에 따라 너비(幅)가 생긴다. 이 너비를 밴드대(帶)라 한다.

그림25는 궤도가 4개의 통로로 구성되어 있는 것처럼 보이나 그 수는 실제로는 아주 많으며 결정속의 전자수 정도(10의 몇십 곱)가 된다. 그래서 그림25를 더 간단히 나타내기 위해 원자핵도 생략하고 통로를 1개의 선으로 나타낸 것이 그림26 (a)이다.

이때 가로축은 별로 의미가 없다. 또 하나하나의 선을 긋는 것은 쉽지 않은 일이므로 그림26 (b)와 같이 너비만을 나타낸 것이다.

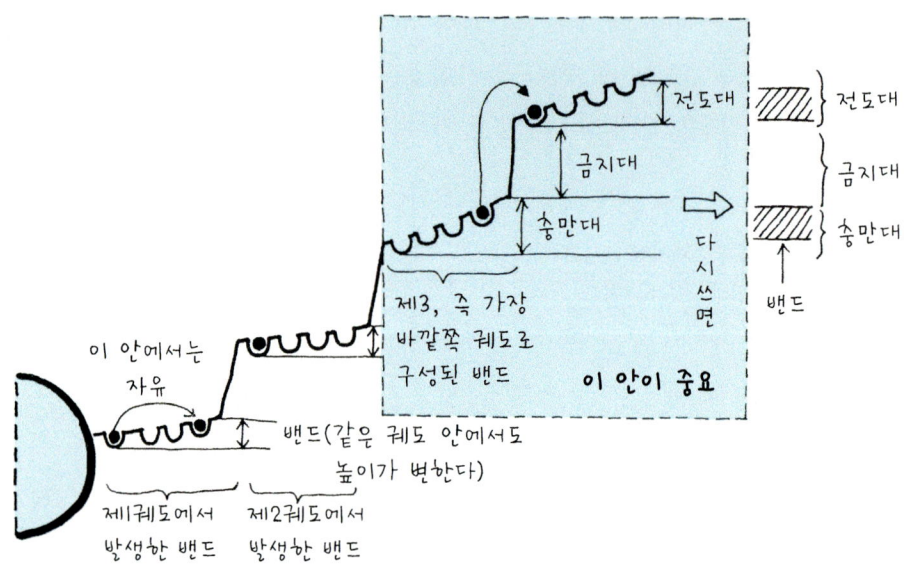

그림25 궤도를 더 자세히 보면 너비와 높이가 다르다.

각각의 밴드에 명칭을 붙여 맨 위를 **전도대(傳導帶)**라 한다. 전자가 들어가는 밴드이며, 통로 즉 좌석은 많이 있는데 전자는 거의 존재하지 않고 텅텅 비어 있는 상태이다. 어떻게 하여 전자를 이 전도대에 넣어주면 그 전자는 결정 속을 자유로이 돌아다닐 수 있다. 그래서 전기를 전도하는 밴드라는 뜻에서 전도대라는 명칭을 붙였다. 그리고 전도대로 들어간 전자를 자유전자라 한다.

충만대(充滿帶)는 원자의 맨 바깥쪽 전자궤도에 해당하는 것이다. 여기에는 원자 1개에 대해 8개분의 전자의 통로, 그림26 (a)에서 말한다면 선의 수만큼 있다. 원자 1개에 갖고 있는 전자는 4개이며, 결정 전체는 공유결합을 위해, 모든 통로가 전자로 가득 차 있다. 따라서 전자는 결정 속에서 이동할 수 없다. 그것은 전자가 많이 존재하기 때문이다.

다음에 밴드가 없는 곳, 이곳은 비탈길에 해당하는 곳이지만 일종의 밴드로 생각하고, 이것을 **금지대(禁止帶)**라 한다. 이 금지대에는 전자가 들어갈 수도 머물 수도 없다. 그러므로 아무 쓸모 없는 밴드라고 생각할 수 있으나 반드시 그렇지만도 않고, 여러 가지 준위(準位, 레벨)는 모두 이 금지대 안에서 이루어져 중요한 역할을 한다. 또 이 금지대의 너비(eV, 일렉트론 볼트라는 에너지 단위로 나타낸다)는 반도체에 따라 다르며, 그 물질을 결정하는 데 있어 매우 중요하다.

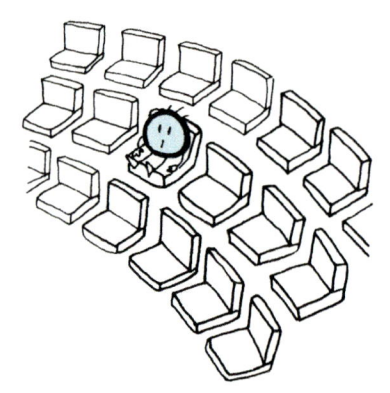

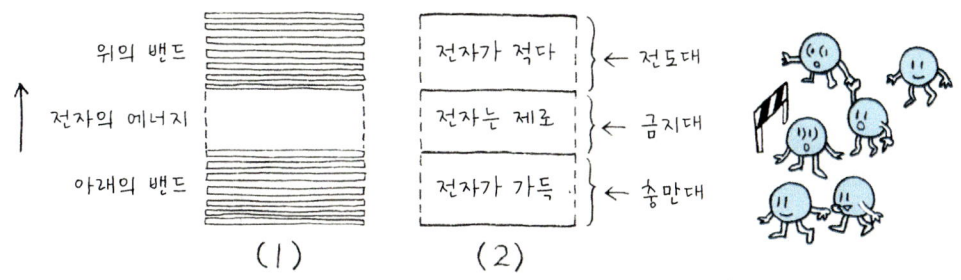

그림26 전자궤도를 간략하게 한 밴드도(圖)

그림26에서 밴드의 세로축은 궤도의 상하, 즉 에너지를 나타내고 위쪽에 있는 전자일수록 에너지를 여분으로 갖고 있으며 아래쪽으로 갈수록 적은 에너지를 갖는다. 다시 말하면 위쪽일수록 전자가 활발하다고 할 수 있다.

이와 같이 결정 속 전자 현상은 에너지 대의 상태와 그 대(帶)안의 전자 배분을 명확하게 하면 대강 파악할 수 있다.

예를 들어 그림27과 같이 금지대의 너비를 보면 도체는 금지대 너비가 0과 같으므로 전체가 전도대(傳導帶)처럼 되어 있어, 온도를 올려도 전류가 증가하지 않는다는 것을 알 수 있다. 또 반도체와 부도체의 차이도 금지대 너비 차이, 즉 에너지 갭의 크기 차이에 따른다.

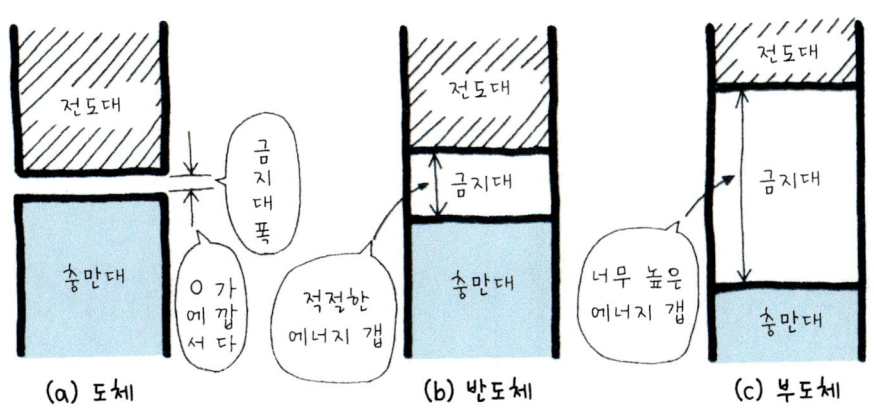

그림27 에너지 갭의 대소가 물질을 구분한다.

(b)의 반도체에서는 적당한 너비의 에너지 갭이 있다. 그런데 너비가 너무 커지면 (c)의 부도체와 같이 전혀 전류가 흐르지 않는 절연물로 되어버린다. 또한 에너지 갭이 0.01일렉트론 볼트라든가, 또는 더 작은 0일렉트론 볼트(즉 상하 밴드가 달라붙어 있다)로 되거나, 2개의 밴드가 포개진 것이 (a)와 같은 도체(금속 등)이다.

이때, 전자는 충만대에서 전도대로 언제든지 자유로이 흘러갈 수 있으므로 전류가 잘 흘러 전기저항은 0에 가깝게 된다. 그림28은 물질의 에너지 갭의 예이다.

재료명	에너지 갭	재료명	에너지 갭
Ge(게르마늄)	0.78	GaAs(갈륨 비소)	1.45
Si(실리콘)	1.21	InSb(인듐안티몬)	0.23
ZnSb(아연안티몬)	0.56	ZnSo(아연황)	3.70
AlSb(알루미늄안티몬)	1.60	C(탄소→다이아몬드)	5.33
GaP(인화갈륨)	2.40		

※ 절반이 합금으로 구성되어 있음에 주의

그림28 물질의 에너지 갭의 예

5 자유전자와 홀로 구성된 캐리어

실리콘이나 게르마늄에 외부로부터 전압을 가하면 전류가 흐른다. 이 상태를 실리콘이나 게르마늄의 다이아몬드 구조 측면에서 보면, 다이아몬드 구조를 형성하고 있는 가(價)전자에는 원자핵의 흡인력이 작용하고 있다. 그러나 외부에서 어떤 전압을 가하면 원자핵의 흡인력과 반대 방향의 힘이 가전자에 작용하게 된다.

계속 전압을 높여가면 어느 시점에서 전압에 의한 힘이 원자핵의 흡인력보다 커져 가전자는 궤도에서 튀어나가 자유전자로 변한다.

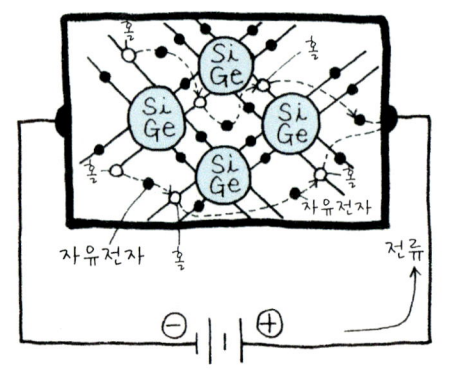 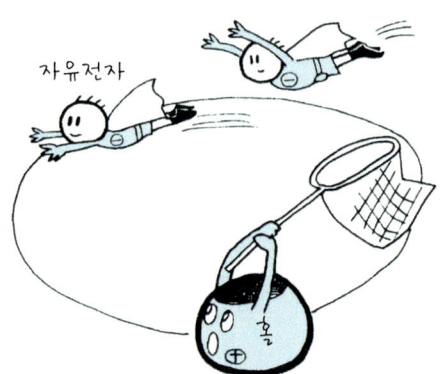

그림29 가(價)전자가 자유전자로 되어 빠져나간 "자리"를 홀(正孔)이라 한다

그림29와 같이 가전자가 자유전자로 되면 그 자리에는 전자가 없는 빈 공간이 생긴다. 이것을 **홀**(hole)이라 하며, 홀은 가까이에서 움직이고 있는 자유전자를 붙잡아 빈 공간을

메우려고 한다. 이때문에 자유전자를 마이너스 전하(電荷)를 가진 입자로 생각하면 홀은 플러스 전하를 가진 입자(正孔)라고 할 수 있다.

자유전자와 홀은 반도체의 전기전도를 담당하는 점에서 캐리어(carrier, 운반자)라 부른다. 예를 들어 온도가 올라가면 전하를 운반하는 입자인 전자와 홀, 즉 캐리어가 많아져 그만큼 전류가 흐르기 쉬워진다.

이것은 온도가 올라가면 저항값이 작아지는(負의 온도 특성) 성질이며, 금속의 온도 특성과 정반대가 된다. 이것은 반도체가 갖는 매우 중요한 성질이다(그림30). 그리고 지금까지 전도성에 대해 설명했는데, 반도체는 결정 속에 불순물을 전혀 함유하지 않은 **진성(眞性)반도체**이다.

이 진성반도체의 순도는 대략 99.999999999%(일레븐 나인)로 9가 11개나 되는 순도로 정제되어 있다. 게르마늄은 9개 이상이고 실리콘은 12개 이상이다.

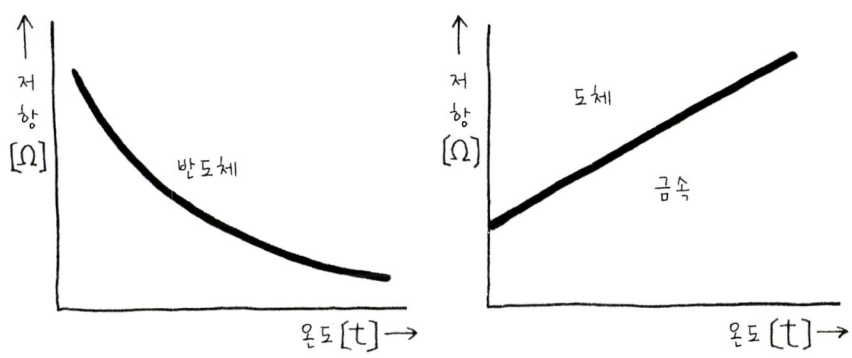

그림30 반도체의 큰 특징은 온도가 올라가면 저항이 작아지는 것이다.

다음에, 에너지준위도에 의한 전자와 홀은 그림31과 같이 ΔE(금지대)는 작게 되어 있다. 이때문에 상온에서도 그 열에너지를 받아 충만대에 속하는 전자의 일부가 금지대를 뛰어넘어 이미 전도대로 옮겨갔다.

충만대에는 전자가 빠져 나간 자리에 홀이 생긴다. 이 결정에 전계를 가하면 전자는 전도대 안에서 움직인다. 또 홀은 충만대 안에서 움직인다.

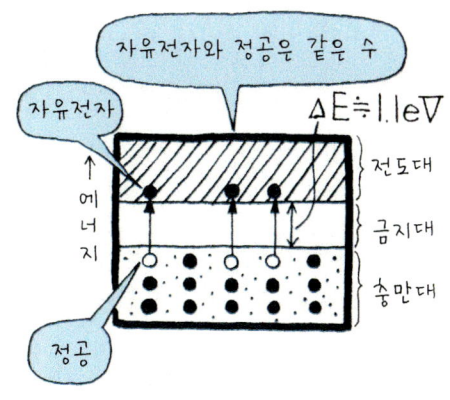

그림31 진성(眞性)반도체의 에너지준위도

6 진성반도체와 불순물반도체

이 진성반도체에 전도성을 더 좋게 하기 위해 특정의 불순물을 첨가한 것을 **불순물반도체**라 한다(그림32).

그림32 진성반도체보다 도전성(導電性)이 좋은 것이 불순물반도체

다이오드나 트랜지스터 등 일반적인 반도체는 이 불순물반도체이다. 이 불순물반도체도 첨가하는 불순물의 역할에 따라 2가지가 있다. 불순물의 역할은 첫째 반도체 속의 자유전자를 증가시키고, 둘째 반도체 속의 홀을 증가시키는 것이다.

불순물반도체 중에서 자유전자를 증가하기 위해 불순물을 첨가한 것을 N형 반도체라 하고, 홀을 증가하기 위해 불순물을 첨가한 것을 P형 반도체라 한다. 여기서 반도체를 크게 분류하면 그림33과 같다.

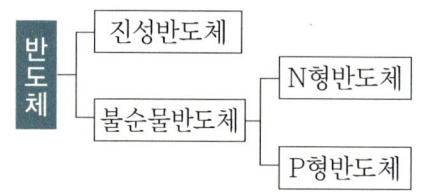

그림33 반도체의 분류

(1) N형 반도체

실리콘 또는 게르마늄의 진성반도체 속에 5가(價)의 원자, 예를 들어 극소량의 비소(砒素)를 첨가하여 결정을 만들면 결정 속 원자는 실리콘의 성질에 규제를 받아 배열한다. 이때 비소는 원자 결합에 필요한 전자를 5개 갖고 있으나(5價), 실리콘은 4개이므로 비소의 원자가 갖는 가전자 1개가 그림34와 같이 남게 되어 튀어나온다.

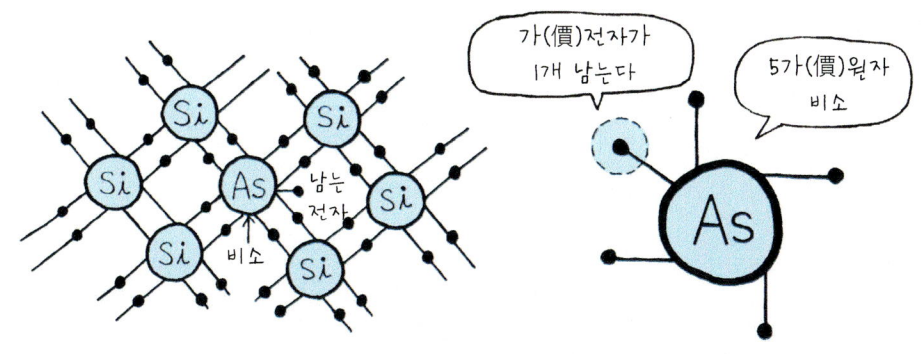

원소명	원소기호	원자번호
인	P	15
비소	AS	33
안티몬	Sb	51

그림34 N형 반도체는 자유전자가 정공보다 많다.

이 남은 전자를 **과잉전자**라 하고, 원자핵에 구속되는 힘이 약하기 때문에 약간의 에너지로 반도체의 결정 안을 자유로이 돌아다니는 자유전자가 된다.

이와 같이 인공적으로 자유전자를 만들기 위해 혼합하는 5가의 원자를 **도너**(donor)라 한다. 5가의 원자를 혼합한 반도체에서는 "부(−)"(negative)로 대전(帶電)한 자유전자의 수가 "정(+)"(positive)으로 대전한 정공(正孔) 수보다 많으므로 이 반도체를 N형 반도체라 한다. 도너는 기증자(寄贈者)란 뜻이다.

N형 반도체의 자유전자와 같이 수가 많은 쪽 캐리어를 **다수 캐리어**라 하고 정공과 같이 수가 적은 쪽 캐리어를 **소수 캐리어**라 한다.

① N형 반도체의 에너지준위도

그림35와 같이 남은 1개의 전자의 에너지준위는 전도대의 바로 아래에 위치한다.

이 새로운 준위와 전도대와의 에너지 갭은 작기 때문에, 상온에서 다수의 전자가 이 새로운 준위에서 전도대로 올라간다. 불순물 원자의 혼합으로 생긴 새로운 준위를 **도너준위**라 한다.

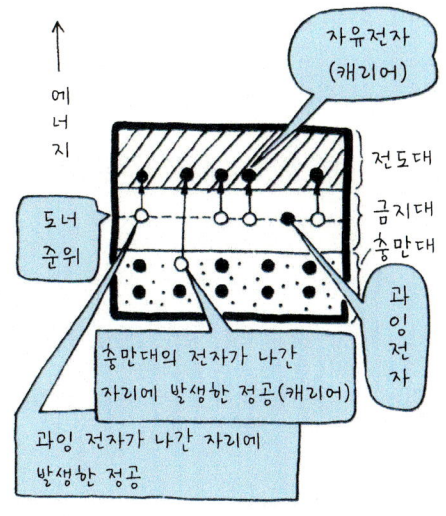

그림35 N형 반도체의 에너지준위도

(2) P형 반도체

실리콘의 진성반도체 속에, 3가(價)의 원자, 예를 들면 극소량의 인듐[In]을 혼합하여 결정을 만들면 그림36과 같이 가전자 1개가 부족하다. 따라서 가까이에서 가전자를 끌어온 결과, 정공(홀)이 생긴다.

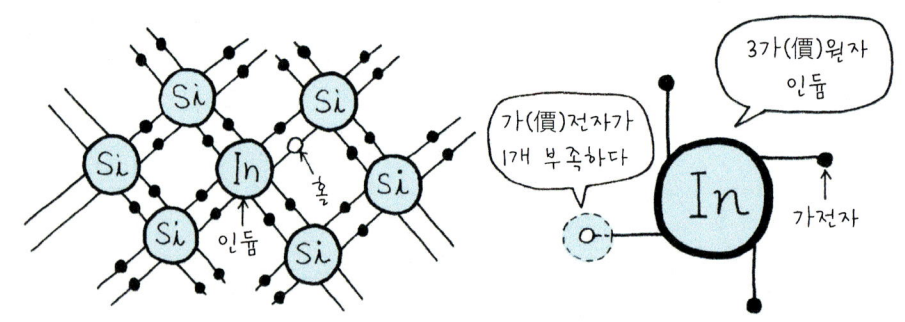

원소명	원소기호	원자번호
붕 소	B	5
알루미늄	Al	13
인 듐	In	49

그림36 P형 반도체는 정공이 자유전자보다 많다.

이와 같이 인공적으로 정공을 만들기 위해 혼합하는 3가의 원자를 억셉터(acceptor)라 하고 3가의 원자를 혼합한 반도체에서는 정공의 수가 자유전자 수보다 많으므로 이 반도체를 **P형 반도체**라 한다. 억셉터는 수취인이란 뜻이다.

P형 반도체에서는 정공이 다수 캐리어이고 자유전자는 소수 캐리어이다.

① P형 반도체의 에너지준위도

그림37을 보면 충만대 바로 위에 비어 있는 준위가 새로 생겼다. 이 새로운 준위와 충만대의 에너지 갭은 작으므로 항상 충만대 일부가 비어 있는 준위로 쉽게 올라가서 이 준위로 들어간다. 그러므로 이 충만대에는 홀이 생긴다.

불순물 원자의 혼합으로 생긴 새로운 준위를 **억셉터 준위**라 한다. 여기서 캐리어의 행동에 대해 알아본다.

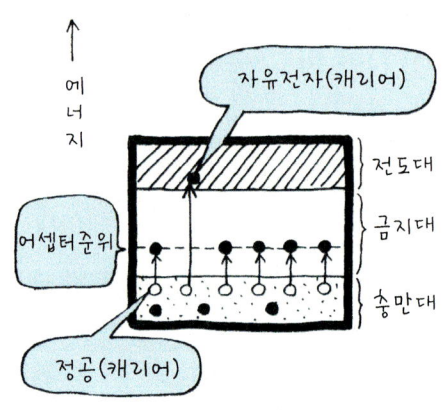

그림37 P형 반도체의 에너지준위도

반도체에 전계(電界)를 가하면 캐리어인 정공(홀)과 자유전자는 이 힘을 받아 전계의 방향과 반대 방향으로 각각 이동한다. 이때문에 전계의 방향으로 전류가 흐른다. 이와 같은 현상을 **드리프트**라 하고, 드리프트에 의해 흐르는 전류를 **드리프트 전류**라 한다.

또 반도체에서도 캐리어의 농도에 차이 (농도구배)가 있으면 높은 쪽에서 낮은 쪽으로 향해 캐리어의 이동이 발생한다. 이와 같은 현상을 확산이라 하고, 확산에 의해 흐르는 전류를 **확산전류**라 한다.

이와 같이 빛이나 열 또는 전계의 에너지에 의해 발생한 반도체 내의 캐리어인 홀과 자유전자는 일정한 시간 내에 서로 결합하여 소멸한다. 이와 같은 현상을 캐리어의 재결합이라 한다.

또 반도체에서는 캐리어의 발생과 재결합이 동시에 이루어지므로 캐리어의 발생과 재결합의 비율이 같기 때문에, 평균하면 캐리어의 총수는 변하지 않는다.

예를 들어 컵 안에 물을 넣고 그 안에 잉크를 흘리면 그림38과 같이 잉크는 점점 퍼져서 전체가 균일한 농도로 되려고 한다. 즉 반도체 내에서도 농도가 높은 쪽에서 낮은 쪽으로 균일해지려고 하는 현상이 **확산**이다.

그림38 반도체의 캐리어의 이동을 "확산"이라 한다.

7 PN 접합

P형과 N형 반도체는 이미 아는 바와 같이 여러 곳에 이용하고 있다. 다이오드, 트랜지스터, 사이리스터(SCR) 등은 **PN접합**을 기본으로 하여 만든 반도체 소자이다. PN접합이라 하면 마치 P형과 N형 반도체를 접착제로 붙인 것 같은 느낌이 드나 실제로는 그렇지 않다.

PN접합은 연속적으로 P층에서 N층으로 변해가는 구조를 이룬다.

이와 같이 PN접합은 접합면이 하나밖에 없으므로 **단접합**(單接合, single-junction)이라 한다. 이에 대해, 접합면이 2개가 있는 것은 **2중접합**(더블 정크션), 3개 이상은 **다중접합**(멀티 정크션)이라 한다. 또 접합면의 수에 의해 반도체 소자를 분류할 수도 있다.

① **무접합** : P형과 N형 반도체만으로 된 소자이며 접합면이 없으며(그림39) 다음과 같은 것이 있다.

　　㉠ **서미스터** : 온도가 상승하면 저항이 감소하는 반도체이며, 온도 측정이나 회로의 온도 보상에 사용한다.

　　㉡ **CdS**(光導電 셀) : 빛을 받으면 저항값이 내려가므로 광(光)검출기로 이용한다.

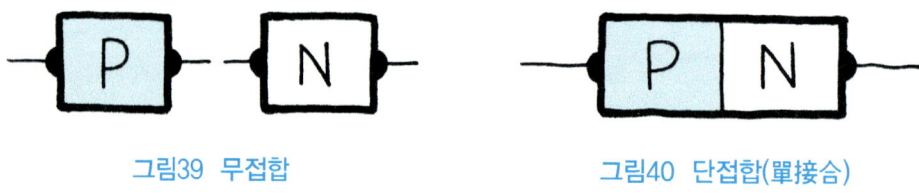

그림39 무접합　　　　　　　　그림40 단접합(單接合)

② **단(單)접합** : 정류(整流), 검파(檢波)용 다이오드, 정(定)전압 특성의 제너 다이오드, 전계효과 트랜지스터 (FET) 등에 이용한다(그림40).

③ **2중접합** : PNP형 및 NPN형 트랜지스터에 이용한다(그림41).

그림41 2중 접합이란

④ **다중접합** : 사이리스터, 트라이액, 포토 트랜지스터 등에 이용하고 있다(그림42).

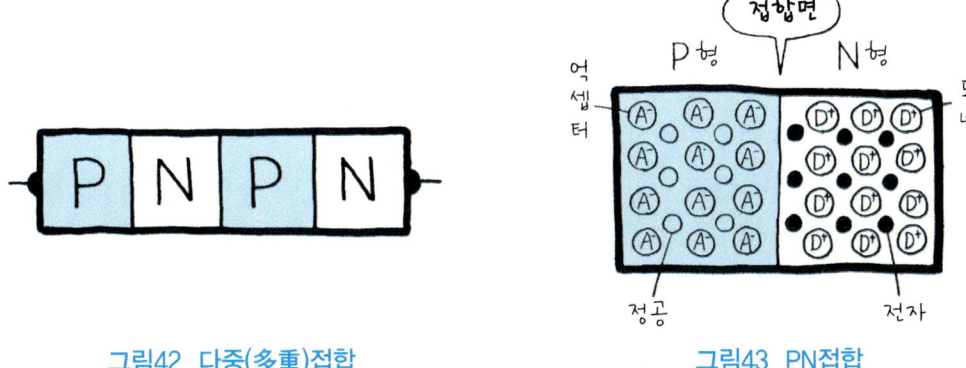

그림42 다중(多重)접합

그림43 PN접합

그러면 PN접합에 대해 구체적으로 설명한다.

게르마늄이나 실리콘의 결정을 만들 때, "도너"나 "억셉터"를 혼합함으로써 결정의 일부분을 P형과 N형 영역으로 할 수 있다. 이와 같이 P형과 N형 영역이 접한 상태를 PN **접합**이라 한다(그림43).

PN접합이 되면 그림44와 같이 P형의 정공(홀)은 N형의 영역으로 확산에 의해 흐르고 자유전자는 N형에서 P형 영역으로 흐른다.

이와 같이 서로 상대방의 영역으로 이동한 캐리어를 **주입(注入)캐리어**라 한다. 또 이동할 수 있는 캐리어의 농도가 양쪽의 결정으로 균형을 유지하도록 되어 있다.

접합면의 P형 영역에서 정공이 유출되면, 정(+)전하가 흘러나간 것이 되므로 이 P형 영역은 마이너스로 전하가 바뀌게 되고, N형 영역은 자유전자가 흘러나가므로 플러스로 바뀌게 된다.

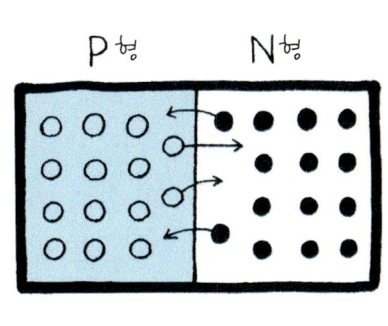

그림44 PN접합에서는 자유전자와 정공의 이동이 있다

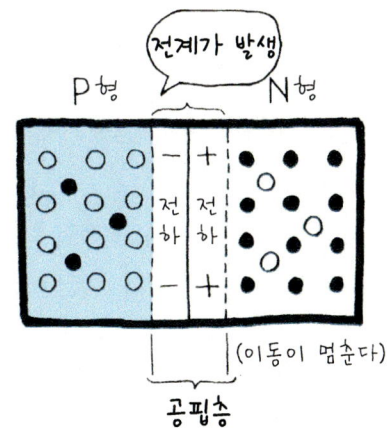

그림45 전계(電界)가 발생한 부분을 "공핍층"이라 한다

따라서 P형과 N형의 접합 부분에서는 자유전자와 정공이 결핍한(電界가 생긴다) 영역이 생긴다. 이 영역에서는 자유전자와 정공의 이동을 저지하기 때문에 P형 영역과 N형 영역의 캐리어는 균형을 이룬 상태로 된다.

이 전계가 생긴 부분은 그림45와 같이 캐리어를 잃었기 때문에 **공핍층(空乏層)**이라 부르고, 이 영역의 너비는 P형과 N형의 농도에 따라 결정 된다.

또 전계가 생긴 공핍층에는 전위구배가 있어, 캐리어가 공핍층을 통과하려면 이 전위구배를 올라갈 필요가 있다. 따라서 전위구배는 캐리어의 이동을 방해하게 되며, 이것을 **전위의 장벽**이라 부른다(그림46).

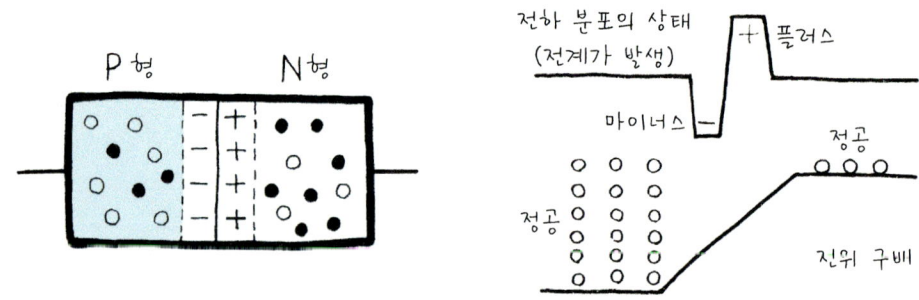

그림46 전위구배는 캐리어의 이동을 방해한다.

PN접합에 전류가 흐르게 하려면 전위장벽을 올라갈 만큼의 에너지를 외부에서 가하지 않으면 안된다. 이와 같이 PN접합을 사용하는 이유는 전위장벽을 만들어 놓고 외부에서 가하는 에너지를 주입하여 캐리어의 수를 제어하기 때문이다.

(1) PN접합에 순방향 전압을 가한 경우

P형과 N형을 접합하면 접합면에 전위장벽이 생겨 캐리어의 이동을 방해한다는 것을 앞에서 설명했다.

이 상태에서 P형 영역에 ⊕전압을 가하고 N형 영역에 ⊖전압(順方向 전압) V_F를 가하면, 그림47과 같이 외부 전압 V로 PN접합면의 전위장벽, 즉 P형 영역의 ⊖전위의 장벽은 전원 V(⊕)에 따라 밀려 올라간다. 반대로 N형 영역의 ⊕전위의 장벽은 전원(⊖)에 의해 끌어 내려지기 때문에 PN접합 부분의 전위의 장벽은 외부 전압에 따라 소실되어 거의 없어진다. 이 전위장벽이 낮아지면 공핍층의 너비도 좁아져 확산에 의해 P형에서 N형으로 접합면을 뛰어넘어 정공이 흐른다. 또 자유전자도 N형에서 P형으로 흐른다.

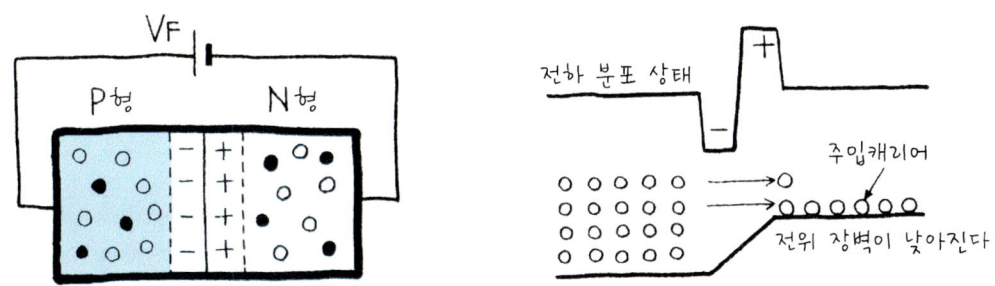

그림47 순방향 전압을 가했을 때의 "전위장벽"

여기서 중요한 것은 가한 전압에 따라 정공이 접합면을 지나 P형에서 N형으로 주입되고, 자유전자가 N형에서 P형으로 주입되어 전류가 흐른다는 점이다. 이와 같이 흐르는 전류를 순(順)방향 전류라 한다.

(2) PN접합에 역방향 전압을 가한 경우

그림48과 같이 P형 영역에 ⊖전압을 가하고 N형 영역에 ⊕전압(순방향 전압) V_R을 가했을 때, 이 전압에 따라 PN접합면의 전위장벽은 P형 영역의 ⊖전위에서는 전원V의 (⊖)에 의해 더 끌어내려진다.

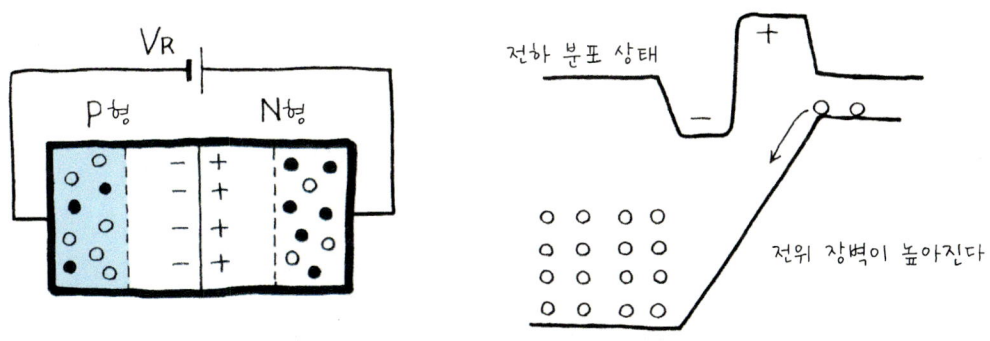

그림48 역방향 전압을 가했을 때의 "전위장벽"

반대로 N형 영역의 ⊕전위는 전원 V의 (⊕)에 의해 끌려 올라가므로 전위장벽은 더 높아져 공핍층의 너비도 넓어진다. 이 때문에 P형에서 N형 영역으로, N형에서 P형 영역으로 주입되는 캐리어는 극히 적어 매우 적은 전류밖에 흐르지 않는다. 이와 같은 전류를 **역(逆)방향 전류**라 한다.

또 다른 관점에서 보면 정공은 외부 전압의 ⊖로 끌려가고, 전자는 ⊕로 끌리어 양쪽 모두 PN접합면에서 멀어져, 접합면을 넘는 캐리어가 없어 전류가 흐르지 않는다고도

할 수 있다. 순방향이나 역방향의 전압에 의한 캐리어의 이동은 그림49와 같이 된다. PN 접합에는 전류가 순방향으로 흐르기 쉽고 역방향으로는 흐르기 어려운 성질이 있다.

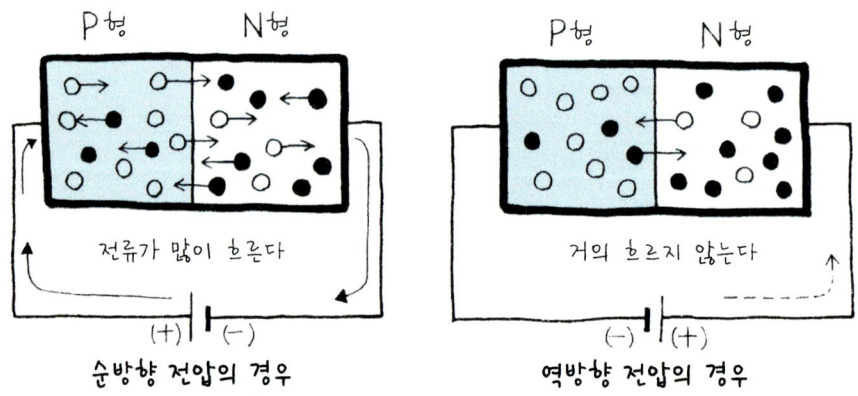

그림49 PN접합에서 순방향 전압과 역방향 전압은 전류의 흐름에 큰 차이가 있다

03 반도체 소자

1 다이오드(Diode)

PN접합의 P형과 N형에 각 단자를 부착한 소자를 PN접합 다이오드라 한다(그림50). 다이오드에는 PN접합 다이오드 외에 몇 가지 종류가 있으나 여기서는 대표적인 예로 PN접합 다이오드의 구조, 기호, 성질 등에 대해 설명한다.

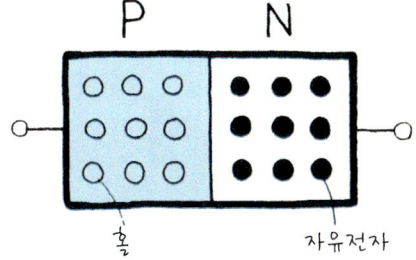

그림50 PN접합 다이오드의 원리적 구조

(1) PN접합 다이오드의 구조

PN접합 다이오는 실리콘 또는 게르마늄 단결정(單結晶) 속에서 결정을 성장시켜 P형 반도체 부분과 N형 반도체 부분이 접하도록 만든 것이다. 이 내부의 원리적 구조는 그림51과 같이 2극관(極管)이라는 뜻이며 P쪽 단자에 **애노드**(양극), N쪽 단자에 **캐소드**(음극)라 불리우는 2개의 전극으로 구성되어 있다. 기호와 외관은 그림52와 같다.

그림51 PN접합 다이오드의 원리적 구조

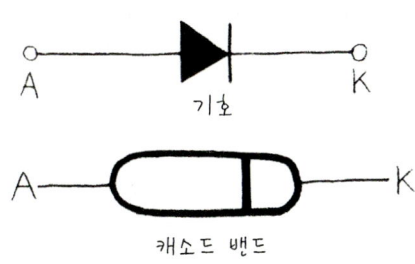

그림52 PN접합 다이오드의 기호와 외관

PN접합에서 설명한 바와 같이 다이오드는 전류가 순방향으로 흐르기 쉽고 역방향으로는 흐르기 어려운 성질, 즉 **정류(整流)작용**이 있다. 예전부터 정류 특성을 가진 소자로는 셀렌정류기(整流器)와 산화동(銅)정류기가 있으며, 이것들은 셀렌(Se) 또는 아산화동(亞酸化銅, CuO)과 금속을 접촉시켜 정류 특성을 갖게 한 것이다.

현재는 반도체 기술의 진보로 게르마늄 다이오드나 실리콘 다이오드를 만들게 되어 오래된 정류기에 비하여 전류밀도가 높고 역내전압(逆耐電壓, 역방향에 견디는 최대 전압)이 큰점 등의 전기적 특성이 뛰어나다. 현재 정류용으로 사용하는 것은 대부분 PN접합 다이오드이다.

다이오드는 가하는 전압의 전극에 따라 전류가 흐르거나 흐르지 않게 된다. 전류가 흐르는 상태를 ON이라 하고, 흐르지 않는 상태를 OFF라 한다. 즉 가하는 전압의 극성(極性)에 따라 다이오드는 ON, OFF의 작용을 한다.

다음으로, 다이오드의 순방향 및 역방향의 특성에 대해 설명한다. 그림53의 그래프에 의해 다음과 같이 정리할 수 있다.

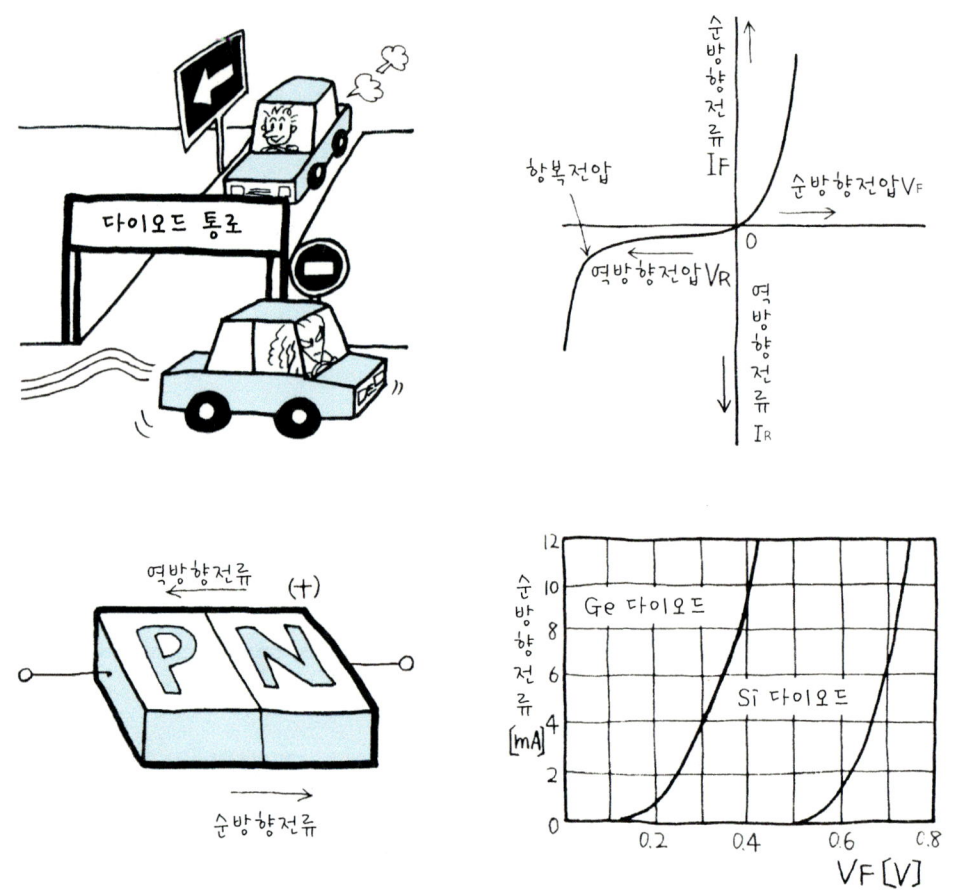

그림53 다이오드의 순방향과 역방향의 특성

> **정리**
> - 전압과 전류의 관계가 직선적이 아니며, 옴의 법칙을 따르지 않는다.
> - 약간의 순방향 전압으로 큰 전류가 흐르게 할 수 있다. 게르마늄 다이오드는 약 0.2볼트, 실리콘 다이오드는 약 0.6볼트이다.
> - 역방향 전압을 크게 하면 갑자기 큰 전류가 역방향으로 흐르기 시작하는 현상이 일어난다. 이것은 PN접합이 파괴된 것이 아니라, 전압을 작게 하면 전류도 0에 가까워지는 것을 의미한다. 이 현상을 **항복현상**이라 한다. 전류가 급히 증가하기 시작한 때의 전압을 **항복전압** 또는 **제너전압**이라 한다.

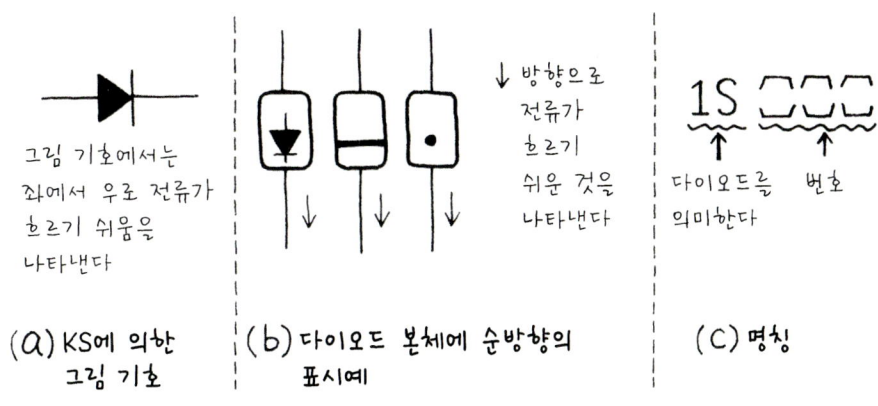

그림54 다이오드의 표시

(2) 다이오드의 작용과 특성

앞서 다이오드에 순(順)전압을 가하면 순방향 전류가 흐른다는 것을 설명했다. 즉 다이오드는 한쪽으로 밖에 전류가 통하지 않는, 이른바 일방통행하는 도로와 같은 작용을 한다.

여기서 다이오드의 작용에 대해 더 자세히 설명한다. 그림55 (a)와 같이, 어떤 다이오드의 전극에 직류 전원, 전압계, 전류계를 접속하고, 전원의 전압 V를 예를 들어 0.7볼트로 하면 다이오드에는 ㉮에서 ㉯로 전류가 흘러 전류계의 바늘이 움직인다.

그러나 그림55 (b)와 같이 다이오드만을 반대로 접속하여 전압을 가하면 전류계의 바늘은 0밀리암페어를 가리킨 상태에서 거의 움직이지 않는다. 따라서 ㉯에서 ㉮로는 전류가 흐르지 않는다는 것을 알 수 있다.

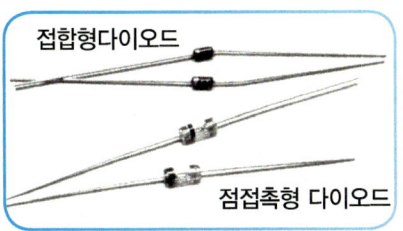

접합형다이오드
점접촉형 다이오드

이것도 접합형다이오드

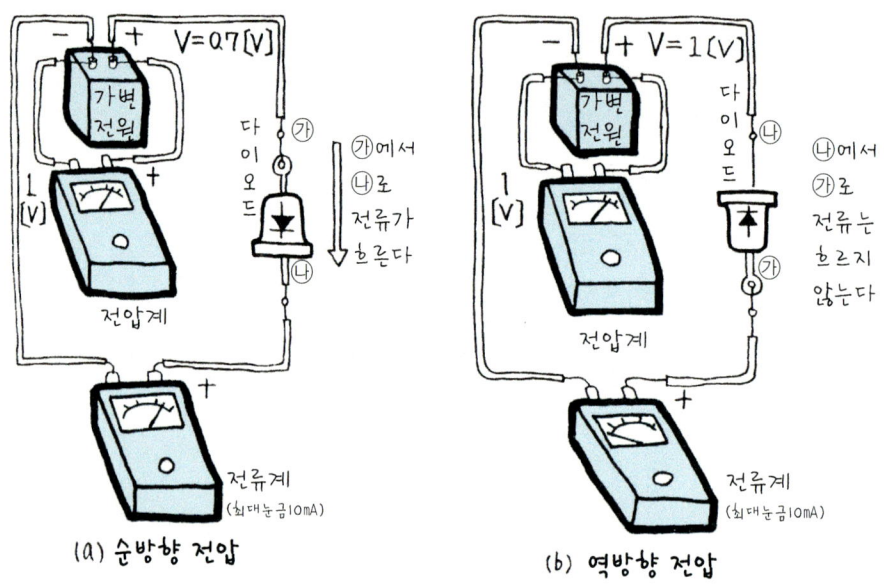

그림55 다이오드의 순방향 전압과 역방향 전압

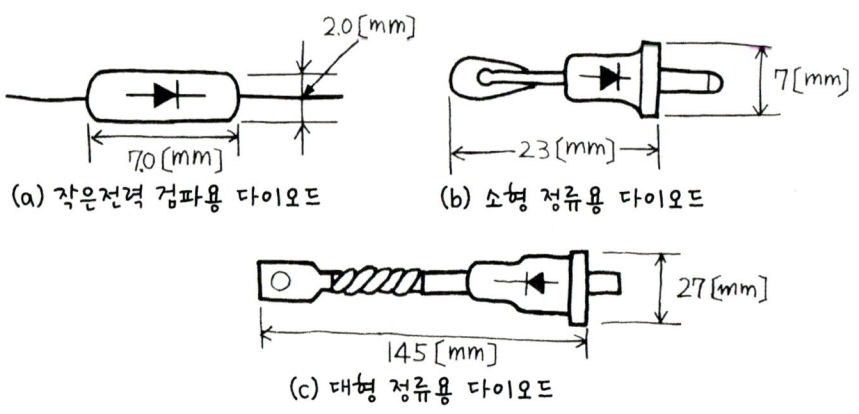

그림56 검파(檢波)용 및 정류(整流)용 다이오드

그림56에 검파(檢波)용과 정류용 다이오드를 나타내었다.

(3) 다이오드의 최대 정격(사용법)에 대하여

다이오드를 사용할 때는 전압, 전류, 전력, 온도 등에서 들면 순방향 전압을 가했을 때에 흐르는 전류가 정해진 정격값을 넘지 않도록 한다. 또 정격값 이상의 역방향 전압(逆耐전압)을 가하지 않도록 하는 것이 중요하다.

다이오드의 최대 정격은 대략 다음과 같이 정해져 있다.

① **최대 역전압(또는 최대 직류 역방향 전압)** : 다이오드에 가할 수 있는 역방향 전압의 최대값.
② **연속 순(順)전류** : 다이오드의 순방향으로 계속해서 흐르게 할 수 있는 직류전류의 최대값.
③ **최대 평균정류전류** : 저항 부하의 반파(半破)정류회로에서 끌어낼 수 있는 평균정류 전류의 최대값.
④ **최대 서지전류** : 다이오드의 순방향으로 흐르게 할 수 있는 과도적인 전류의 최대값.
⑤ **접합 부분 온도** : PN접합의 접합 부분 온도
⑥ **허용전력손실** : 열에 의한 전력손실의 한계이며 주위 온도가 높을수록 작다.

(4) 시험기에 의한 다이오드의 양부판정법

다이오드가 파괴되지 않았는지 시험기를 사용할 때는 회로시험기를 사용하여 간단히 점검할 수 있다. 그림57을 보면서 그 순서를 설명한다.

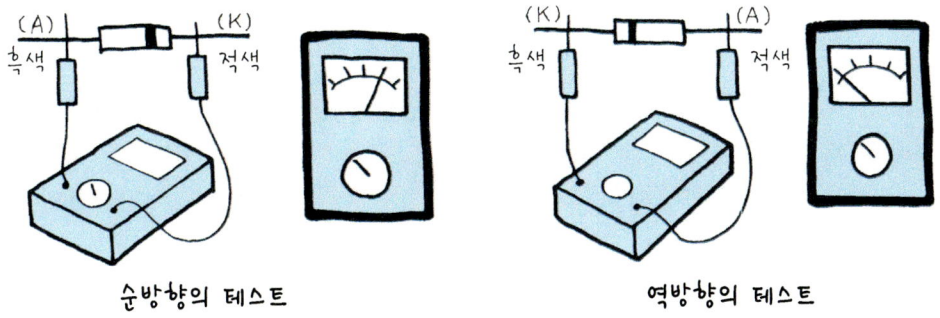

그림57 다이오드의 양부판정법

① 시험기의 저항 레인지를 1킬로옴에 맞춘다.
② 테스트봉(奉, 적색과 흑색)을 단락시켜 0옴 조정을 한다.
③ 테스트하는 다이오드의 애노드(A)에 흑색 테스트봉을 대고, 캐소드(K)에 적색 테스트봉을 댄다.
④ 그림과 같이 바늘이 0까지 가지 않고 도중에 정지하면 좋다.
⑤ 반대로 애노드(A)에 적색 테스트봉을, 캐소드에 흑색 테스트봉을 댄다.
⑥ 바늘이 움직이지 않으면 좋다.

①부터 ④가 순방향의 테스트이고 ⑤, ⑥이 역방향의 테스트를 나타낸다. 이와 같이 다이오드를 간단히 테스트할 수 있다.

(5) 다이오드를 사용한 응용회로

그림58은 잡음방지용 다이오드이다. 일반적으로 코일에 전류가 흐르고 있는데 급히 스위치를 OFF(연다)로 하여 멈추면, 코일에는 전류가 그대로 계속해서 흐르려고 하는 큰 역기전력(逆起電力)이 발생하여 잡음의 원인이 된다.

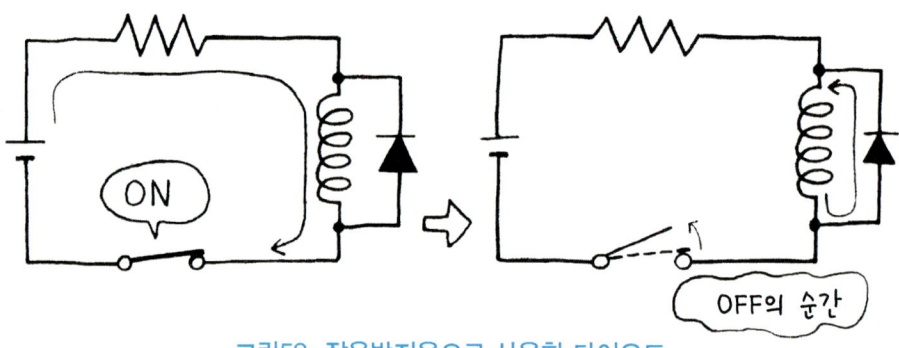

그림58 잡음방지용으로 사용한 다이오드

따라서 이 역기전력을 작게 하기 위해서는 스위치를 OFF로 한 순간에도 코일에 전류가 흐르게 하는 회로를 구성하면 된다. 그림58과 같이 스위치를 OFF로 한 순간에도 다이오드를 통해 코일에 전류가 흐르게 하면 역기전력을 작게 할 수 있다. 이와 같이 다이오드는 잡음 방지용으로 회로에 사용하는 경우가 있다.

(6) 다이오드의 정류회로

다이오드의 한 방향으로 밖에 전류가 흐르지 않는 성질을 이용함으로써 교류를 직류로 변환할 수 있다. 다이오드를 사용한 정류에는 교류의 정부분만을 끌어내는 **반파(半破)정류**와, 정과 부의 양파를 정류하여 직류로 하는 **전파(全波)정류**가 있다.

① 반파정류회로

다이오드 1개를 사용하여 그것에 교류전원을 접속하면 ⊕쪽 또는 ⊖쪽의 반(半)사이클에만 전류가 흐르게 할 수 있다. 이 회로는 파형(波形)의 절반밖에 이용하지 못하므로 별로 사용하지 않는다(그림59).

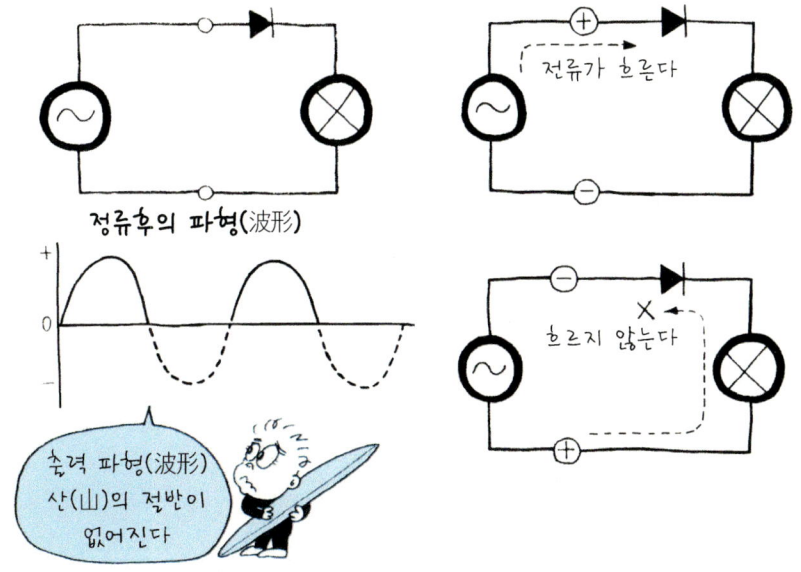

그림59 반파(半波)정류회로판

② 전파정류회로

반파정류회로에서는 ⊕쪽 또는 ⊖쪽의 어느 하나의 반(半)사이클밖에 이용할 수 없었다. 그러나 그림60과 같은 회로를 사용하면(다이오드 4개), ⊕쪽과 ⊖쪽을 모두 정류할 수 있다. 이 브리지 회로를 사용한 것을 **전파정류회로**라 한다(그림61).

정류회로는 교류발전기(올터네이터) 안에 결합되어 있고(그림62), 3상교류이므로 다이오드 6개를

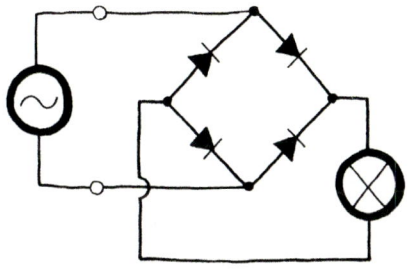

그림60 전파(全波)정류회로

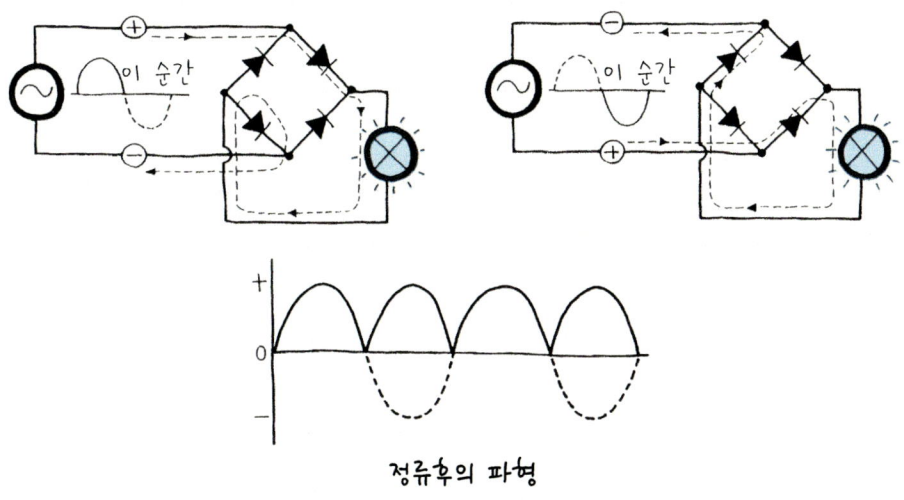

그림61 전파(全波)정류회로의 작동

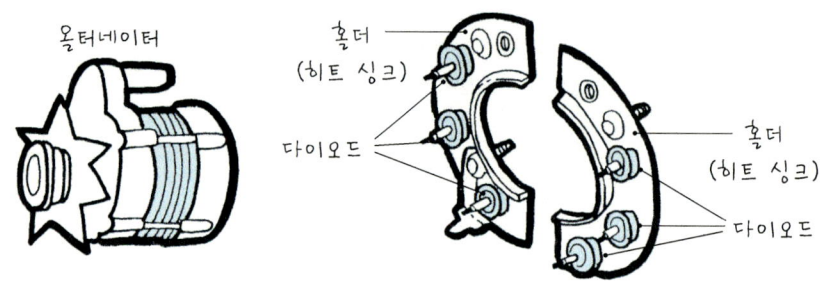

그림62 올터네이터 정류회로의 구조

사용하여 직류로 변환하고 3상전파정류가 작용하고 있다.

그림63에서 코일 A와 B에 주목하기 바란다. a점이 ⊕일 때 전류는 코일 B·A → a점 → D_1 → R → D_6 → b점 → 코일 B·A로 흐르며, a점이 ⊖일 때 코일 A·B → b점 → D_3 → R → D_4 → a점 → 코일 A·B의 순으로 흐른다.

이와 같이 a-b 간의 전압파형이 전파정류된다. 또 코일 B·C상(相) 사이 및 코일 A·C상 사이에 같은 순서가 된다. 이렇게 정류되는 방법에 대해 구체적으로 설명한다.

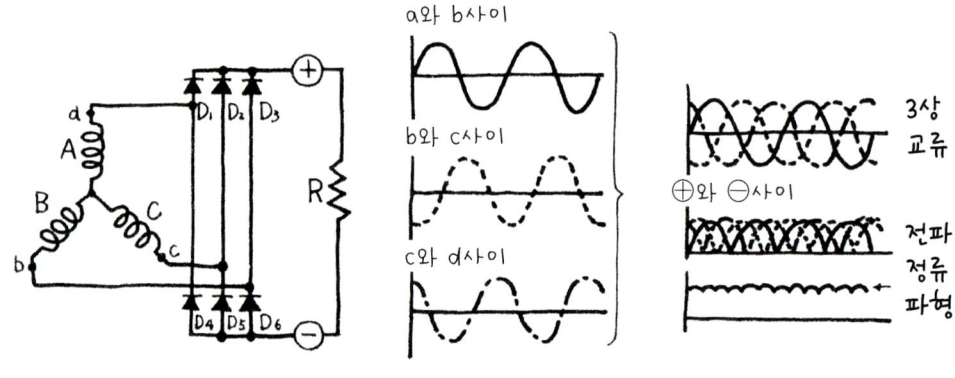

그림63 3상전파(全波)정류회로

그림64 (a)를 예로 들어 설명한다.

C·A상(相) 사이에 높은 전압이 발생하여 전류는 다이오드 D_1을 통해 부하로 흘러 다이오드 D_5로 되돌아온다. 다음에 ①과 같이 A·C상 사이에 흐르는 방향이 변하여 다이오드 D_2를 통해 나가서 다이오드 D_4를 지나 돌아온다.

이것의 순서를 보면 각 상, 각 선에 흐르는 전류는 그림64와 같은 순서로 방향을 바꾸고 부하쪽에서는 항상 일정한 방향으로 전류가 흐르고 있는 것을 알 수 있다. 그림에서 검게 칠한 다이오드 이외의 부분은 쉬고 있어 전류가 흐르지 않는다. 따라서 다이오드 1개의 부하율은 3분의 1이라는 것을 알 수 있다.

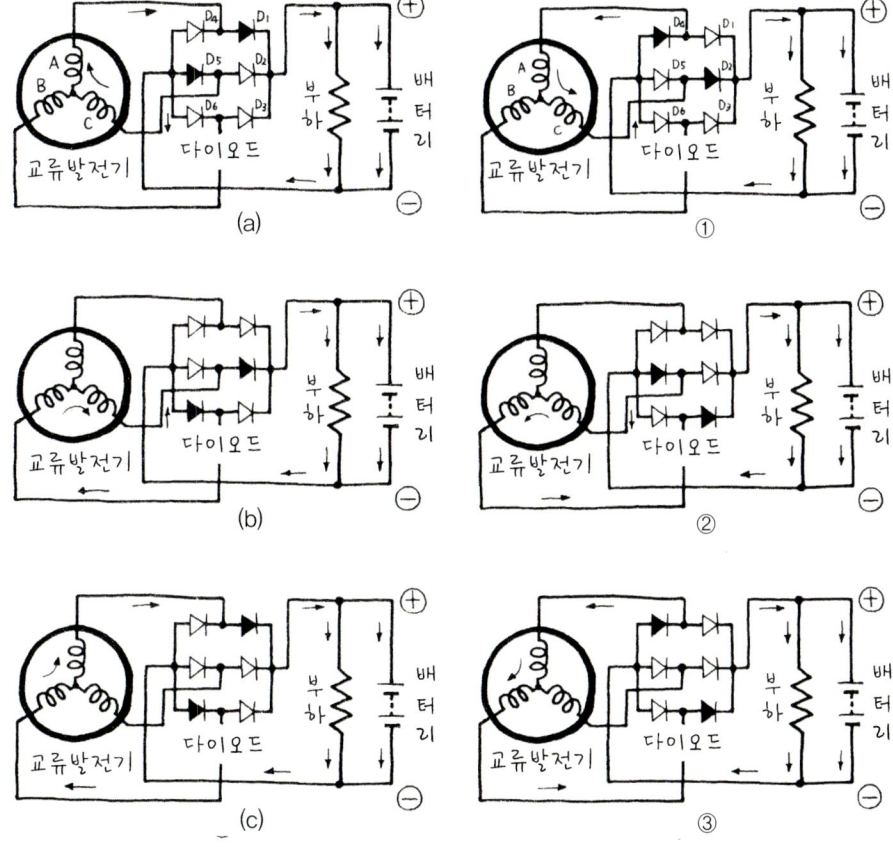

그림64 3상전파정류회로에서의 정류 방법

2 다이오드의 종류와 기능

(1) 제너다이오드(정전압 다이오드)

PN접합 다이오드는 순방향으로 전류가 흐르나 역방향으로는 거의 흐르지 않는다고 설명했다. 이것을 근거로 하여 제너다이오드에 대해 설명한다.

PN접합 다이오드 P형 반도체 내에는 캐리어로 정공(홀)이 있고, N형 반도체 내에는 자유전자가 있어 공유결합에 의해 원자를 결합시키는 가(價)전자가 있다. 그림65와 같이, 이 상태에서 역방향 전압을 점점 크게 하여 어느 전압(제너전압이라 부른다)에 도달한 시점에서 공유결합 부분의 가전자는 역방향 전압의 에너지에 의해 자유전자로 변한다.

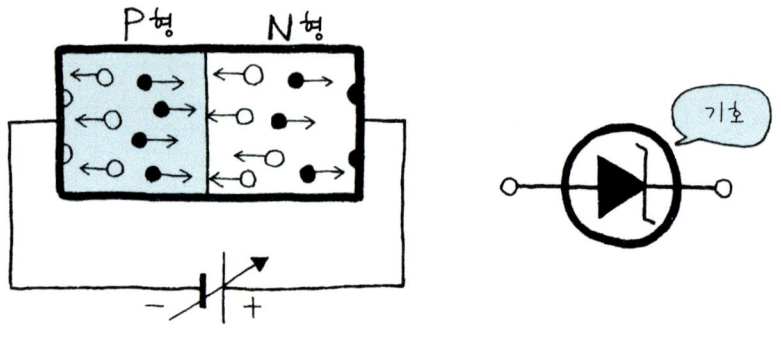

그림65 제너다이오드(定電壓다이오드)

가전자가 자유전자로 변하여 튀어나간 빈 자리에는 새로운 정공이 생겨 떠도는 자유전자를 빈 자리로 끌어들이려고 한다. 이때문에 접합 부분을 넘어 이 가전자로 변화한 자유전자와 새로 생긴 정공이 캐리어로 되어 이동하기 때문에 전류가 흐르기 시작한다. 이와 같은 현상을 **제너현상**이라 하고 전류가 흐르기 시작한 때의 역방향 전압을 **제너전압**이라 한다.

보통 다이오드는 제너전압 이상의 역방향 전압을 가하면 파괴되나, 이 다이오드는 역방향 전압에 대해 강한 특성을 갖도록 만들어져서 제너다이오드라 부른다.

그리고 그림66과 같이 제너전압보다 높은 역방향 전압을 제너다이오드에 가하면 급격히 큰 전류가 흐르기 시작한다. 이 현상을 **제너항복**이라 한다.

이것은 역방향 전압을 점점 크게 하면 이번에는 돌아다니는 자유전자의 기세가 강해져 공유 결합하고 있는 가전자에 부딪친다.

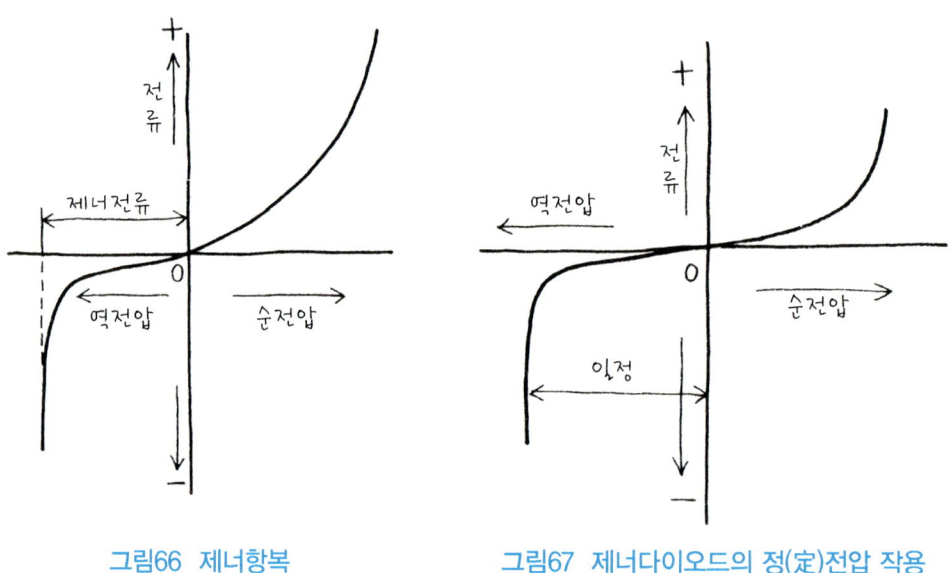

그림66 제너항복

그림67 제너다이오드의 정(定)전압 작용

가전자를 결정(結晶)의 결합에서 끌어내어 자유전자와 홀을 만드는데 이 자유전자는 또 다른 가전자에 부딪쳐 끌어내는 방식으로 잇따라 자유전자와 홀을 증가시키기 때문에 큰 전류가 흐른다.

이와 같이 캐리어의 증가가 마치 눈사태와 같은 현상과 흡사하여 **사태현상**이라 한다. 그런데 제너다이오드에는 제너현상이 생기는 이상의 높은 전압을 가했을 때, 전류가 사태 현상에 의해 급격히 증가하나 전압은 일정하게 되어버리는 **정전압(定電壓)** 작용이 있다(그림67).

(2) 제너다이오드의 특성

제너다이오드는 다이오드의 순방향 특성을 그대로 갖고 있고, 또 역방향에 대해서도 어느 정도까지 전류가 통하는 반도체 소자이다.

그림68은 순방향을 나타내며 이때 제너다이오드의 양 끝 전위는 다이오드의 경우와 마찬가지로 같은 전위 12V가 된다. 다음으로 역방향에 대해 알아보면 제너 다이오드의 경우도 어느 일정한 전압 이하의 역방향 전압인 경우는 흐르지 않는다.

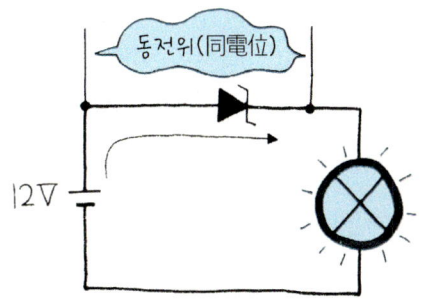

그림68 제너다이오드도 순방향 특성을 갖는다

역방향 전압을 점차 높여 어느 일정한 전압에 도달하면 전류가 흐르게 되며 이때 전압은 일정하게 유지된다. 이 일정한 전압을 **제너전압**이라 한다.

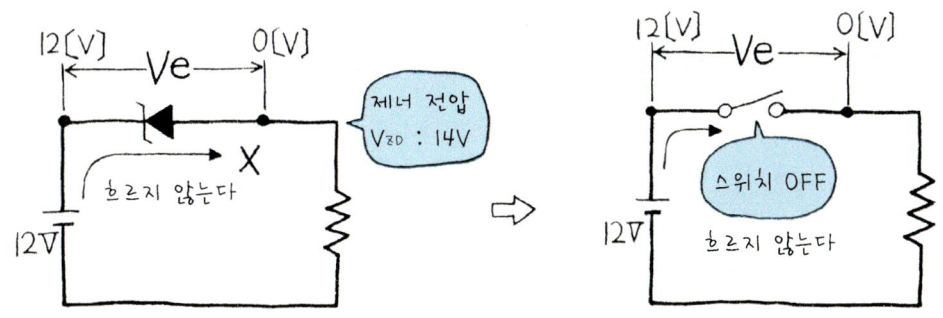

그림69 역방향 전압 V_e가 제너전압 V_{ZD}보다 작을 때

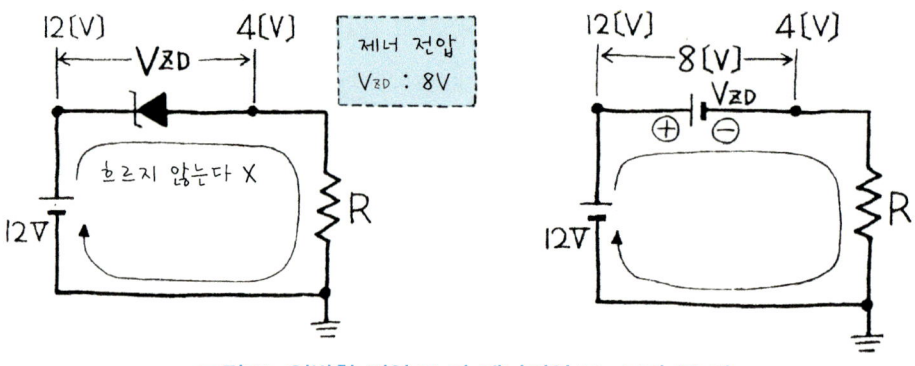

그림70 역방향 전압 V_e가 제너전압 V_{ZD}보다 클 때

즉 그림69는 제너다이오드에 가하는 역방향 전압 V_e가 전압 V_{ZD}보다 작을 때 다이오드와 마찬가지로 스위치가 OFF 상태와 같이 되는 것을 나타낸다. 제너다이오드의 양 끝에는 가해진 역방향 전압과 같은 크기의 전위차 V가 발생한다.

다음으로 그림(70)은 제너다이오드에 가하는 역방향 전압 V_e가 제너전압 V_{ZD}보다 클 때 제너다이오드에 역방향 전류가 흐르는 것을 나타낸다. 그러나 순방향인 때와 달라서, 제너다이오드의 양 끝에는 제너전압 V_{ZD}가 생긴다.

이 전위차 V_{ZD}의 크기는 제너다이오드의 종류에 따라 각각 다르나, 항상 일성하므로 제너다이오드는 전위차의 크기 V_{ZD}의 전원 전압으로 대치할 수 있다.

이와 같이 역방향 전압이 제너전압보다 클 때 제너다이오드 양 끝의 전위차는 항상 일정한 값(제너전압)이 되므로 제너다이오드를 **정(定)전압다이오드**라 부른다. 제너다이오드는 보통 다이오드와 같이 순방향으로 사용하는 경우가 적고 대부분이 역방향에서 정전압을 얻기 위해 IC 레귤레이터 등에 사용하고 있다.

?예제 1. 그림 (a)와 같은 회로에서, 저항의 양 끝 전위차를 구하라. 단, 제너전압 V_{ZD}를 5[V], 전원 전압을 12[V]로 한다.

!풀이 제너다이오드에 가하는 역방향 전압은 12V이고 제너다이오드의 제너전압 V_{ZD}가 5V이므로 역방향 전압이 제너전압보다 크고 제너다이오드의 양 끝 전위차는 제너 전압 5V가 된다. 따라서 저항 R에 가하는 전위차(분압)는 7V가 되는 것을 알 수 있다(그림 b).

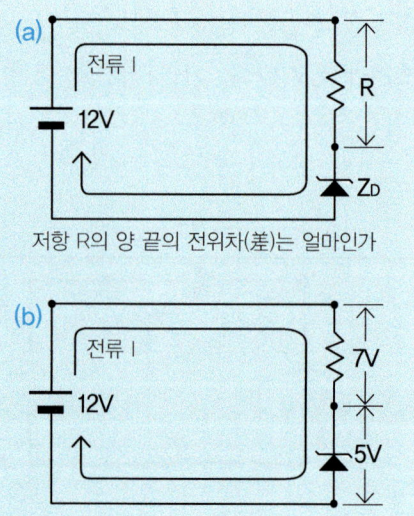

예제 2. 그림 (a)와 같은 회로에서 제너전압 V_{ZD}가 6[V]일 때, (1)와 (2)의 각각의 조건에서 램프가 켜지는지 꺼지는지에 대해 검토해보라.
(1) $R_1 = 2Ω$
(2) $R_1 = 18Ω$
다만 램프의 소비전력이 3[W] 이하일 때, 점등(点燈)을 볼 수 없다고 한다(消燈).
또 램프의 저항은 6Ω으로 하고, 전류에 의한 저항의 변화는 없는 것으로 가정한다.

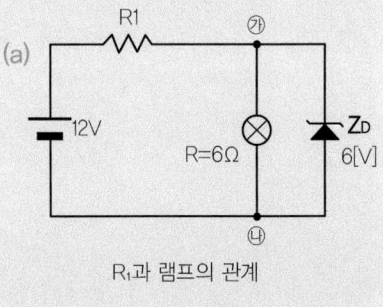

R_1과 램프의 관계

풀이 제너다이오드에 가하는 역방향 전압 V_e를 조사하여, 제너다이오드 양 끝의 전위차를 구하는 것이 필요하다. 또 제너다이오드 양 끝의 전위차가 램프에 가하는 전압이 된다.

(1) $R_1 = 2Ω$일 때
제너다이오드를 무시하면 그림 (b)와 같은 회로가 된다.
㉮점~㉯점 간의 전위차는,

$$V_R = \frac{R}{R_1+R}V = \frac{6}{2+6} \times 12 = \frac{72}{8} = 9[V]$$

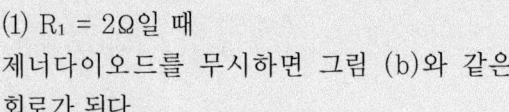

$R_1 = 2Ω$이고 제너다이오드를 무시한 때의 회로

이 9[V]가 제너다이오드에 가하는 역방향 전압이며, 제너전압 V_{ZD}가 6[V]보다 크기 때문에 제너다이오드 양 끝의 전위차는 제너전압과 같은 6[V]로 된다. 또 램프의 소비전력[W]는 다음 식에서 구할 수 있다.

$$W = \frac{V_{ZD}^2}{R} = \frac{6^2}{6} = \frac{36}{6} = 6[W]$$

가 되고, 따라서 램프는 켜진다(그림c).

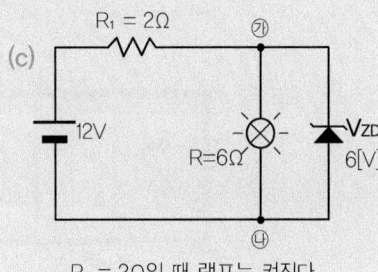

$R_1 = 2Ω$일 때 램프는 켜진다.

(2) $R_1 = 18Ω$일 때
제너다이오드를 무시하면 그림d와 같은 회로가 된다.
㉮점~㉯점 사이의 전위차는,

$$V_R = \frac{R}{R_1+R}V = \frac{6}{18+6} \times 12 = \frac{72}{24} = 3[V]$$

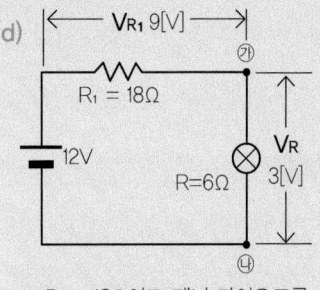

$R_1 = 18Ω$이고 제너 다이오드를 무시한 때의 회로

이 3[V]가 제너다이오드에 가하는 역방향 전압이며, 제너전압 V_{ZD}가 6[V]보다 작기 때문에 제너다이오드 양 끝의 전위차는 역방향 전압 3[V]로 된다. 또 램프의 소비전력[W]은,

$$W = \frac{V_R^2}{R} = \frac{3^2}{6} = \frac{9}{6} = 1.5[W]$$

가 되어, 램프는 꺼지게 된다(그림 e).

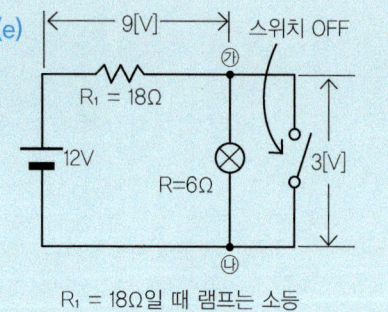

$R_1 = 18Ω$일 때 램프는 소등

(3) 가변용량다이오드

PN접합 다이오드에서 PN접합면 부근의 공핍층(空乏層)이라 부르는 전기저항이 높은 부분이 P, N 양 반도체 사이에 끼어 있는 형태로 되어 있으며 일종의 콘덴서 작용을 한다. 이것을 **접합용량**이라 한다(그림71). 그리고 콘덴서의 용량은 2장의 도체간 거리와 도체 면적에 따라 결정된다.

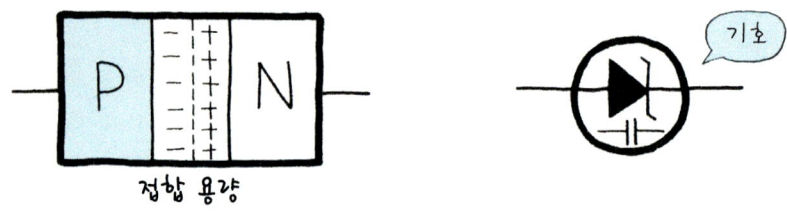

그림71 가변용량다이오드

가변용량다이오드에서는 공핍층의 너비가 단자 간에 가하는 역방향 전압의 크기에 비례하여 변하므로 역방향 전압의 크기에 따라 콘덴서 용량이 변한다(그림72). 그 특성은 다음과 같다.

> 📝 **정리**
> ● 역방향전압 고(高) : 정전(靜電)용량 소(小)
> ● 역방향전압 저(低) : 정전용량 대(大)

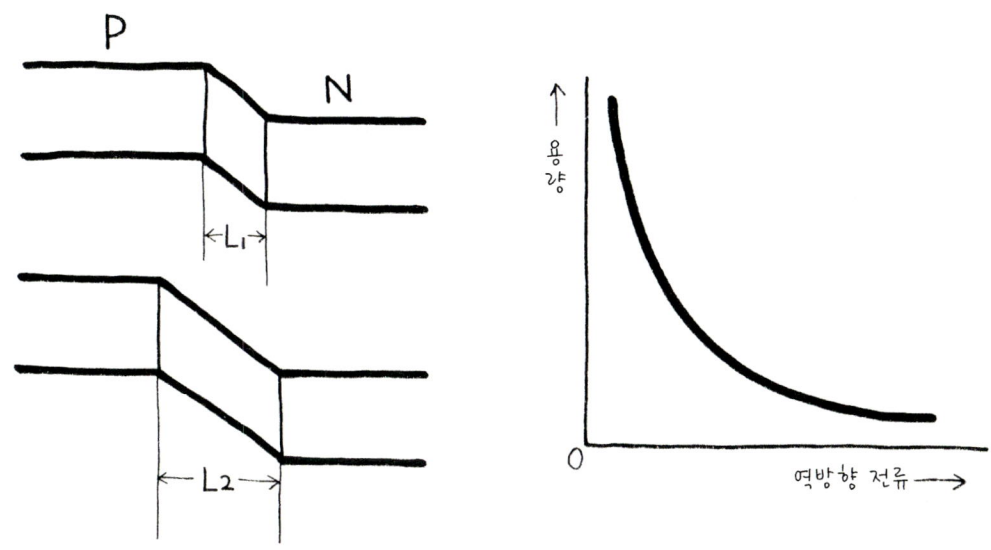

그림72 가변용량다이오드의 특성

(4) 포토다이오드

포토다이오드는 그림73과 같이 역방향으로 일정한 전압을 가한 상태에서 PN접합면에 빛을 받으면 전류가 흐른다. 또 빛의 양을 바꾸면 회로에 흐르는 전류는 빛의 양에 비례하여 변화한다.

그 원리를 구체적으로 설명하면 PN접합 다이오드와 같이 접합면에는 전위장벽이 생기는데, 역방향 전압을 가하면 이 장벽은 더 커져 완전한 절연물이 된다. 이 상태에서 PN접합면에 빛을 비추면 접합면에서 변화가 일어난다.

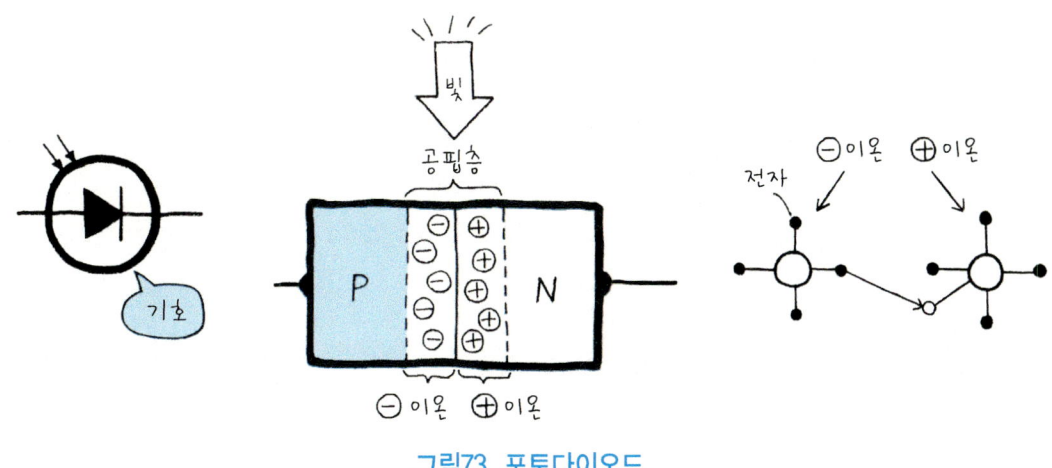

그림73 포토다이오드

그것은 N쪽 영역에서의 ⊕이온, P쪽 영역에서의 ⊖이온이 외부로부터의 빛에너지에 의해 각각 전자와 정공(홀)이 활발해진다. 각각의 이온에서 떨어져 나간 전자 또는 정공은 자유로워져 전자는 N쪽으로 흐르고 정공은 P쪽으로 흘러들어간다. 그리고 여기에 빛에 의한 캐리어의 이동이 순조로와져 전류가 흐르게 된다(그림74).

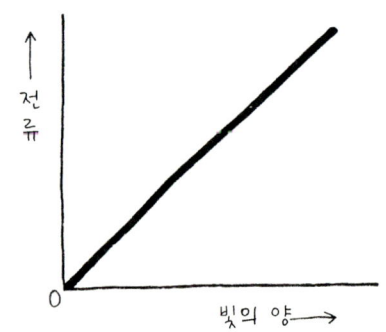

그림74 포토다이오드의 캐리어의 흐름

이와 같이 광량(光量)의 변화를 전류의 변화로 대치함으로써(그림75) 전기회로를 작동시키는 **광(光) → 전기변환회로**에 응용하고 있다. TV에서는 실내 조명도에 따라 명암을 자동 조절하는 센서로 이용하고 있다.

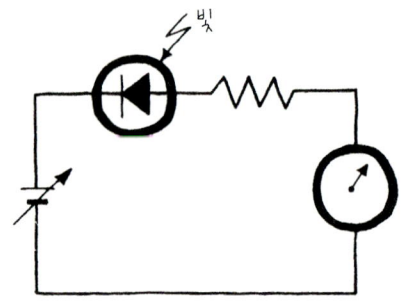

그림76 포토다이오드는 "빛→전기" 변환회로에 응용

그림75 포토다이오드는 빛을 전기로 변환한다

① 포토다이오드의 응용

빛을 받으면 PN접합 부분에 발생한 전자와 정공(홀)의 짝이 이동하여 기전력이 발생하는 **광전지(光電池) 강하**와 내부 저항이 변화하는 **광도전(光導電) 강하**의 2종류가 있다.

그림76을 보면 빛의 양을 일정하게 유지하여 전원 전압을 0[V]에서 점차 높여가면 흐르는 전류가 증가한다.

또 전압을 일정하게 유지할 때 회로에 흐르는 전류는 소자가 받는 광량에 비례한다. 따라서 포토다이오드는 빛의 양의 변화를 전류의 변화로 바꾸어 전기회로를 작동시키는 빛 → 전기 변환회로에 응용하고 있다.

포토다이오드를 사용한 센서

포토다이오드는 높은 전자기술용에 쓰인다

그러면 포토다이오드 기본 회로로서 빛의 양의 변화로 릴레이를 ON, OFF시키는 회로에 대해 설명한다.

㉮ 빛을 받지 않을 때

이때는 포토다이오드의 저항이 높기 때문에 그림77 (a)의 회로에서는 트랜지스터 Tr_1에 베이스 전류가 흐르지 못하여 Tr_1은 OFF(컬렉터 전류가 흐르지 않는다)로 된다. 그러면 트랜지스터 Tr_1의 이미터와 컬렉터 사이는 높은 저항을 나타내어 트랜지스터 Tr_2에도 베이스 전류를 흐르게 할 수 없다.

따라서 부하전류인 컬렉터 전류 I_{C2}는 흐르지 않는다.

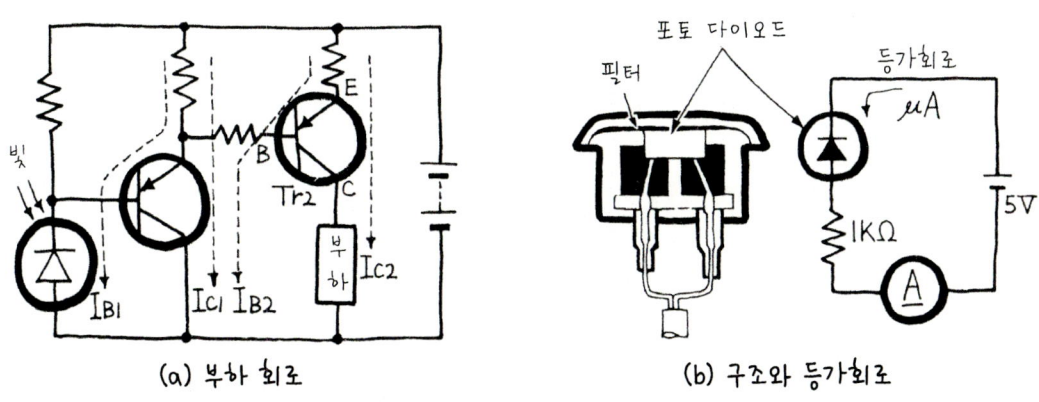

그림77 포토다이오드의 응용회로

㉯ 빛을 받았을 때

포토다이오드에 빛을 쏘이게 되면 소자의 저항이 내려가서 베이스 전류가 흐르게 되므로 트랜지스터 Tr_1은 ON(컬렉터 전류가 흐른다)이 된다. Tr_1이 ON으로 되면 Tr_1의 이미터와 컬렉터간의 저항이 내려가므로 Tr_2에 베이스 전류가 흐르게 되고, Tr_2도 ON으로 되어 부하에 전류가 흐르게 된다.

이와 같이 포토다이오드는 빛의 양의 변화 → 소자 저항의 변화 → 전류의 변화로 변환되어 빛에 의해 전기회로를 작동시킬 수 있다. 그림77 (b)는 포토다이오드를 사용한 일사(日射) 센서와 같은 회로이다.

(5) 발광다이오드(LED)

발광(發光)다이오드는 일명 LED(Light Emitting Diode)라고도 부르며, PN접합한 다이오드에 순방향 전압을 가하여 전류가 흐르면 발광하는 소자이다(그림78).

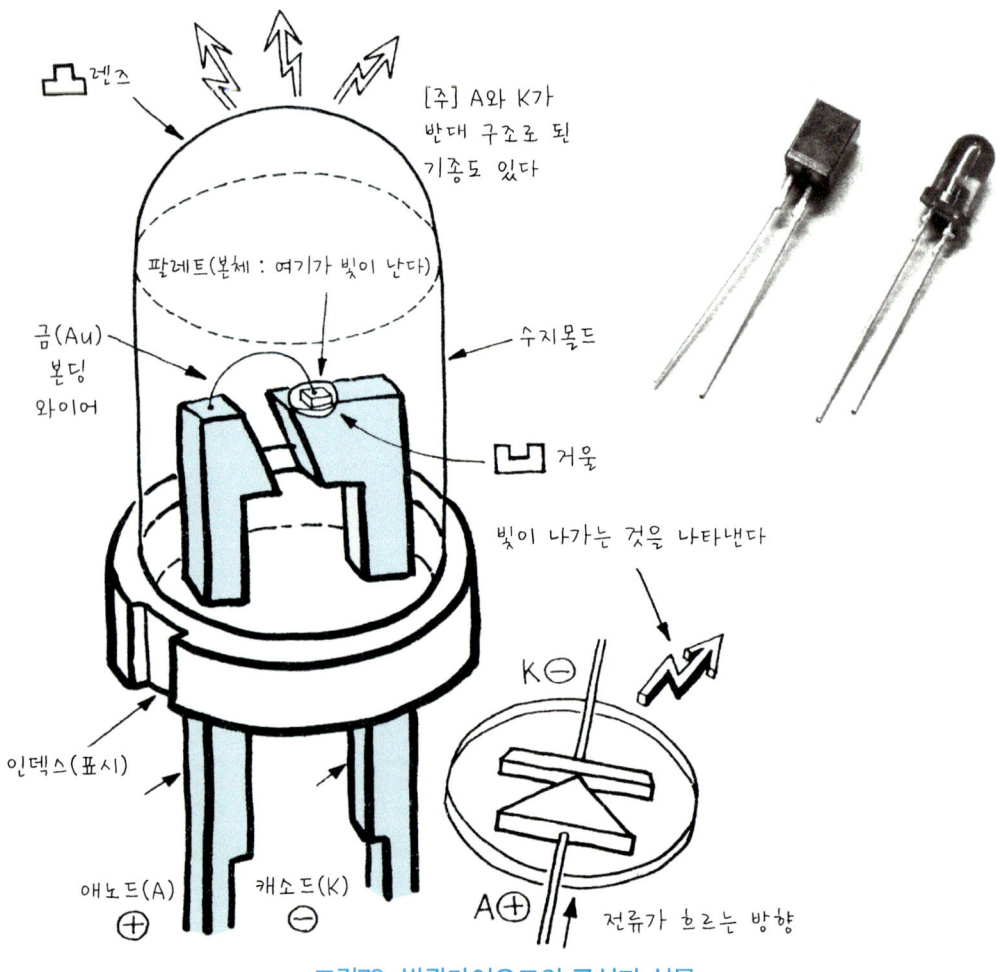

그림78 발광다이오드의 구성과 실물

발광다이오드는 백열전구에 비하여 수명이 길고 소비전력이 적으며 응답속도가 빠르다는 등의 이점이 있다. 이 이점을 정리하면 다음과 같다.
 ① 긴 수명(반영구적)
 ② 낮은 전압(2 내지 3V로 발광)
 ③ 소비전력이 적다(0.05W 정도)
 ④ 점멸의 응답성이 빠르다(100만분의 1초 단위)

발광하는 색은 반도체의 재료에 따라 적, 녹, 황색 등이 있다(표1).

각종 조명기구 이외에도 자동차에서는 디지털 미터의 회전계, 방위계(方位計), 표시장치, 차속(車速)센서의 발광소자로 이용하고 있다.

표1. 발광다이오드의 발광색은 반도체 재료로 결정된다.

발광색	재 료
적 색	Ga,As,P(갈륨, 비소, 인), Ga,Al,As(갈륨, 알루미늄, 비소), GaP(인화갈륨)
녹 색	GaP(인화갈륨)
황 색	

① LED의 특성과 구조

LED(Light Emitting Diode)는 발광소자이며 PN접합한 다이오드에 순방향 전류가 흐르면 반도체의 접합면에서 빛을 내는 구조로 되어 있다. 그림79에 모형도를 나타내었다. 이 LED는 가시(可視) LED 램프, 적외 LED 램프, LED 숫자 디스플레이 소자로 사용하고 있다. LED는 전자 기술뿐만 아니라, 실생활 분야에서 폭넓게 이용하고 있으며 다음과 같은 장점을 갖고 있다.

※ LED의 장점
① 소형이고 견고하며 수명이 길다.
② 발광색이 풍부하여 보기 쉽다.
③ 소비전력이 적다.
④ 응답속도가 빠르다.
⑤ 모양이 다른 발광체를 용이하게 만들 수 있다.
⑥ 작동온도의 범위가 넓다.

다음과 같이 LED는 반도체 기판(基板) 재료의 종류와 조성비(組成比), 첨가한 불순물의 종류를 바꿈으로써 적, 녹, 오렌지색, 황색 등의 발광 소자를 만들 수 있다(표2). 또 현재로는 청색 발광에 대해서도 실용화가 가까워졌다.

표2 반도체 기판(基板) 재료에 따라 발광색(發光色)이 변한다.

LED	기판	발광특성 피크파 색장(nm)	발광효율(1m/w)
$GaAs_{0.6}P_{0.4}$	GaA	적 650	0.14
$GaAs_{0.35}P_{0.65}$: N	GaP	적(등) 632	0.38
$GaAs_{0.15}P_{0.85}$: N	GaP	황 589	0.66
GaP : Zn, O	GaP	적 695	0.4~0.8
GaP : N	GaP	녹 565	2.4
GaP : N	GaP	녹 565	0.3
$GaAlAs$	GaA	적 660	0.42~0.84
SiC	SiC	청 490	1.36×10^{-6}
GaN	ZnSe	청 428	1.32×10^{-8}
ZnSe	사파이어	청 465	0.49×10^{-3}
ZnS	ZnS	청 465	2.45×10^{-3}

여기서 일례로 적외→가시(可視)변환 형광체를 사용한 발광다이오드의 구조와 발광체의 펠릿(pellet, 본체)에 사용하고 있는 모체 재료와 발광색의 관계를 나타내었다(그림79).

발광재료의 원소

화학기호	스펠링	원 소	화학기호	스펠링	원 소
Ga	Galluim	갈륨	C	Carbon	탄소
As	Arsenic	비소	Se	Selenium	셀륨
P	Phosphorus	인	S	Sulphur	황
N	Nitrogen	질소	A	Argon	아르곤
Zn	Zinc	아연	AL	Aluminium	알루미늄
Si	Silicon	실리콘			

적외→가시변환 형광체와 그 발광색

모체재료	증 감 제	발 색 광
LaF_3	Yb^{3+}, Er^{3+}	적, 녹
$BaLaF_5$	Yb^{3+}, Er^{3+}	적, 녹
Y_3OCl_7	Yb^{3+}, Er^{3+}	적, 녹, 밤색 외
Y_3OCl_7	Yb^{3+}, Ho^{3+}	적, 황, 녹
$BaYF_5$	Yb^{3+}, Ho^{3+}	적, 녹

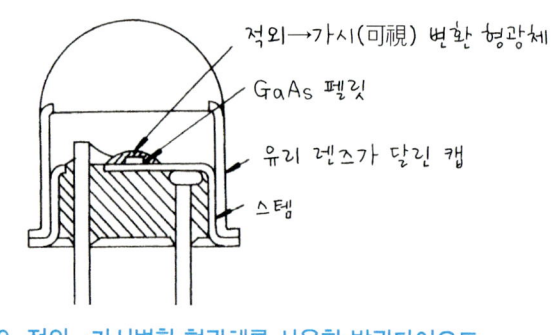

그림79 적외→가시변환 형광체를 사용한 발광다이오드

모체 재료로는 란탄(La, Lanthan), 이트륨(Y, Yttrium) 등의 희토류(希土類) 원소의 불화물 LaF_3YF_3이나 옥시클로라이드화합물 Y_3OCL_7을 사용한다. 이것에 증감제나 활성제로 소량의 회토류 이온, 이텔븀(Yb^{3+}), 엘븀(Er^{3+}), 트륨(Tm^{3+}), 홀륨(Ho^{3+})등을 첨가함으로써, 각각의 발광색을 얻을 수 있다.

② LED의 모양과 배열 방법

LED의 발광체를 커버하고 있는 투명수지 또는 유리 모양에 따라 크게 나눌 수 있다. 이것은 모양에 따라 발광하는 형상이 다르며 이러한 발광소자인 LED를 복합하여 여러 가지 모양의 표시로 정보를 전달할 수 있다.

반도체 기판 위에 복수의 발광 부분을 도트 매트릭스 모양, 즉 점(dot)의 모양을 한 LED를 행렬(매트릭스) 모양으로 배열한 모놀리식 방식, 절연 기판 위에 LED 소자를 도트 매트릭스 모양으로 형성한 하이브리드 방식으로 표시하는 것이 그 방법이다. 모놀리식 방식은 역사가 있으나 큰 면에 표시하기는 적합하지 않다. 이에 대해 하이브리드 방식은 상당한 수의 LED를 광범위하게 배열할 수 있는 이점을 갖고 있다.

일반적으로 계기판은 다음과 같은 이용법을 가장 많이 채용하고 있다.

㉮ 가늘고 긴 모양의 LED 몇 개를 하나의 막대 모양으로 배열하여 그 하나하나를 차례로 점멸시켜 정보 변화를 전하는 방식이다.

㉯ LED 7개를 결합하여 8자를 만들고 7세그먼트를 결합하여 0에서 9까지 표시하는 방법이며 현재 가장 많이 사용하고 있다(그림80).

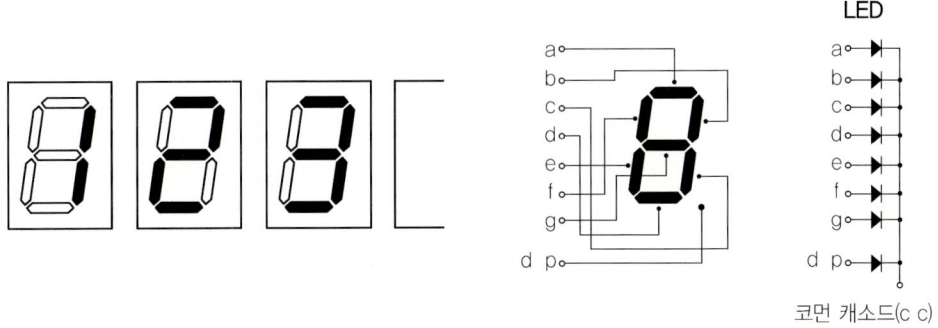

그림80 7세그먼트 LED에 의한 표시와 소자의 구성

또 전에는 게이지나 시험기에 표시되는 정보는 그 양의 변화 과정을 나타내는 것뿐이었다. 이것을 아날로그형이라 하며, 현재는 "있다" "없다"와 같이 디지털형이 주류를 이루고 있다. LED 램프를 사용하여 표시하는 방법이 많아진 것은 이 때문이다.

③ LED 디스플레이와 7세그먼트

7세그먼트란 가늘고 긴 모양의 발광 부분을 가진 LED 7개를 결합하여 8자형으로 배열한 것이다. 8자의 각 LED를 선택하여 점멸시킴으로써 0에서 9만이 아니라, 16진수를 사용한 경우는 0에서 15까지 1조(組)의 7세그먼트로 표시할 수 있다. 또 A에서 Z까지도 표시할 수 있다.

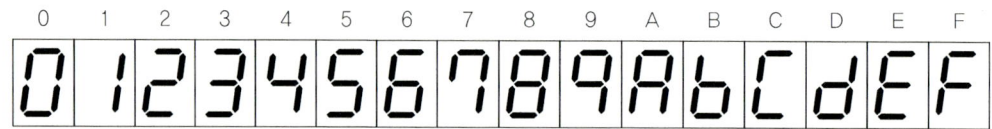

그림81 LED 디스플레이의 세그먼트

그러나 숫자의 경우는 10에서 15까지에 대해서는 일반적으로 사용하고 있는 서체(書體)가 아니라, 그림81과 같이

$$10 = A,\ 11 = b,\ 12 = C,\ 13 = d,\ 14 = E,\ 15 = F$$

로 표시할 것을 미리 약속하고 이용하고 있다. 또 7세그먼트 외에 원형 LED를 사용하여 숫자의 우측 아래 소숫점을 표시해야 하는 경우도 있으므로 실질적으로는 8세그먼트를 채용하는 경우도 있다.

알파벳 표시에 대해서는 일상 사용하고 있는 서체와 상당히 다른 모양으로 되어 있다. 따라서 알파벳의 표시는 도트 매트릭스가 더 실용적이다. 7세그먼트로 숫자나 알파벳을 표시하려면 디코더 드라이버라 하는 IC와 접속하지 않으면 안된다. 따라서 LED 각각에 고유 명사가 붙어 있다. 그것은 7개의 LED의 위로부터 시작하여 시계방향으로 a b c d e f로 되어 있다. 그리고 우측 아래에 원형의 LED가 있을 때는 이것을 DP(dp)라 한다. DP란 디시멀 포인트(Decimal Point), 즉 "소숫점"의 약칭이다.

7세그먼트 3개를 배열하면 3자리 숫자의 표시가 가능하다. 계산기에는 DP세그먼트를 포함하여 8자리를 사용하는 것이 보통이다. 그러나 3자리째는 7세그먼트가 아니라, 2세그먼트이면 되고 DP세그먼트도 필요하지 않다.

왜냐하면 3자리의 조합으로도 최고 "199"(전부 燈한 경우에는 최고 "188")를 표시할 수 있기 때문이다.

7세그먼트는 각 LED마다 1비트가 대응하고 있다(그림80). 따라서 7비트 또는 DP가

추가된 경우는 8비트가 필요하다. 각각 비트가 "0"일 때 LED는 점등하지 않는다. "1"로 되었을 때만 불이 켜진다.

만일 다음과 같은 경우는 어떤 표시가 가능한가.

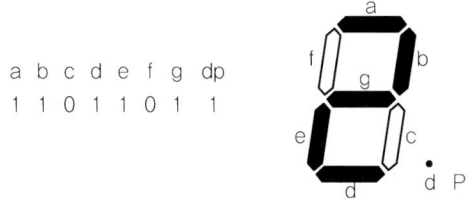

잘 아는 바와 같이 "2"라는 숫자가 표시된다. 이러한 비트의 정보의 결합 즉 "0"인 경우는 전압이 그 LED로 옮겨가지 않는다. "1"일 때만 전압이 LED에 가해져 불이 켜진다. 그것을 결합한 것이 그림82이다.

7세그먼트는 LED를 모아서 고정한 것이 아니라, 미리 LED를 배열하여 결합한 것이다. 각각의 배선은 케이스 바깥둘레(外周)의 터미널에 접속한 IC 또는 LSI(대규모 집적회로)로 제조되어 있다. 그 IC가 디코더 드라이버인 LSI와 결합하여 표시 작용을 한다.

7게그먼트 표시에서 특히 주의할 점은 0을 a b c d e f를 사용한 대문자의 모양과 c b e g를 사용한 소문자 모양을 메이커에 따라 구분하여 사용하고 있다.

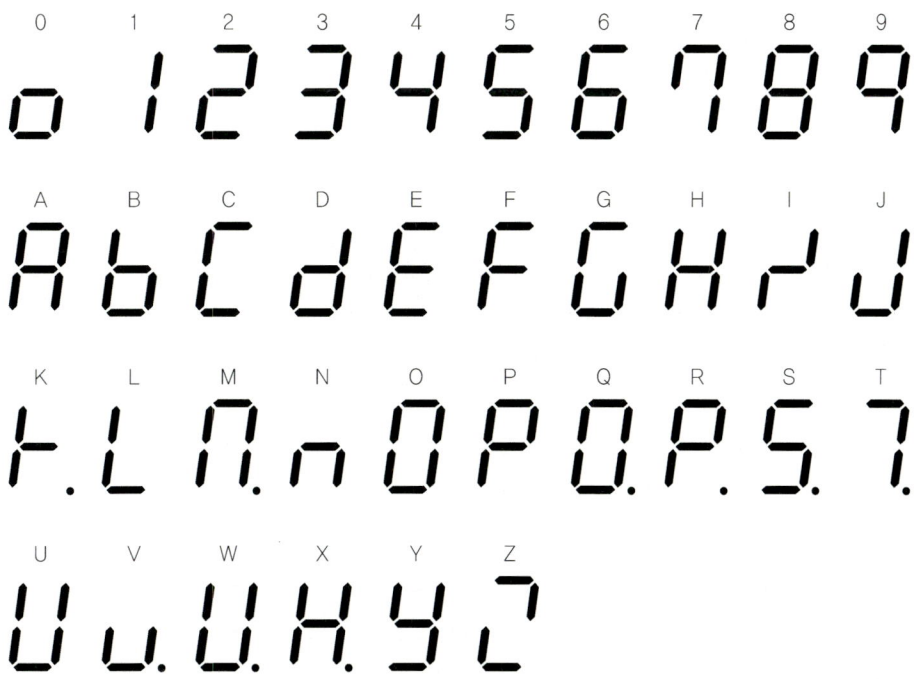

그림82 숫자, 알파벳의 표시 패턴

④ 7세그먼트의 표시법

그러면 7세그먼트의 표시법을 구체적으로 설명한다. "8"자의 7세그먼트 LED를 사용하여 디스플레이하려면 표시하는 원래 숫자를 2진수(0과 1)로 하는 디코더의 작용을 이용한다. 거기서 출력 정보를 7세그먼트 디코더로 정보의 상(相)을 바꾸어 그 출력을 드라이버의 작용을 통해 7세그먼트의 표시 작용을 하게 한다.

㉮ 10진수를 2진수로 변환

그림83과 같이 10진수를 2진수로 바꾸면 0에서 9까지의 10진수에 의한 표시, 또는 0에서 15까지를 표시하는 16진수의 경우도 7세그먼트 LED를 이용할 수 있다. 1단계로 하지 않으면 안되는 것은 0에서 9까지의 10진수를 컴퓨터가 작용할 수 있도록 0, 1의 2진수로 변환하는 것이다.

10진수	0	1	2	3	4	5	6	7	8	9						
16진수	0	1	2	3	4	5	6	7	8	9	10	11	12	13	14	15
2진수	0000	0001	0010	0011	0100	0101	0110	0111	1000	1001	1010	1011	1100	1101	1110	1111

그림83 10진수를 2진수로 나타낸 경우

그 변환 작용에 필요한 LSI를 디코더라 하고 10진수를 2진수로 변환하기 위해서는 4비트의 정보가 필요하다. 이러한 디코더의 작용을 하는 IC의 구조와 작용은 눈에 보이지 않는다. 그래서 "9368"이라는 번호를 가진 IC의 작용을 컴퓨터 특유의 논리회로로 나타내는 방법을 쓰고 있다. 그 논리회로는 그림84와 같은 회로로 되어 있다. 이것을 이용함으로써 다음과 같이 디코드되어 10진수가 2진수로 되고 2진수가 맨 나중에 16진수의 정보로 되어 출력된다.

$$14_{10} \rightarrow \frac{A_3 A_2 A_1 A_0}{1\ 1\ 0\ 1_2} \rightarrow E_{16}$$

> ※ **디코더 드라이버**
> 2진수가 10진수로 변환되어도 전기신호이므로 잘 모르나 그것을 형태로 하여 육안으로도 알 수 있게 하기 위한 장치를 디코더 드라이버(decoder driver)라 한다.

㉯ 7세그먼트 디코더

10진수 또는 16진수로 디코더에서 출력된 정보는 다시 7세그먼트의 a에서 g까지의 LED 각각 비트에 대응할 수 있는 정보로 변환하지 않으면 안된다. 그 작용을 맡고 있는 것이 7세그먼트 디코더이다.

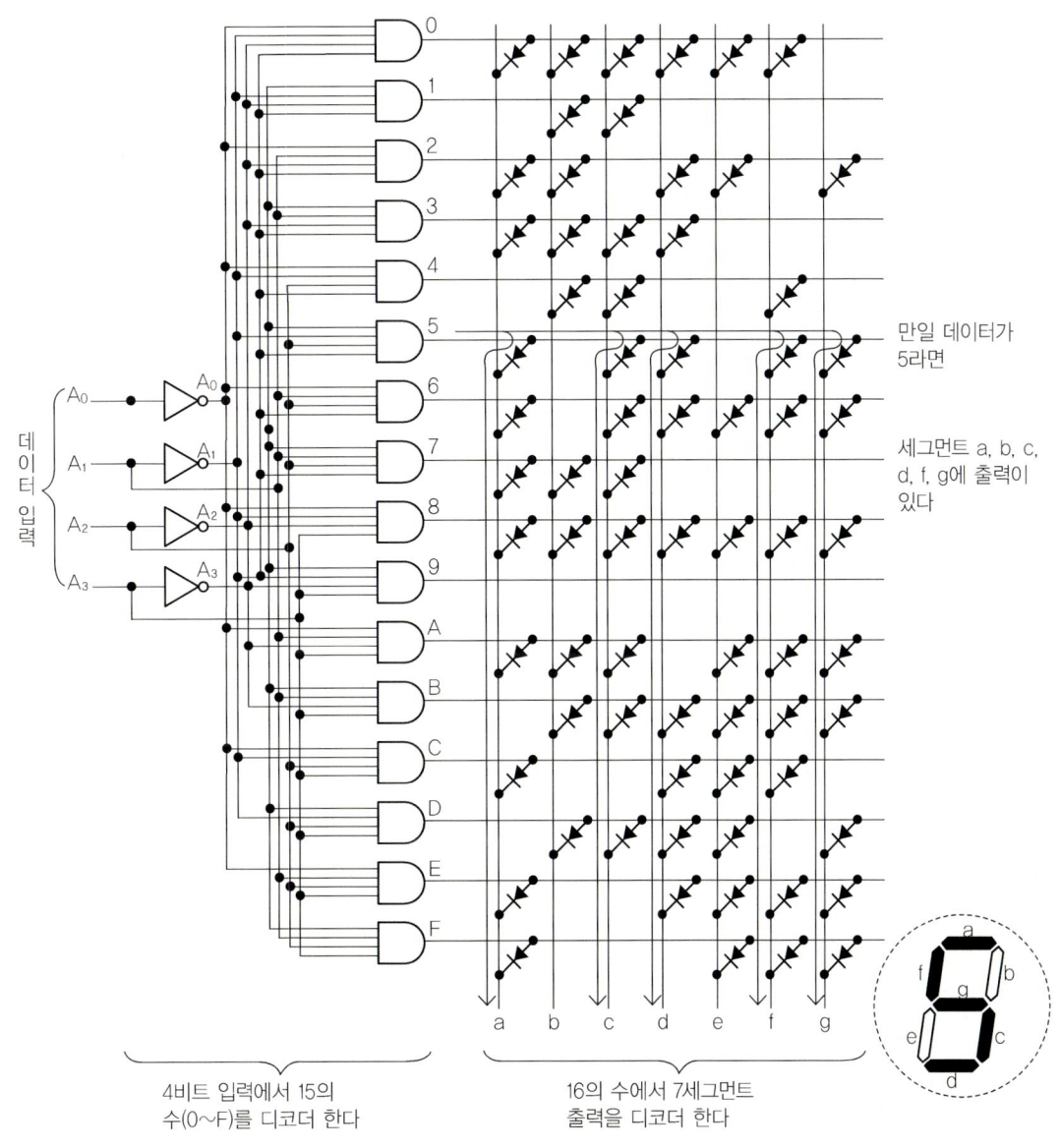

그림84 디코더와 7세그먼트 디코더

그 작용은 디코더와 동일한 IC에 내장되어 있으므로 내부를 볼 수 없다. 논리회로를 사용하여 설명하는 것 이외의 방법은 없으며 그것이 그림84와 같이 된다. 예를 들면 디코더에서 "5"가 출력되었을 때는 다음과 같이 출력된다.

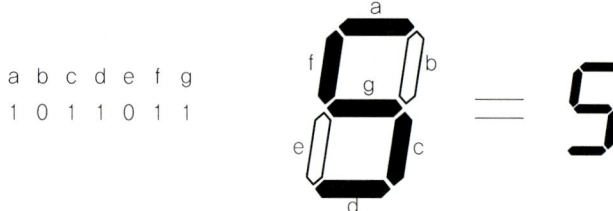

7세그먼트 디코더에서는 출력 터미널을 반대로 g f e d c b a로 배열한 것이다. 그래서 16진수와 7세그먼트를 위한 출력 터미널의 관계는 그림85와 같다.

출력 a b c d e f g	입력 16진수	출력 g f e d c b a
1 1 1 1 1 1 0	0	0 1 1 1 1 1 1
0 1 1 0 0 0 0	1	0 0 0 0 1 1 0
1 1 0 1 1 0 1	2	1 0 1 1 0 1 1
1 1 1 1 0 0 1	3	1 0 0 1 1 1 1
1 1 1 0 0 1 1	4	1 1 0 0 1 1 0
1 0 1 1 0 1 1	5	1 1 0 1 1 0 1
1 0 1 1 1 1 1	6	1 1 1 1 1 0 1
1 1 1 0 0 1 0	7	0 1 0 0 1 1 1
1 1 1 1 1 1 1	8	1 1 1 1 1 1 1
1 1 1 1 0 1 1	9	1 1 0 1 1 1 1
1 1 1 0 1 1 1	10	1 1 1 0 1 1 1
0 0 1 1 1 1 1	11	1 1 1 1 1 0 0
1 0 0 1 1 1 0	12	0 1 1 1 0 0 1
0 1 1 1 1 0 1	13	1 0 1 1 1 1 0
1 0 0 1 1 1 1	14	1 1 1 1 0 0 1
1 0 0 0 1 1 1	15	1 1 1 0 0 0 1

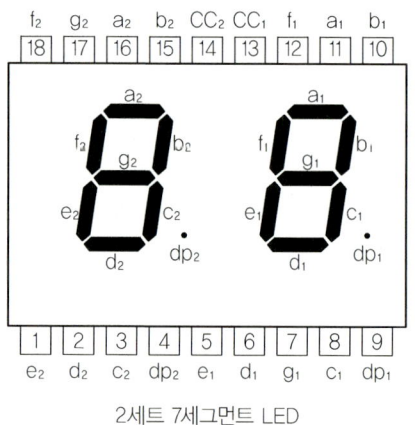

2세트 7세그먼트 LED

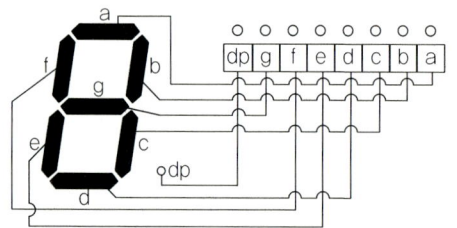

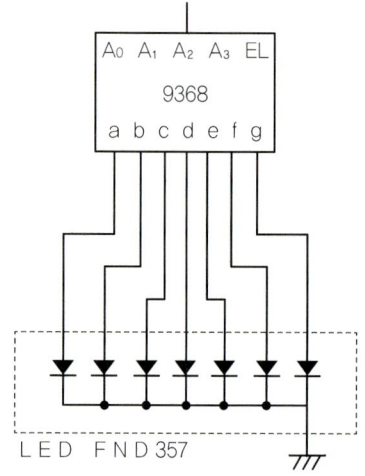

그림85 7세그먼트 디코더

※ 인코더(encoder)

숫자나 문자열(文字列, 또는 기호열)을 다른 기호열로 대응 또는 변환하는 것을 부호화(encoding)라 한다. 인코더는 부호화하는 회로 또는 장치를 말한다. 부호로는 통상 2진(進)부호를 사용하는 점에서 알 수 있듯이 2진수 이외의 수를 2진수로 변환하는 콤비네이션(조합) 회로라고 기억해 두면 된다. "10진→2진 인코더" 등이라 한다.

※ 디코더(decoder)

부호화의 반대 조작을 디코딩(decoding, 復號)라 하고, 디코딩용 회로를 디코더(復號器)라 한다. 인풋(입력)된 2진수를 다른 진수의 값으로 변환하는 콤비네이션 회로로 많이 쓰인다. 예를 들면 "2진수→10진 디코더"에서 2진수 "0100"은 10진수에서는 "4"로 변환한다.

⑤ 도트 매트릭스 표시

도트(dot)란 "점"이고, 매트릭스(matrix)란 "행렬"이란 뜻을 갖고 있다. 그러면 LED는 어떻게 하여 도트 매트릭스의 수법으로 정보를 전달하는지 설명한다. 여기서는 매트릭스뿐이고 도트를 사용하지 않은 것에 대해 설명하기로 한다.

⑥ 도트 매트릭스 표시 방법

㉮ LED 배열 방법

LED의 매트릭스 배열 방법에 따라 표시 효과가 크게 달라진다. 그 기본이 되는 것은 그림86 (a)와 같이 LED를 가로로 5개, 세로로 7개를 배열하여 모두 35개의 LED를 같은 간격으로 배열한다. 이때 LED는 사각형이나 원형이라도 좋으나, 7세그먼트 LED와 같이 숫자만을 표시할 때는 특히 35개 전부를 배열할 필요는 없고 그림 (b)와 같이 24개를 배열하는 것만으로 0에서 9까지의 숫자를 간단히 표시할 수 있다.

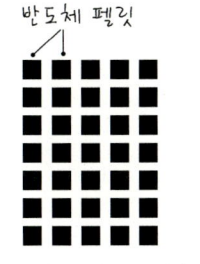
(a) 10숫자, 문자를 표시하기 위한 5×7 매트릭스

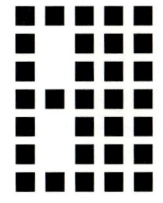
(b) 숫자를 표시하기 위한 28도트 매트릭스

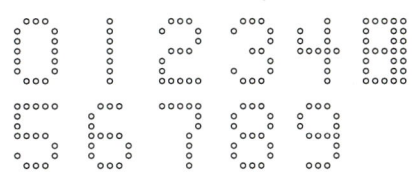
(c) 5×7 매트릭스에 의한 표시자형(字形)

그림86 LED의 배열에 따라 표시법은 여러 가지로 된다.

㊃ 5×7 매트릭스

실제로 "5×7 도트수(數)"에는 표시 소자와 디코더 드라이버를 결합한 것 또는 양자를 일체로 한 IC 등이 있다. 5×7 매트릭스는 LED를 35개 사용하여 매트릭스를 배열하면 숫자는 물론이고 알파벳과 또 상당한 양의 기호 표시에 이용할 수 있다.

따라서 단순한 정보 표시만이 아니라 계산식에 이르기까지 표시가 가능하다. 그 예는 그림 (b)와 같이 반드시 이 한 종류의 표시에 그치지 않는다. 각 전자 부품 메이커는 저마다 여러 가지 방법을 채용하고 있다.

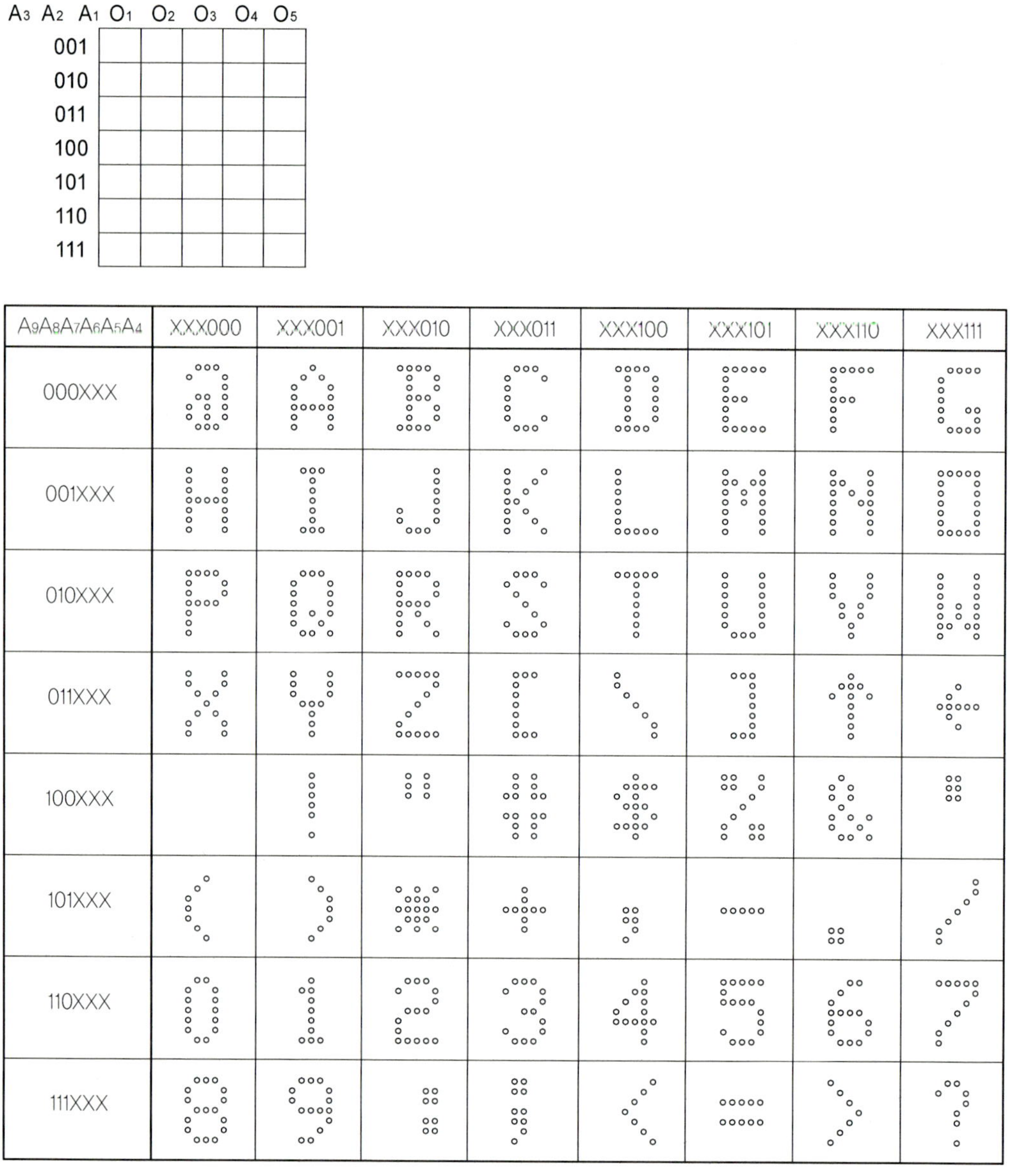

그림87 도트 매트릭스의 응용

그러나 숫자와 알파벳은 될 수 있는 대로 원형에 가까운 형이 바람직하다는 것은 말할 것도 없다. 따라서 35개의 LED의 수에 의해 표시하는 도형은 상당히 제약을 받는 것은 어쩔 수 없다.

또 그림87과 같이 LED의 수를 늘림으로써 더 많은 신호와 그래픽의 표시가 가능하다. 그림88은 그 예이다. 표시하는 LED의 색을 구분하여 사용하면 정보 내용도 일반적인 것, 경보용인 것, 예고를 하는 것 등으로 변환하여 표시할 수 있다.

따라서 LED에 의한 도트 매트릭스의 응용 범위는 매우 넓다. 그림89은 도트 매트릭스 표시회로이다.

단 표시 컨트롤 기능의 기술 및 제조비용이 많이 드는 단점이 있다.

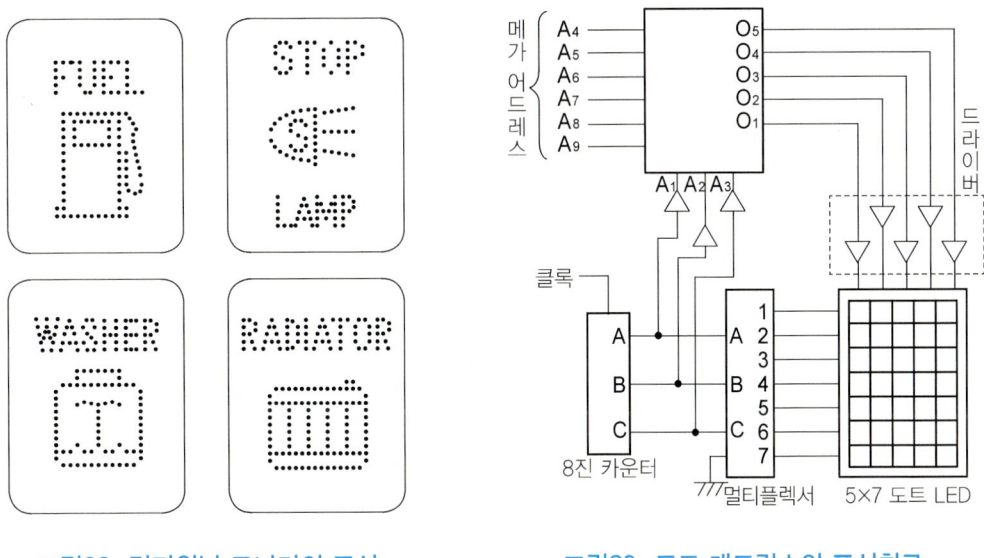

그림88 멀티워닝 모니터의 표시   그림89 도트 매트릭스의 표시회로

⑦ 도트 매트릭스의 점등 방법

LED의 "5×7 매트릭스"는 전부 점등하려면 35개의 접속 터미널이 필요하다. 만일 5조(組)를 세트로 한다면 175개의 터미널 및 배선을 접속하지 않으면 안된다. 이래서는 너무 복잡하므로 배선을 단순하게 하여 점등 표시를 하도록 한다.

그림90과 같이 수직 변환 시스템은 5×7 매트릭스의 터미널 접속 방법으로서 세로에 5개, 가로에 7개 그리고 소수점용으로 1개, 합계 13개로 36개의

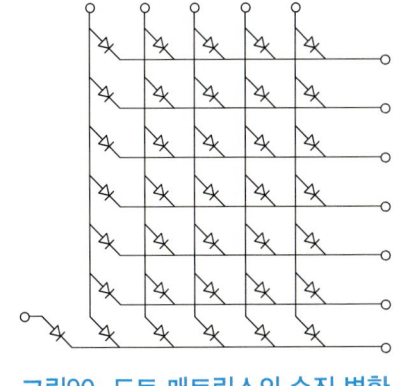

그림90 도트 매트릭스의 수직 변환

LED에 접속되어 있다.

세로 5개가 각각 애노드(anode, 양극)를 공통으로 하고, 가로의 7개가 각각 캐소드(cathode, 음극)를 공통으로 접속하고 있다. 그러나 이와 같은 접속 방법에서는 필요한 표시를 하고 싶은 LED를 전부 동시에 점등시키는 것은 불가능하다.

그래서 동시에 점등한 것처럼 보이기 위해 필요한 LED를 시간적으로 변환하여 표시하는 방법을 쓰고 있다. 이것은 눈의 착각을 이용한 것이다.

㉮ 수직(세로) 변환 시스템

그 1가지 방법으로 그림91과 같은 5개의 출력을 얻어 7개의 선을 차례로 변환하는 수직 변환 시스템이 있다.

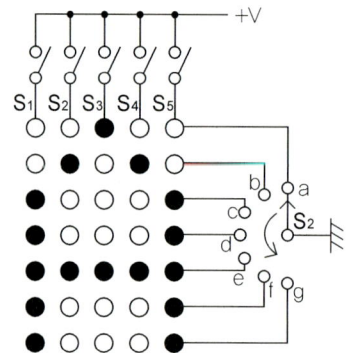

(a) 5×7 도트 매트릭스의 기본적인 표시회로
(수직으로 변환하는 경우)

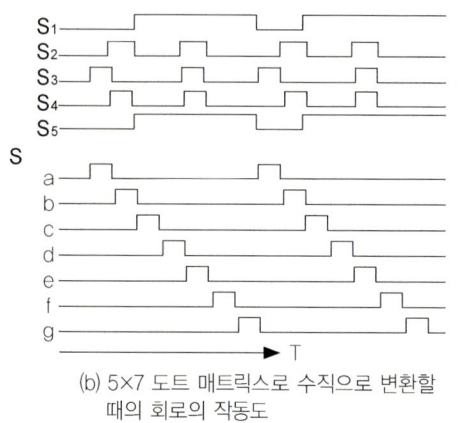

(b) 5×7 도트 매트릭스로 수직으로 변환할 때의 회로의 작동도

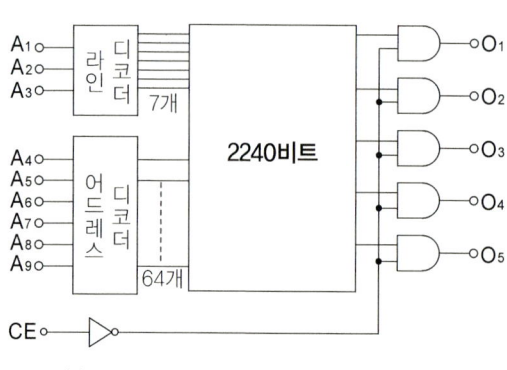

(c) 5×7 도트 매트릭스용 캐릭터 제너레이터의 기능 블록도(수직으로 변환하는 경우)

그림91 수직 변환 시스템

예를 들어 "A"라는 문자를 표시하는 경우를 생각해 본다. 처음에 세로의 S_3에만 전압을 가한다. 그리고 가로는 a에서부터 g의 순으로 스위치를 변환한다. 그러면 실제로 전압

이 걸린 LED는 "$S_3 \times a$"의 1개뿐이므로 A문자의 정점의 1개만 점등한다. 다음에 세로의 S_2와 S_4에 전압을 가하여 앞에서와 마찬가지로 스위치를 돌리면 이번에는 "$S_2 \times b$"와 "$S_4 \times b$"가 점등한다.

이와 같이 하여 세로의 S가 접속되어 있는 터미널마다에 전압을 가하는 타이밍을 바꾸면서 가로 회로를 변환하여 "A" 문자를 표시하는 데 필요한 LED가 차례로 점등한다. 이것이 사람의 눈에는 A의 문자가 동시에 점등 표시된 것처럼 보이는 것이다.

이러한 회로의 작용은 그림91의 (a)에 나타냈으며, 도트 매트릭스와 비교하여 확인할 수 있다. 또 회로를 작동시키는 캐릭터 제너레이터의 기능 블록도(圖)가 그림91의 (c)이다. 이 그림에서 보는 바와 같이 "2240비트"의 LSI를 사용하여 알파벳, 기호, 숫자를 포함하여 64종류를 표시하는 것이 가능하다.

㉴ 수평(가로) 변환 시스템

다음에 수평 변환 시스템에 대해 설명한다. 그림92 (a)와 같이 가로의 S_6에서부터 S_{12}

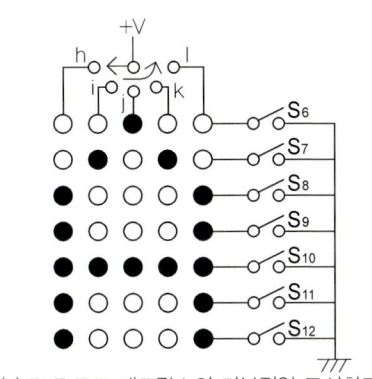

(a) 5×7 도트 매트릭스의 기본적인 표시회로
(수평으로 변환하는 경우)

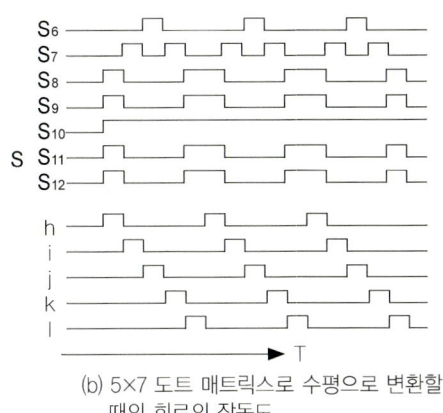

(b) 5×7 도트 매트릭스로 수평으로 변환할 때의 회로의 작동도

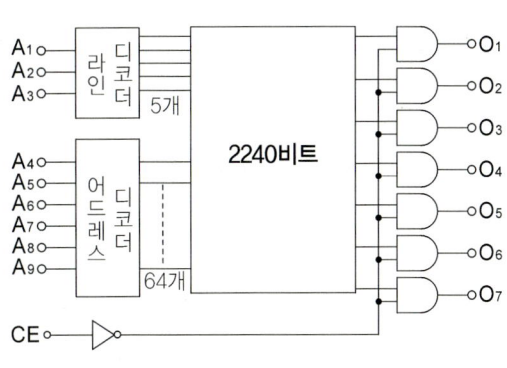

(c) 5×7 도트 매트릭스용 캐릭터 제너레이터의 기능 블록도(수평으로 변환하는 경우)

그림92 수평 변환 시스템

의 터미널은 ON, OFF 스위치이며 어스 회로에 접속한다. 세로의 h에서부터 1의 5개는 회전수이며 h부터 차례로 전압을 가해나가도록 되어 있다. 앞에 설명한 수직 변환 시스템이란 그 호칭이 나타내는 것처럼 세로 및 가로 작용이 반대이다.

역시 알파벳의 "A"를 표시하는 경우를 생각해본다. 처음에 가로의 터미널 스위치를 S_8, S_9, S_{10}, S_{11}, S_{12}의 5개를 ON으로 하여 어스 회로를 형성한다. 이 상태일 때 세로의 터미널에 h에서 1로 향해 전압을 차례로 바꾸어 가해나간다. 그러면 LED는 "h×S_8", "h×S_9", "h×S_{10}", "h×S_{11}", "h×S_{12}"의 5개가 차례로 점등한다.

이와 같이 가로로 변환할 때의 회로 동작은 그림99의 (b)와 같이 된다. 따라서 세로 변환보다 1개가 많은 15의 펄스 타이밍으로 1문자를 표시하게 된다.

전용의 캐릭터 제너레이터는 수직(세로) 변환 시스템과 외관상으로는 별로 큰 차이가 없다. 그러나 입력 터미널이 O_1에서부터 O_7로 2개가 많은 점 등에서 2240비트 용량의 LSI의 내부 구조는 크게 달라진다.

그러나 표시할 수 있는 모양의 종류는 64개이며 가로, 세로의 양자에 다른 것이 없다. LED를 각각 차례로 변환하여 표시해도 변환이 어른거리지 않는 정도의 주파수(스캐닝 수파수)로 최저 30Hz는 필요하다고 한다.

> ※ 멀티플렉서(multiplexer)
> 복합, 다수 배수(倍數) 등의 뜻이 있으며 입력 신호 및 개를 시간에 따라 1개의 출력 신호로 하는 장치를 말한다. 또 몇 개의 신호를 시간에 따라 전달하는 "전달로"를 가리키는 경우도 있다.

> ※ 드라이버(driver)
> 정보의 출력이 전압 신호가 아니라 전력으로 필요한 경우, 전압 신호를 전력으로 변환하는 회로를 드라이버라 한다.

> ※ CE(chip enable, 칩 이네이블)
> 특정 소자를 선택하여 작동이 가능하게 하는 것을 말한다.

> ※ 1비트(bit)
> 비트란 binary digit의 약어이며, 2진법의 숫자나 자리의 뜻으로 쓰인다. 정보량을 나타내는 기본 단위이며 2진수의 1비트는 "0"이나 "1"이다. 4비트의 정보라면 "$2^4 = 16$"으로 16가지의 표현방법이 있다. 8비트는 1바이트(byte)라 한다.

※ 라인 디코더

입력 신호의 복합으로 1개 또는 몇 개의 출력 신호를 선택하는 회로를 라인 디코더(line decoder)라 한다.

※ 스캐닝 주파수

특정 주파수를 찾는 것을 말한다. 스캐닝(scanning)하는 장치를 스캐너라 한다. 오디오 용어에서는 오토 스캔 등의 용어도 있다.

※ 어드레스 디코더

컴퓨터에서는 어느 장소에 존재하는 데이터를 가공하거나 다른 장소로 전송(傳送)하는 조작을 반복하고 있다. 따라서 명령어 중에는 그 데이터가 어디에 있는가, 그 전송이 어디에서 어디로 가는지에 관한 장소의 식별 정보가 포함되도록 하고 있다. 그 식별표(識別表)를 어드레스 디코더(address decoder)라 한다.

※ 캐릭터 제너레이터

미리 ROM(판독 전용 메모리)등에 메모리하여 두고, 전산기의 지시에 따라 그 문자를 디스플레이 하는 것을 말한다. 예를 들면 문자는 도트의 짙음과 연함으로 만들어지며, 문자에 따라 도트에 어떠한 진함과 연함을 가하느냐의 정보는 캐릭터 제너레이터(character generator)라는 ROM에 격납되어 있다.

※ 버퍼(buffer) 회로

마이크로 컴퓨터에서는 "제어, 명령, 일시 기억, 연산" 등을 하는 곳이며, 타이밍(ns, 나노 세컨드 = 10억분의 1초)마다 행동하게 하여 650ns~200ns라는 매우 빠른 동작을 한다. 또 버퍼란 "일시적으로 축적하여 동작 속도의 타이밍을 잡는다"는 것을 말한다. 버퍼 회로는 일명 "완충 회로"라고도 한다.

※ PIM 단자의 PIM

현재 반도체 레이저에서는 파장의 시간적 변화가 크기 때문에 진폭 변조(變調)와 펄스 변조가 실용적으로 되어 있다. PIM이란 펄스 인터벌 모듈레이션의 약자이며, 펄스 변조 방식의 "광(光)펄스 간격 변조방식"을 말한다. 광(光)검출기로는 실리콘 광다이오드나 아바란세 포토다이오드를 사용한다.

(6) 액정 디스플레이(LCD)

① 액정이란 어떤 것인가?

액정은 액체와 고체의 중간 성질을 나타내는 물질로서, 액체와 같은 유동성을 가지면서 전기적, 광학적으로는 결정의 성질을 나타내는 것이다.

액체와 액정의 분자 배열에 대해 알아보면 액정은 결정과 같이 흐르지만 빛을 받거나 전계(電界)나 자계(磁界)를 가하면, 그 가하는 방향에 따라 분자 배열이 변하기 때문에 그림93과 같이 빛을 통과시키거나 차단하는 성질(異方性)이 있다. 마치 창문의 블라인드 기능과 비슷하다.

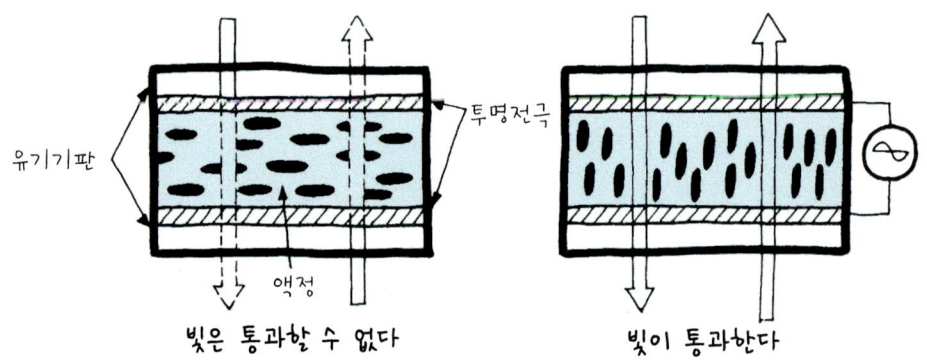

그림 액체와 액정(液晶, LCD)의 분자 배열

그림93 액정은 빛을 통과시키거나 차단한다.

㉮ 창문의 블라인드에 비유

동작의 이해를 돕기 위해 LCD의 작용을 창문의 블라인드에 비유하여 설명한다.

블라인드가 닫혀 있을 때는 길쭉한 플레이드가 드리워져 있기 때문에 외부의 빛이 그림 94 (a)와 같이 실내로 들어오지 않는다. 블라인드를 열면(길쭉한 플레이드를 가로 방향으로 비틀면), 외부의 경치를 볼 수 있다. 즉 블라인드 사이로 빛이 들어온다.

이와 같이 블라인드의 플레이드를 전부 여는 것이 아니라 일부만 가로 방향으로 하면 거기서 빛이 들어오는데 그 빛을 문자 등에 이용할 수 있다.

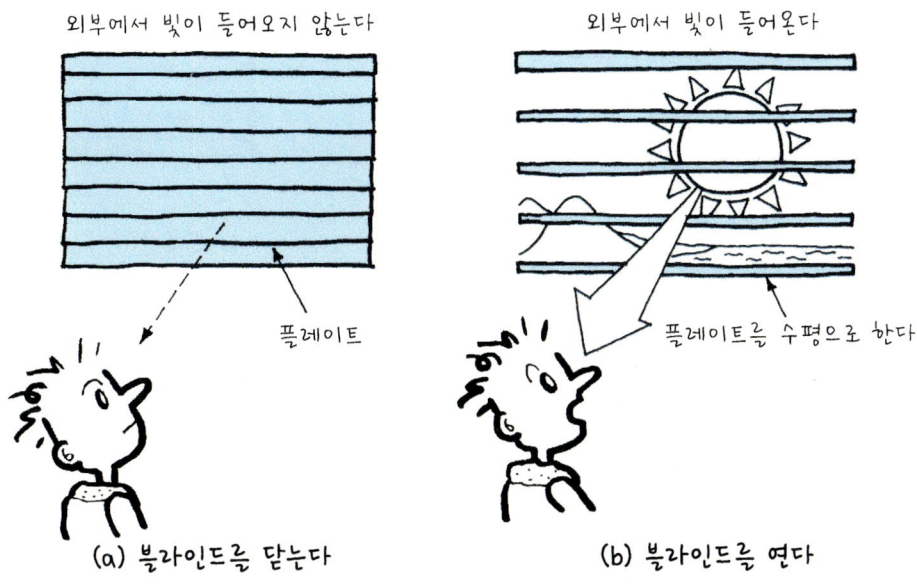

그림94 액정을 블라인드로 설명하면

㉣ LCD의 구조

액정은 그대로는 액체처럼 흐르기 때문에 실제 소자로 응용할 때는 그림95와 같이 2장의 유리 기판(基板) 사이에 액정을 넣어 유리가 서로 접촉하지 않도록 두께가 약 10 미크론 정도의 스페이서를 사이에 끼워서 봉입(封入)한다. 이와 같은 것을 일반적으로 **액정셀**이라 부른다. 유리 기판에는 액정에 전압을 가할 수 있도록 투명 전극(투명 導電膜)이 부착되어 있다.

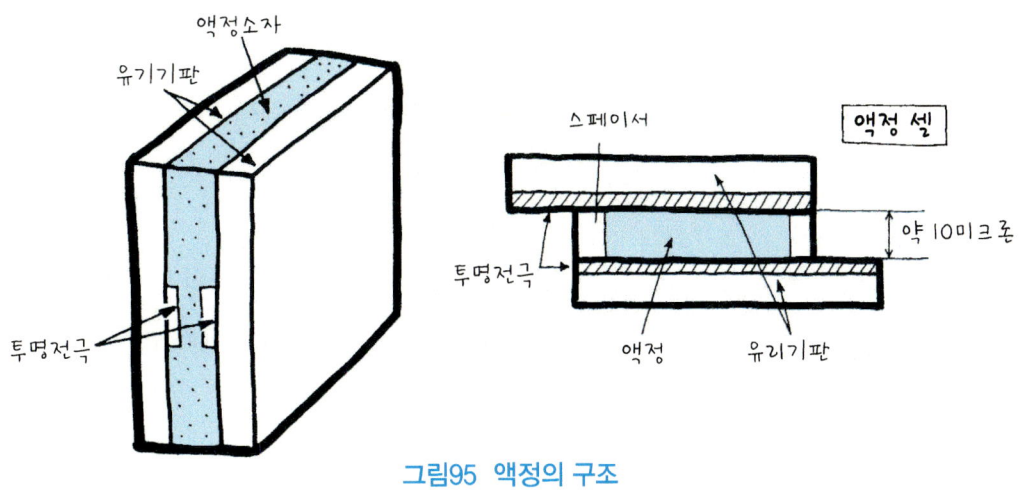

그림95 액정의 구조

액정은 투명 전극에 전압을 인가(印加)함으로써 빛이 통과하는 부분(분자배열이 변화하는 부분)은 그림 96과 같이 전극과 그 전극에 전압이 인가되어 있는 개소뿐이다. 이 빛을 통과하는 부분을 결합함으로써 문자, 숫자, 기호가 구성되어 눈으로 볼 수 있다.

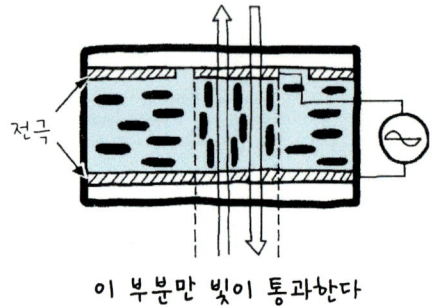

그림96 액정에서 빛이 통과하는 조건

② LCD의 표시 방법

LCD의 표시는 형광 표시관과 같이 그 자체가 발광하는 것이 아니라 빛을 통과시키거나 차단하는 것뿐이므로 표시하는 데는 외부 빛이 필요하다. 그 표시 방법으로 현재 이용하고 있는 것으로 투과형 표시, 반사형 표시, 반투과형 표시의 3가지가 있다.

㉮ 투과형 표시

조명 광원(光源)을 표시 패널의 뒤쪽에 놓고 빛의 강도를 표시 패널로 변조하여 표시하는 방법이다(그림97 a).

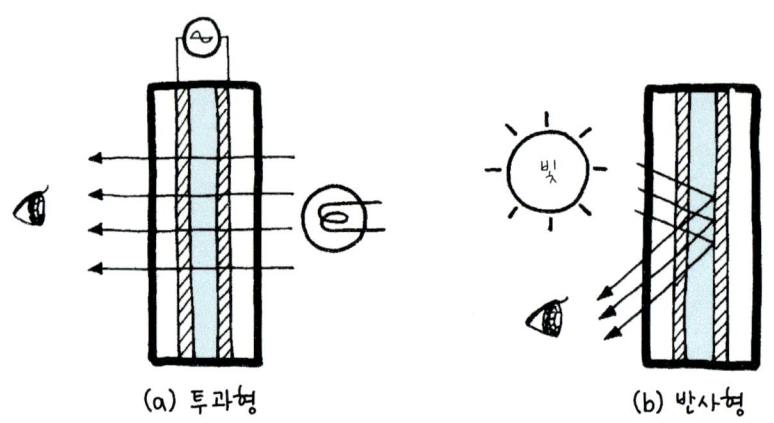

그림97 투과형 표시(좌), 반사형 표시(우)

㉯ 반사형 표시

조명 광원을 사용하지 않고 그 대신에 표시 패널의 뒷면 또는 뒷면 전극에 반사판을 부착하는 방법이다. 따라서 외부 빛이 반사판에 반사하여 표시 패널을 조사하게 된다(그림 97 b).

㉰ 중(中)투과형 표시

투과형과 반사형의 2가지를 갖춘 것이며 야간에는 미터 안 광원의 빛을 투과하여 표시하고 주간에는 외부 빛을 반사하여 표시하는 방법이다.

표시 방법은 여러 가지 방식이 고안되어 있으나 현재까지 실용화된 것에 대해 액정의 성질과 관련시켜 정리하면 그림98과 같다.

그림의 각 방식을 설명하면,

㉠ GH형(Guest-Host)

GH방식은 TN 또는 ECB방식의 셀에 원편광(圓偏光) 2색성 색소를 첨가한 네마틱 액정을 사용하여 표시하는 방법이다. 액정 분자의 배향(配向)을 전계로 스위칭하는 동시에 색소의 방향을 바꾸어 컬러 표시를 한다.

㉡ TN형(Twisted Nematic, 트위스트 네마틱)

비틀림 효과를 이용한 것이며 유전 이방성(誘電異方性)이 정(+)인 네마틱 액정을 사용한다. 편광판(便光板)에 끼어 있는 셀에 전압을 인가(印加)하면 셀 내부의 분자 배열이 변하여 2장의 편광판의 방향에 따라 흰 바탕에 "검은 글자" 또는 검은 바탕에 "흰 글자"가 표시된다.

㉢ DS형(Dynamic Scattering)

유전 이방성이 부(-)인 네마틱 액정을 사용하여 전압이 0일 때 액정 분자는 잘 정돈되어 투명하게 되고, 전압을 인가하면 액정층 안에 난류가 생겨 빛을 산란한다.

그러면 TN형 LCD와 GH형 LCD에 대해 상세히 설명한다.

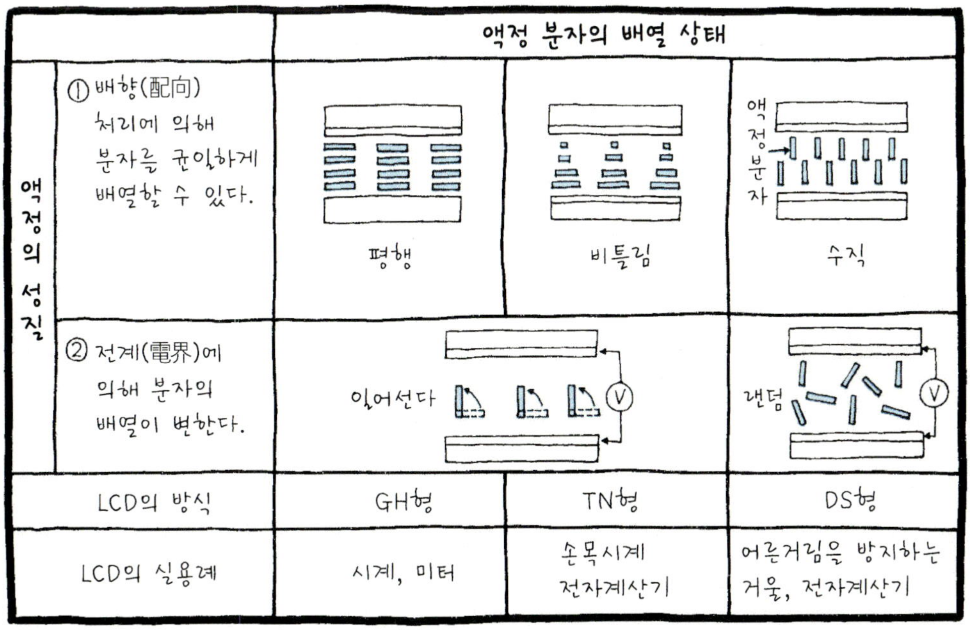

그림98 LCD의 각 방식

③ TN형 LCD

㉮ TN형 LCD의 구조

2장의 판유리 사이의 액정 분자는 유리 안쪽의 배향막(配向膜)에 의해 90° 비틀어져 배열하고 있다. 또 유리 바깥쪽에는 편광(遍光) 방향이 서로 평행하도록 편광판이 붙어 있고 한 쪽은 액정 분자의 배향 방향과 평행하며 다른 쪽은 교차하고 있다. 그리고 배향막과 유리 사이에 표시하는 패턴에 따른 투명 전극이 설정되어 있다(그림99).

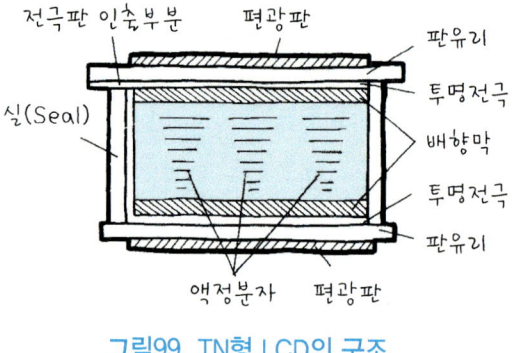

그림99 TN형 LCD의 구조

㉯ TN형 LCD의 작동 원리

㉠ 전압이 OFF일 때(그림100)

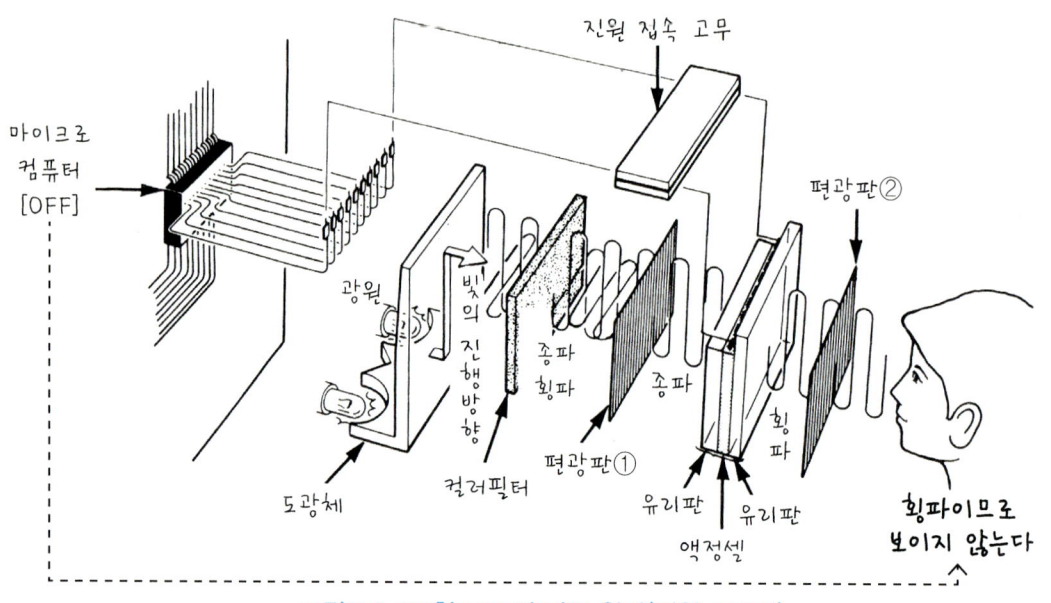

그림100 TN형 LCD의 작동 원리(전원 OFF시)

광원(조명 램프)에서 오는 빛은 도광체(導光體)를 지나 반(半)투과 컬러 필터로 착색된 다음, 편광판 ①을 지나서 수직파(縱波)의 빛만으로 된다. 그러나 액정셀 속의 재료는 마이크로컴퓨터로 전압을 가하지 않는 한 빛을 직각으로 비수트는 성질을 갖고 있으므로 액정셀을 통과하면 수직파가 수평파(橫波)로 변한다. 따라서 편광판 ②에서 빛이 통과하지 못하여 사용자는 빛을 볼 수 없다.

ⓒ 전압이 ON일 때(그림101)

액정셀 속의 액정 재료에 마이크로컴퓨터로 전압을 가하면 빛의 비틀림이 없어져 편광판 ①을 통과한 수직파(縱波)의 빛은 액정셀을 통과하여 편광판 ②를 통과한다. 이때 사용자에게는 디지털 미터의 표시로 보이게 되고 직사 일광이 비칠 때는 반투과 컬러 필터로 반사하여 조명 램프의 빛과 마찬가지로 빛이 진행하므로 직사 일광이 강하게 비칠수록 선명하게 보인다.

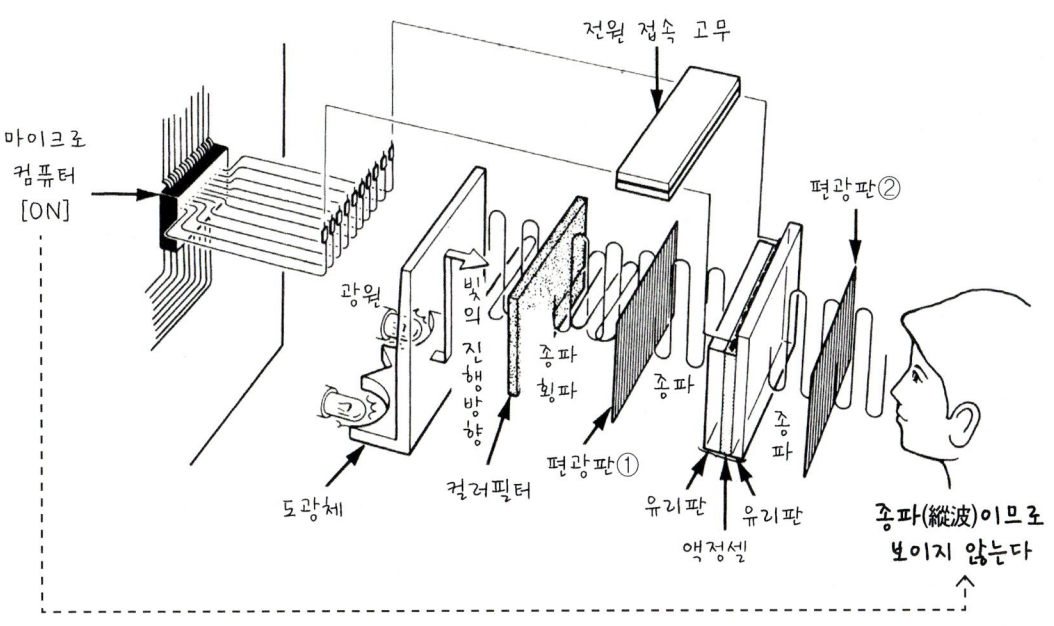

그림101 TN형 LCD의 작동 원리(전원 ON시)

> ※ 편광판
> 편광판은 편광자(偏光子)라 부르기도 하며, 모든 방향의 편광(빛의 진동 방향에 대응하는) 성분을 포함한 자연광 중에서 어느 특정 방향의 편광 성분(직선 편광이라 한다)만을 투과시키는 성질을 갖고 있다.

④ GH형 LCD

이 LCD에는 GH 2층형 LCD라 하는 액정 재료(host) 속에 2색성 색소(guest)를 혼합하여 그 색소의 흡수 이방성(異方性)을 표시에 이용한 것이 있다. 이 방법을 이용하면 시야 각도가 넓고 전면 컬러화를 가능하게 할 수 있다.

㉮ GH 2층형 LCD의 구조

그림102와 같이 평행한 3장의 판유리 사이에 2층의 액정층이 있어 이 액정층 안의 염료 분자(2색성 색소)와 액정 분자의 2층이 각각 서로 교차하도록 배열되어 있다. 또 표시 부분에는 액정층을 사이에 두고 투명 전극이 마주 보고 있다.

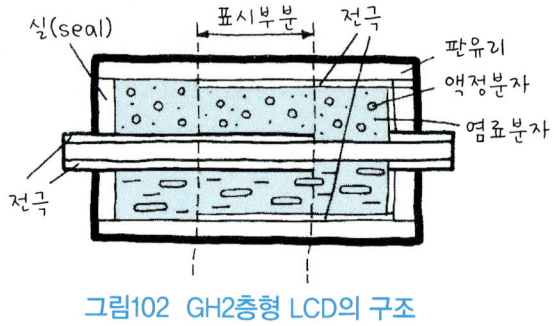

그림102 GH2층형 LCD의 구조

※ **2색성(性) 색소**

빛의 편광축(軸)과 색소 성분의 긴 축 방향이 일치했을 때 강렬한 빛의 흡수가 발생하여 "청색"의 착색광(着色光)이 되고, 그 이외의 상태에서는 빛의 흡수가 없어 "백색광"이 되는 성질을 가진 것이다.

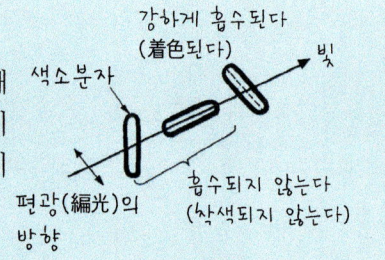

㉯ GH 2층형 LCD의 작동 원리

㉠ 전압이 OFF일 때(그림103)

각 층 안의 액정 전자 및 2색성(性) 색소 분자는, 빛의 투과 방향과 교차하고 있어 빛은 투과하지 않는다(일부는 착색광으로서 투과한다).

㉡ 전압이 ON일 때(그림104)

전극 간에 교류전압을 가하면 표시 부분 안의 액정 분자 및 2색성 색소 분자는 빛의 투과 방향으로 배향(配向)하여 빛은 투과한다(무색광이 투과한다).

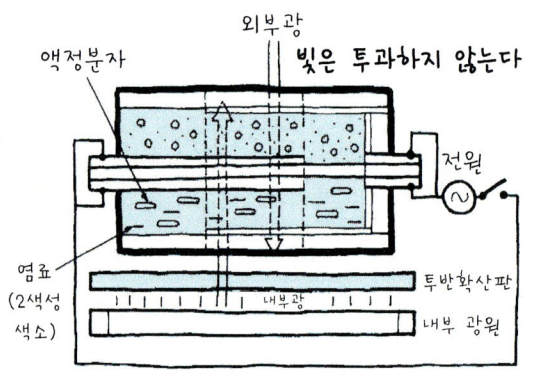   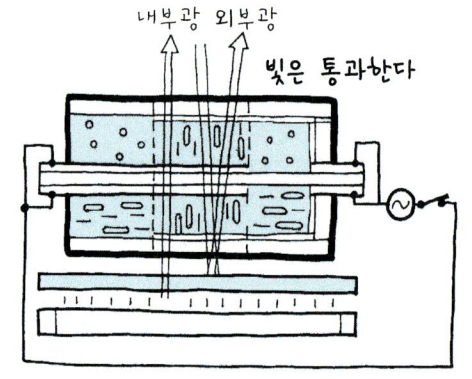

그림103 GH 2층형 LCD의 작동 원리(전압 OFF 시)   그림104 GH 2층형 LCD의 작동 원리(전압 ON 시)

컬러 액정 디지털 미터에서는 이 특성을 이용하여 투명 전극을 표시 세그먼트 모양으로 배치하여 표시하고 싶은 세그먼트에만 전압을 가하여 표시로 이용하고 있다.

⑤ 액정 표시 패널의 조명

액정 자체는 발광 능력이 없는 수광형(受光型) 표시이므로 LCD 셀 뒤에 2개의 냉음극(冷陰極) 방전관을 광원으로 배치하고 반사관이나 확산관 등을 설치하여 밝고 얼룩이 없는 LCD 표시기로 하고 있다(그림105).

냉(冷)음극관이란 열전자를 사용하지 않은 일종의 형광등이며 다음과 같은 특징을 갖고 있다.

㉮ 소비전력이 적다.
㉯ 필라멘트가 없기 때문에 진동, 충격에 강하다.
㉰ 휘도(輝度)의 컨트롤이 가능하다.
㉱ 수명이 길다.

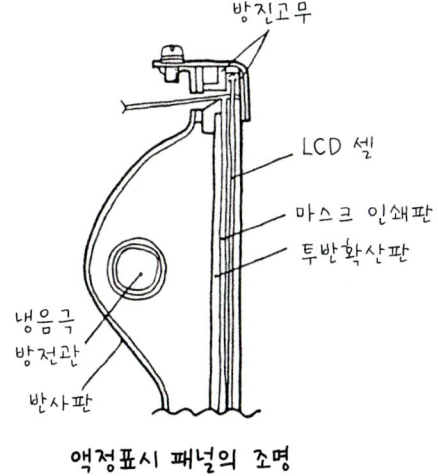

그림105 LCD표시기

※ **액정식 디지털 미터의 주의할 점**
㉠ 콤비네이션 미터(計器盤) 안의 LCD는 보는 각도에 따라 콘트래스트가 변화한다(보통 운전석에서 최고의 콘트래스트를 얻을 수 있도록 되어 있다).
㉡ LCD의 응답성은 온도에 따라 변화한다. -10℃ 이하의 저온일 때는 표시의 변화가 둔해지는 경우가 있다.

04 트랜지스터

트랜지스터는 재료, 구조, 제조법에 따라 표3과 같이 분류할 수 있다. 그리고 접합 방법에 따라 PNP형이라 부르는 것과 NPN형의 2종류로 나눌 수 있다. 이 트랜지스터를 유효하게 작동시키기 위해서는 그 구조와 기초가 되는 동작 원리 및 그 특성, 정격에 대해 이해하는 것이 중요하다. 여기서는 이런 것을 중심으로 트랜지스터의 기본 구조 및 동작에 대해 설명한다.

표3. 트랜지스터의 분류

재료	구조	제조법
· 게르마늄 트랜지스터 · 실리콘 트랜지스터	· PNP 트랜지스터 · NPN 트랜지스터	· 합금접속형 트랜지스터 · 확산형 트랜지스터 · 드리프트 트랜지스터 · 플레너형 트랜지스터 · 메사형 트랜지스터 · 에피택셜형 트랜지스터

1 트랜지스터의 구조

그림106과 같이 트랜지스터는 1개의 반도체 결정 속의 얇은 N형 반도체를 2개의 P형 반도체 사이에 끼우거나 또는 얇은 P형 반도체를 2개의 N형 반도체 사이에 끼워 2조(組)의 접합을 형성한 소자이다. 그림(a)를 PNP형 트랜지스터라 하고, 그림(b)를 NPN형 트랜지스터라 한다. E,B,C는 트랜지스터를 기호(심벌마크)로 나타낸 것이다.

그림(a)와 같이 PNP형 트랜지스터 좌측의 P형을 **이미터(E)**, 중앙의 N형을 **베이스(B)**, 우측의 P형을 **컬렉터(C)**라 부른다. 그리고 각각에 전극을 붙여 이것에서 끌어낸 리드선의 단자를 **이미터 단자(E), 베이스 단자(B), 컬렉터 단자(C)**라 한다.

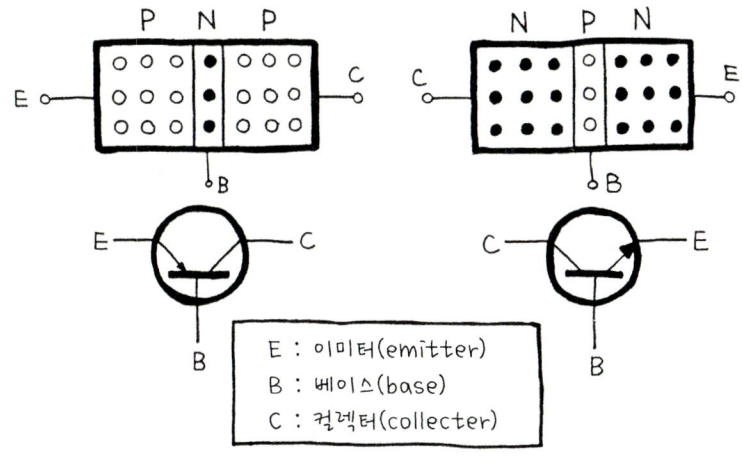

그림106 트랜지스터의 구조

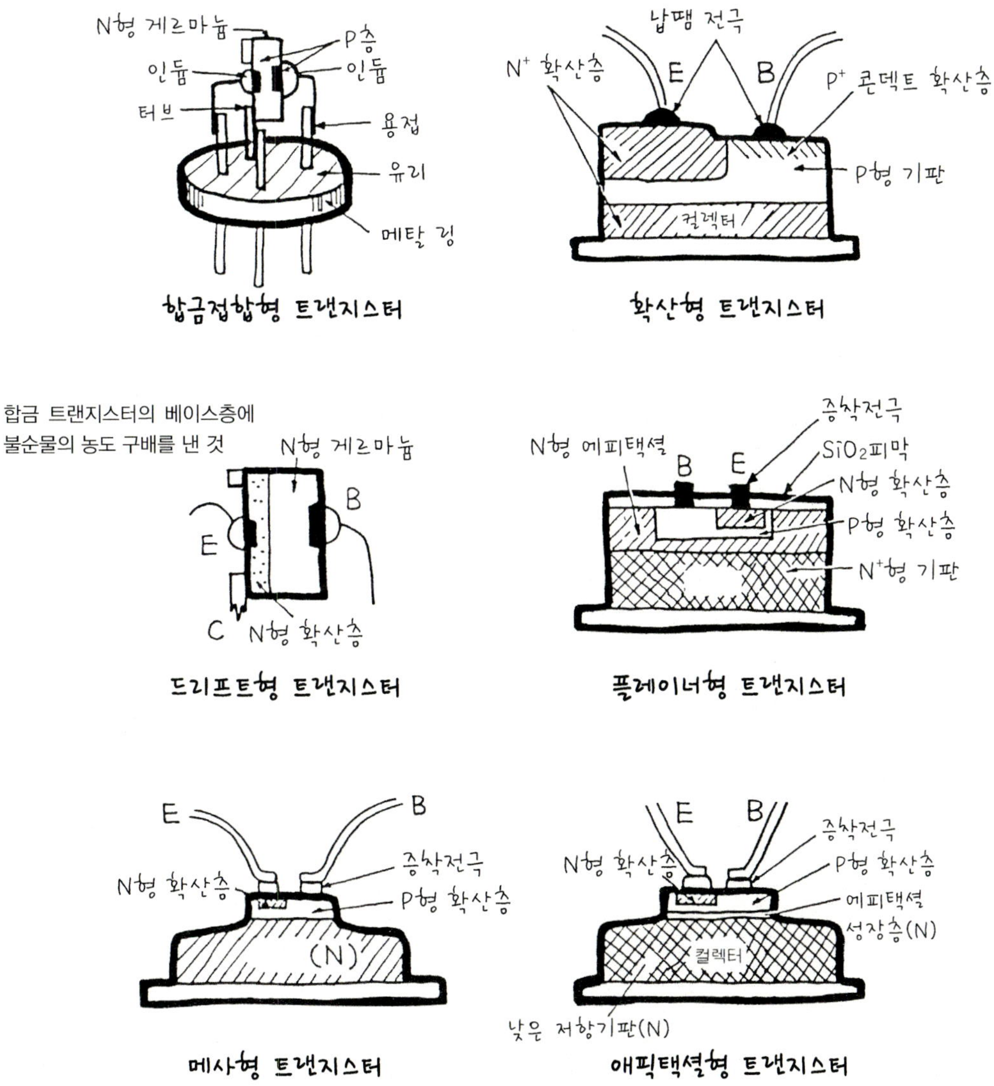

그림107 트랜지스터의 종류

2 트랜지스터의 기본 동작

PNP형 트랜지스터와 NPN형 트랜지스터를 작동시키기 위해서는 먼저 PN 접합의 이미터와 베이스 사이에 순방향의 직류전압을 가하고 베이스와 컬렉터 사이에는 역방향의 직류전압을 가해야 한다. 이와 같이 트랜지스터에 직류전압을 가하는 것을 **바이어스전압(바이어스)**을 가한다고 한다.

바이어스전압을 가하면 트랜지스터의 결정 속에서는 어떤 현상이 일어나고, 또 캐리어의 작용은 어떻게 되는지 트랜지스터의 성질을 통해 알아 본다.

(1) PNP형 트랜지스터의 경우

먼저 PNP형 트랜지스터의 경우에 대해 생각해 본다. 그림108 (a)에서 베이스와 컬렉터 사이에는 역방향 전압 V_{CB}가 가해져 있으므로 PN접합에서는 전위장벽이 높아져 베이스와 컬렉터 사이에는 전류가 흐르지 않는다.

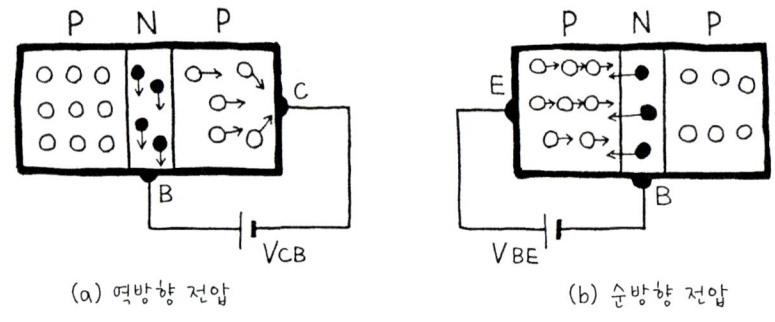

그림108 바이어스전압을 가했을 때의 PNP형 트랜지스터의 기본 동작

다음에 그림(b)에서는 이미터와 베이스 사이에는 순방향 전압 V_{BE}가 걸려 있으므로 전위장벽은 낮게 되어 있다. 또 이미터의 P형 쪽에서는 불순물의 농도를 높게 했으므로 정공(홀)이 다수 발생하고 있다. 베이스의 N형 쪽은 매우 얇기 때문에 불순물의 농도는 더 낮게 되므로 전자는 극히 적다. 따라서 이미터 안의 정공은 전위장벽을 뛰어넘어 확산에 따라 베이스 쪽으로 들어가서 그 일부분의 베이스 전자와 결합하여 소멸한다.

이러한 소수의 전자는 전원의 부극(負極)이 보급을 계속하므로 이것이 약간의 베이스 전류 I_B로 된다.

그림109에서 베이스 전자와 결합하지 못한 이미터에서 나온 정공은 컬렉터 쪽 V_{CB}전압에 의해 컬렉터쪽으로 이동한다. 이것이 컬렉터 전류 I_C가 된다.

또 이미터의 정공은 전원의 정극(正極)에서 차차 보급되어 이것이 이미터 전류 I_E가 된다. 따라서 이미터 전류 I_E의 대부분은 컬렉터 전류 I_C가 되고, 베이스 전류 I_B로 되는 것은 극히 적다.

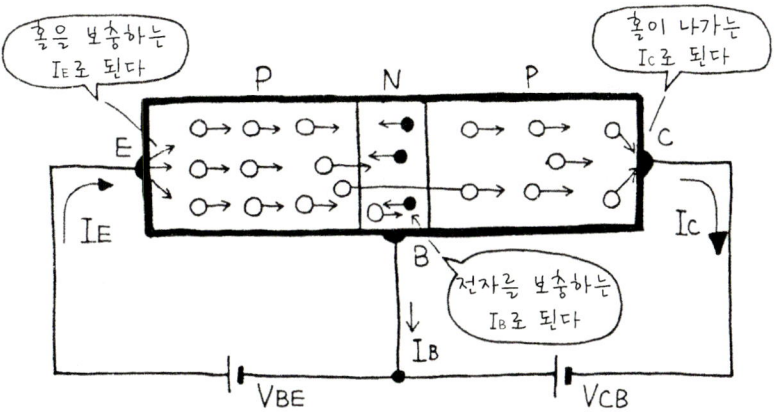

그림109 이미터 전류 I_E에서 컬렉터 전류 I_C가 생기는 원리(PNP형)

(2) NPN형 트랜지스터의 경우

NPN형 트랜지스터의 기본적인 동작은 PNP형과 다르지 않다. 다만 다른 점은 전원의 극성(極性)을 반대로 접속하지 않으면 안된다. 따라서 PNP형에서는 캐리어가 정공이었으나 NPN형에서는 캐리어가 전자이다.

그림110을 보면서 NPN형 트랜지스터의 동작 원리를 설명한다. 그림(a)에서 컬렉터와 베이스 사이에 역방향 전압 V_{CB}를 가하면 이것은 역방향의 전압이므로 PN접합면은 전위 장벽이 높아 전류는 거의 흐르지 않는다.

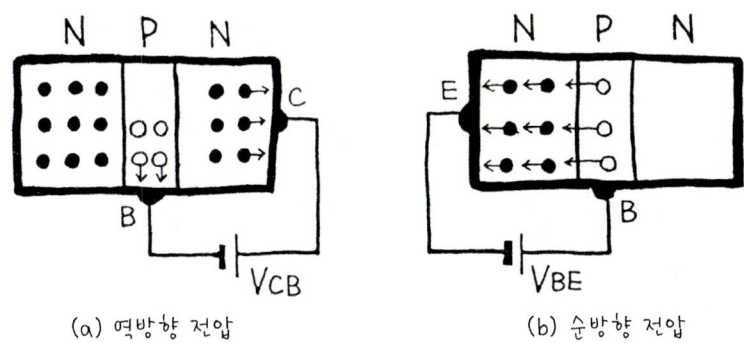

그림110 바이어스 전압을 가했을 때의 NPN형 트랜지스터의 기본 동작

다음에 그림(b)와 같이 이미터와 베이스에 순방향 전압 V_{BE}를 가하면 전위장벽은 낮아지고, 이미터의 N형 쪽에서는 불순물의 농도를 높였기 때문에 전자가 많이 발생한다. 베이스의 P형 쪽은 매우 얇기 때문에 불순물의 농도를 낮게 했으므로 정공은 적다.

그림111과 같이 이미터 안의 전자는 전위장벽을 뛰어넘어 확산에 의해 베이스 쪽으로 들어가 그 일부분의 베이스 정공과 결합하여 소멸한다.

이 소수의 정공은 전원의 정극이 보급을 계속하므로 이것이 약간의 베이스 전류 I_B가 된다. 또 베이스의 정공과 결합하지 못한 이미터에서 온 전자는 컬렉터 쪽의 V_{CB} 전압에 의해 컬렉터 쪽으로 이동하여 그것이 컬렉터 전류 I_C가 된다.

통상 이미터 전류 I_E 가운데 95~98%가 컬렉터 전류가 되고 나머지 2~5%가 베이스 전류 I_B가 된다.

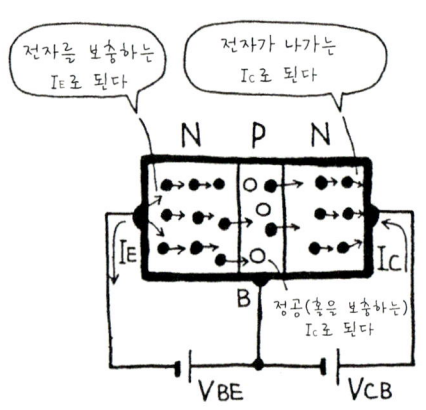

그림111 이미터 전류 I_E 가운데 95~98%가 컬렉터 전류 I_C로 된다(NPN형)

3 트랜지스터의 증폭작용

트랜지스터의 대표적인 작용으로 증폭작용과 스위칭 작용이 있다(그림112). NPN형 트랜지스터를 사용하여 증폭작용에 대해 설명한다.

그림113과 같은 회로를 생각해 본다. 베이스에는 아무것도 접속하지 않고 이미터에 전원의 ⊖전압, 컬렉터에는 전원의 ⊕전압을 가한다. 저항 R_C는 컬렉터의 부하저항이다. 이때 컬렉터의 전자와 베이스의 정공은 PN접합에 대해 역방향 전압을 가한 것이므로 전류는 거의 흐르지 않는다.

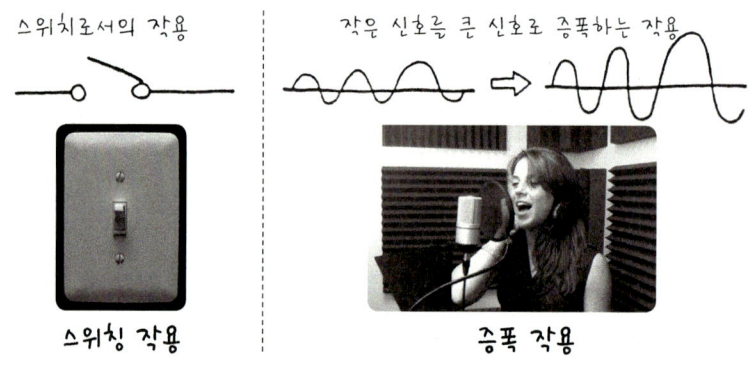

그림112 트랜지스터의 스위칭 작용과 증폭작용

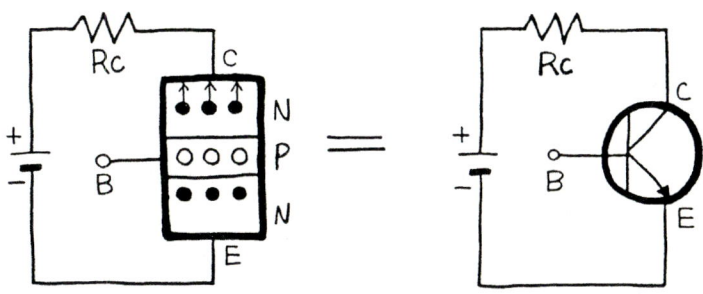

그림113 증폭작용(NPN형). 베이스에 아무것도 접속하지 않은 때

다음에 베이스에 부하저항 R_b를 통해 ⊕전압에 접속하면 이미터의 전자는 베이스의 ⊕전압에 의해 베이스와 이미터의 전위장벽을 뛰어넘어 베이스의 정공 쪽으로 이동하기 시작하므로 베이스 전류 I_B가 흐른다(그림114).

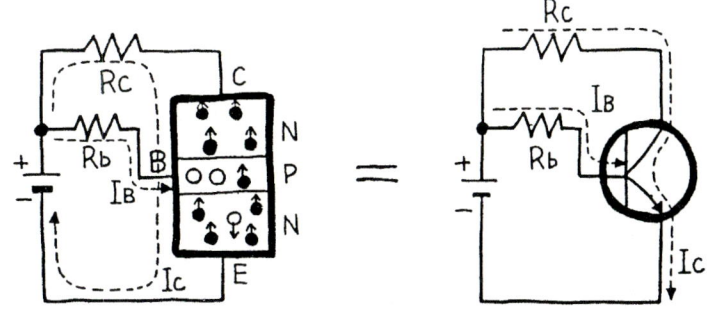

그림114 증폭작용(NPN형). 베이스 B에 부하저항 R_b가 있는 ⊕전압을 가했을 때

그런데 트랜지스터의 접합에서 베이스는 극히 얇게 만들었기 때문에, 이때 이미터의 전자는 컬렉터의 전자와 함께 컬렉터의 ⊕전압에 의해 이동을 시작하여 이미터와 컬렉터 사이가 도통(導通) 상태가 되어 컬렉터 전류 I_C가 흐른다.

또 베이스는 매우 얇기 때문에 베이스 안에 존재하는 정공 수가 매우 적어 이미터의 전자는 베이스의 정공 쪽으로 이동하는 것보다는 컬렉터의 ⊕전압 쪽으로 이동하는 것이 압도적으로 많다.

이 때문에 베이스 전류 I_B보다는 컬렉터 전류 I_C가 크며 10~200배 정도에 이른다. 컬렉터 전류 I_C와 베이스 전류 I_B의 비(比)를 전류 증폭률이라 하고, 다음 식으로 나타낸다.

$$전류증폭률 = \frac{I_C}{I_B} = 10 \sim 200$$

즉 약간의 베이스 전류로 큰 컬렉터 전류를 얻을 수 있다. 또한 베이스 전류를 바꿈으로써 컬렉터 전류의 크기를 증감할 수 있다. 이것을 트랜지스터의 **증폭작용**이라 한다.

여기서 증폭작용에 대해 더 구체적으로 설명한다. 예를 들면 베이스에 1밀리암페어가 흘렀을 때 컬렉터에는 50밀리암페어의 전류가 흘렀다고 한다. 이것은 베이스 전류를 50배로 늘려 컬렉터 전류가 되므로 베이스 전류를 50배로 증폭한 것이 된다.

이 베이스 전류를 몇 배로 하였는가를 전류 증폭률이라 하고, h_{FE}로 표시하며 아래의 (1)식으로 나타낸다.

$$h_{FE} = \frac{I_C}{I_B} \quad \cdots\cdots\cdots\cdots \quad (1)$$

이 식을 사용하면 베이스 전류를 50배로 증폭하는 것을 간단히 이해할 수 있다.

$$h_{FE} = \frac{I_C}{I_B} = \frac{50mA}{1mA} = 50$$

$I_B = 2mA$일 때 $I_C = 200mA$가 흘렀다고 하면 전류증폭률 h_{FE}는 100이 된다.

$$h_{FE} = \frac{I_C}{I_B} = \frac{200mA}{2mA} = 100$$

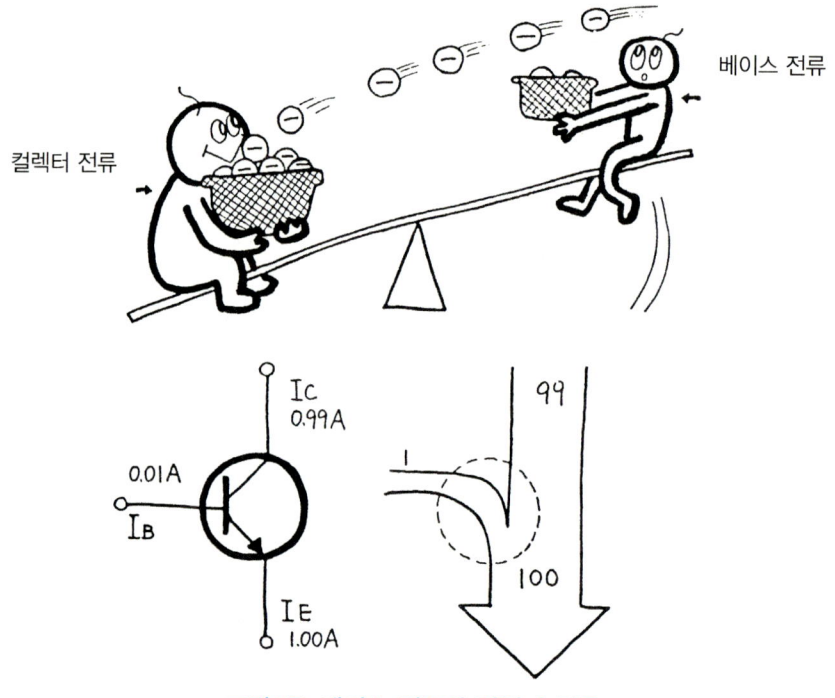

그림115 베이스 전류와 컬렉터 전류

(1)식을 변형하면 (2)식과 같이 나타낼 수 있다.

$$I_C = h_{FE} \cdot I_B \quad \cdots\cdots\cdots\cdots (2)$$

이 식은 예를 들면 "$h_{FE} = 50$의 트랜지스터에 1mA의 베이스 전류 I_B가 흘렀을 때 컬렉터 전류 I_C는 어느 정도 흐르는가"를 계산할 때 아주 편리하다.

다음에 트랜지스터의 베이스, 컬렉터, 이미터의 각각의 전류, 즉 베이스 전류 I_B, 컬렉터 전류 I_C, 이미터 전류 I_E 사이에는 다음과 같은 관계식이 성립한다.

$$I_E = I_C + I_B \quad \cdots\cdots\cdots\cdots (3)$$

이 식은 컬렉터 전류 I_C와 베이스 전류 I_B가 합쳐 이미터 전류 I_E로 되는 것을 의미한다(그림116).

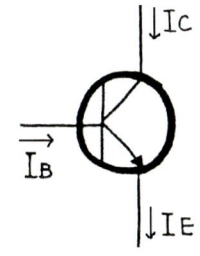

그림116 $I_E = I_C + I_B$가 된다

4 트랜지스터의 스위칭 작용

트랜지스터의 또 하나의 대표적인 작용인 스위칭 작용에 대해 설명한다.

증폭작용의 설명에서 트랜지스터의 이미터와 컬렉터 간을 도통(導通) 상태로 하려면 베이스 전류 I_B가 흐르게 하면 된다고 설명했다. 이것을 반대로 생각하면 베이스 전류 I_B를 ON, OFF함으로써 이미터와 컬렉터 사이를 ON, OFF할 수 있다는 것을 뜻한다. 이것을 트랜지스터의 증폭작용 중의 한 작용으로서 트랜지스터의 **스위칭 작용**이라 한다.

이 트랜지스터의 스위칭 작용을 이용하면 트랜지스터가 릴레이와 같은 작용을 하게 할 수 있다(그림117).

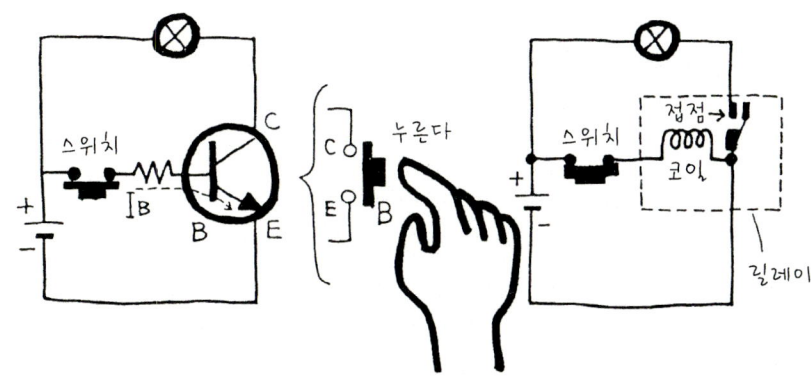

그림117 트랜지스터의 스위칭 작용은 릴레이와 같다.

NPN형 트랜지스터로 그 예를 소개한다. 릴레이는 여자(勵磁) 코일에 흐르는 전류를 ON, OFF 함으로써 접점을 ON, OFF시킨다. 그러나 트랜지스터에서는 베이스 전류를 ON, OFF함으로써 컬렉터 전류(이미터와 컬렉터 간의 전류)를 ON, OFF하게 할 수 있다.

릴레이의 여자 전류에 해당하는 것이 트랜지스터의 베이스 전류이며 트랜지스터는 릴레이와의 접점과 같은 기계 접점을 사용하지 않고 릴레이와 같은 작용을 할 수 있다. 이와 같은 트랜지스터의 스위칭 작용은 릴레이와 비교하여 다음과 같은 이점이 있다.

① 스위칭 동작의 ON, OFF가 빠르다. 1초간에 1000회 이상 반복 동작이 가능하여 릴레이의 100~200회에 비하면 동작이 압도적으로 빠르다.

② 기계 접점이 없기 때문에 릴레이와 같은 접점의 개폐 시 채터링이 없고 동작이 안정되어 있다.

③ 베이스 전류를 가감하여 컬렉터 전류를 컨트롤할 수 있다.

※ 채터링이란 기계가 탁탁 소리를 내며 진동하는 것이다.

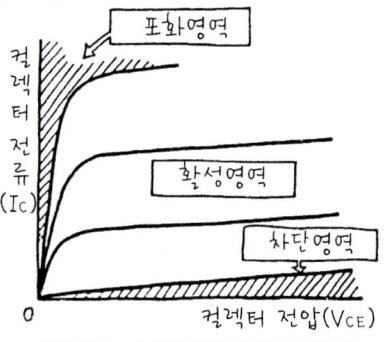

트랜지스터의 스위칭 동작을 다음과 같이 정리해 본다.

그림118 스위칭 동작의 규칙성

정리

- ON : 베이스 전류가 다량으로 흐르고 있는 포화 영역에서 사용할 것
- OFF : 베이스 전류가 전혀 흐르지 않는 차단 영역에서 사용할 것

 참고

그림118

① 포화 영역 : 베이스 전류를 크게 해도 그 이상 컬렉터 전류가 증가하지 않는 영역이다.
② 활성 영역 : 베이스 전류의 변화에 따라 컬렉터 전류가 변화하는 영역이다.
③ 차단 영역 : 베이스 전류가 없기(또는 극소량) 때문에 전류가 흐르지 않는 영역이다.

5 트랜지스터의 동작 특성

(1) 트랜지스터의 개괄적인 작용

트랜지스터의 개괄적인 작용을 이해했을 것으로 생각하므로 그림119와 같은 가장 간단한 회로를 사용하여 더 자세히 알아본다.

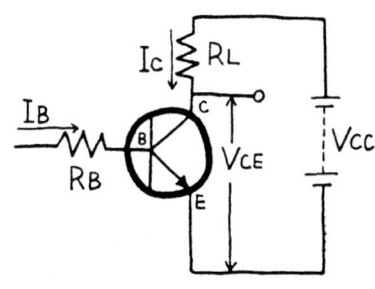

그림119 트랜지스터의 동작 특성을 탐구한다

① 베이스 전류 I_B = 0일 때

I_B = 0일 때, 아래 공식에 수치를 대입한다.

$$I_C = h_{FE} \cdot I_B$$

즉, $I_C = h_{FE} \times 0 = 0$

이 되어 저항 R_L에는 전류가 흐르지 않는다. 저항 R_L 전압강하가 일어나지 않고, 트랜지스터의 컬렉터와 이미터 간의 전압 V_{CE}는 V_{CC}와 같아진다. 즉 $V_{CE} = V_{CC}$가 된다. 더 알기 쉽게 설명하면 이 베이스 전류가 0일 때 상태는 그림120과 같이 트랜지스터를 떼어 개방한 것과 같게 된다.

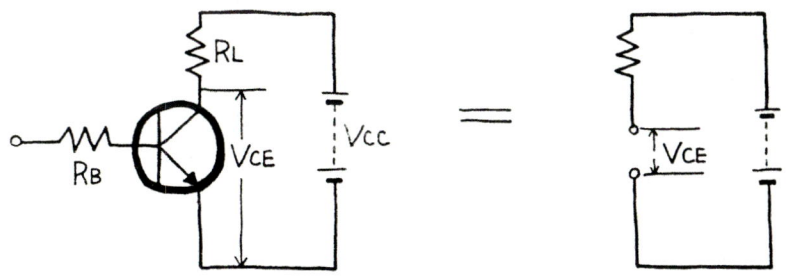

그림120 그림 119의 베이스 전류 I_B가 0일 때 $V_{CE} = V_{CC}$로 되어 트랜지스터가 없는 것과 같다.

② 베이스 전류 I_B가 조금 흐를 때

예를 들면 전압과 전류에 구체적인 수치를 대입하여 생각해 본다. 즉

V_{CC} = 10V, R_L = 50Ω, I_B = 1mA,

h_{FE} = 100이라 한다(그림121).

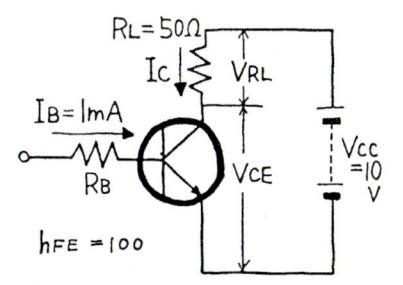

그림121 컬렉터 전류 I_C와 V_{CE}를 구한다.

위의 조건에서 컬렉터 전류 I_C는 어느 정도가 되고 또 컬렉터와 이미터 간의 전압 V_{CE}는 어느 정도가 되는지 알아본다.

ⅰ) 컬렉터 전류 · I_C를 구한다. 먼저 컬렉터 전류 I_C는, $I_C = h_{FE} \cdot I_B$에서 수치를 대입한다.

$$I_C = 100 \times 1mA = 100mA$$

로 되어 컬렉터 전류 I_C는 100mA로 되는 것을 알 수 있다.

ⅱ) 저항 R_L의 양 끝 전압을 구한다.

컬렉터 전류가 100mA 흐른다는 것은 저항 R_L에도 100mA의 전류가 흐르게 되므로 저항 R_L의 양 끝에 전압이 나타난다. 이 전압을 V_{RL}로 하면 다음과 같이 된다.

$$V_{RL} = R_L \times I_C = 50\Omega \times 100mA = 5V$$

ⅲ) 컬렉터와 이미터 간의 전압 V_{CE}를 구한다. V_{CE}를 구하려면 전원 전압 V_{CC}에서 V_{RL}을 뺀 값이 된다.

$$V_{CE} = V_{CC} - V_{RL} = 10V - 5V = 5V$$

③ 베이스 전류 I_B가 많이 흐를 때

베이스 전류가 더 많이 흐르게 하면 컬렉터 전류 I_C는 더 커진다. 그러면 저항 R_L에 의한 전압강하도 커져 컬렉터와 이미터 간의 전압은 작아진다.

그리고 $V_{CE} = 0V$가 되면, 베이스 전류 I_B가 아무리 증가해도 컬렉터 전류는 증가하지 않는다.

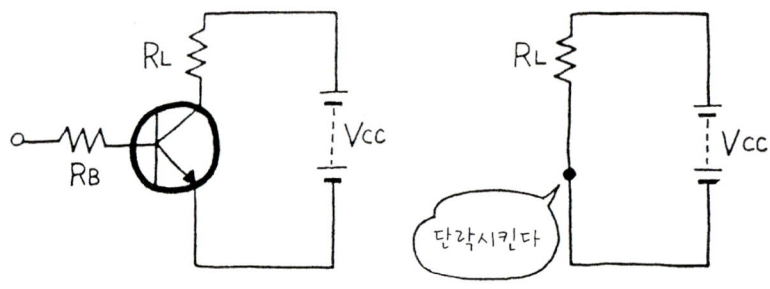

그림122 포화 상태에서는 트랜지스터를 단락시킨 것과 같다.

이 상태를 포화 상태라 하고 이때 컬렉터 전류를 **포화전류**라 한다. 또 이 상태에서는 공식의 $I_C = h_{FE} \cdot I_B$는 성립하지 않는다. 그림122에서 보는 바와 같이 포화 상태에서는 트랜지스터를 떼어 단락시킨 상태와 같다. 이 상태에서 가장 중요한 주안점은 컬렉터와 이미터 간의 전압은 저항 R_L의 전압강하에 좌우된다는 것이다.

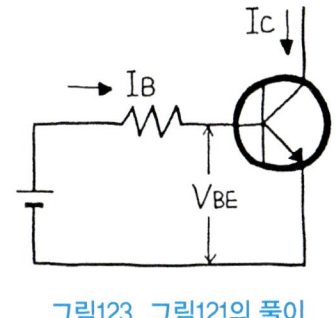

그림123 그림121의 풀이

끝으로 앞의 ②의 조건에서 구한 전압, 전류를 회로도(圖)에 그리면 그림123과 같이 된다.

(2) 베이스 전류 I_B와 베이스와 이미터 간의 전압 V_{BE}의 관계

앞에서 베이스 전류 I_B와 컬렉터 전류 I_C, 컬렉터 전류 I_C와 컬렉터와 이미터 간의 전압 V_{CE}의 관계에 대해 설명했다. 다음은 베이스 전류 I_B와 베이스와 이미터 간의 전압 V_{BE}의 관계에 대해 설명한다(그림124).

다이오드의 전압과 전류는 그림125와 같은 특성을 나타내며 트랜지스터의 V_{BE}와 I_B도 역시 같은 특성을 나타낸다.

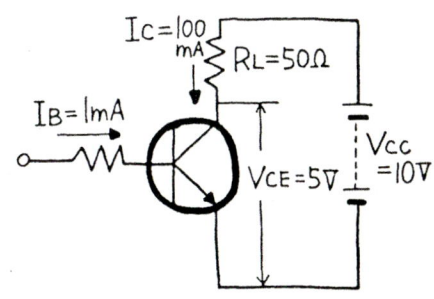

그림124 베이스 전류 I_B와 V_{BE}의 관계는 어떤가

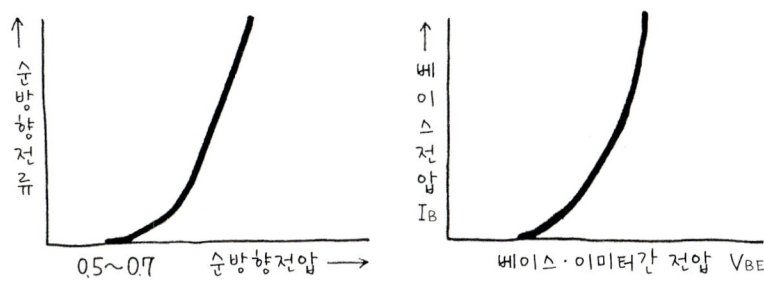

그림125 다이오드(좌)와 같은 특성을 트랜지스터의 I_B와 V_{BE}도 나타낸다(우)

다이오드와 트랜지스터는 반도체로 되어 있으며, 그 구조는 다이오드가 PN접합이고 트랜지스터는 NPN접합 또는 PNP접합으로 되어 있다(그림126).

여기서, 다이오드의 애노드(A)와 캐소드(K), NPN형 트랜지스터의 베이스(B)와 이미터(E)에 주목하면 같은 PN접합으로 되어 있는 것을 알 수 있다(PNP형 트랜지스터는 N형, 이미터가 P형으로 되어 있다). 이와 같이 트랜지스터와 다이오드는 모두 PN접합으로 되어 있기 때문에 그 전압과 전류 특성은 거의 같다.

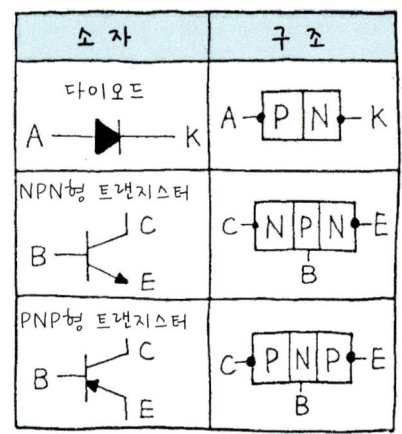

그림126 다이오드와 트랜지스터의 구조

6 트랜지스터의 최대 정격

트랜지스터를 사용할 때, 반드시 준수해야 할 사항은 트랜지스터의 최대 정격(定格)이라 불리는 것에 있다. 트랜지스터는 발열하여 파괴되는 경우도 있으나 발열하지 않고 자연히 파괴되는 경우도 많아 외관상 변화가 보이지 않는다.

그와 같이 되지 않기 위해서는 반드시 최대 정격 내에서 트랜지스터를 사용하지 않으면 안된다. 최대 정격의 의미는 값이 순간이라 하더라도 초과해서는 안되며 그 주위 온도가 25℃일 때가 기준이다. 반도체는 온도에 따라 특성이 변하기 때문에 25℃일 때의 값으로 최대 정격을 정하고 있다(그림127).

항 목	최대 정격의 기호	부호		기호의 의미	단위
컬렉터~ 베이스 간 전압	V_{CBO}	NPN은 +		이미터를 개방으로 했을 때 컬렉터와 베이스 간에 걸리는 최대 전압	V
		PNP는 −			
컬렉터~ 이미터 간 전압	V_{CEO}	NPN은 +		베이스를 개방으로 했을 때 컬렉터와 이미터 간에 걸리는 최대 전압	V
		PNP는 −			
이미터~ 베이스 간 전압	V_{EBO}	NPN은 +		컬렉터를 개방으로 했을 때 이미터와 베이스 간에 걸리는 최대 전압	V
		PNP는 −			
컬렉터 전류	IC	NPN은 +		최대로 흐르게 할 수 있는 컬렉터 전류	A
		PNP는 −			
컬렉터 손실	PC			트랜지스터에서 소비할 수 있는 최대 전력	W
접합부분온도	T			접합부분 온도의 최대값	
보존온도	Tstg			보존온도의 온도 범위	

※개방이란, 단자에 아무것도 접속하지 않은 상태를 말한다.

그림127 트랜지스터의 최대 정격

7 트랜지스터의 종류

트랜지스터에는 NPN형과 PNP형이 있다는 것은 앞에서 설명했다. 이들 트랜지스터를 세밀히 분류하면 2SB528, 2SC1213, 2SD189 등 번호가 주어져 있다. 모두 공통으로 2S부터 시작하는데, 일본의 트랜지스터는 모두 2S가 붙어 있으나 다른 나라 메이커에는 붙어 있지 않으므로 주의할 필요가 있다.

1948년, 미국 벨전화연구소에서 트랜지스터를 발명

초기의 형태

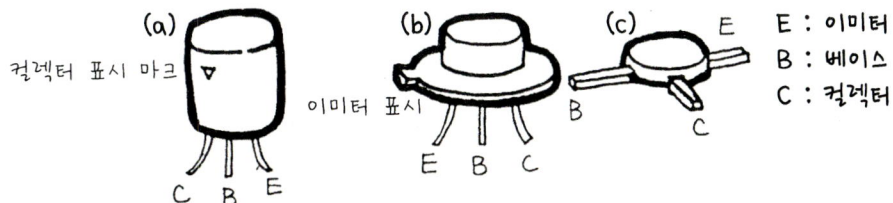

몰드형 트랜지스터(바깥쪽을 수지로 굳혔다)

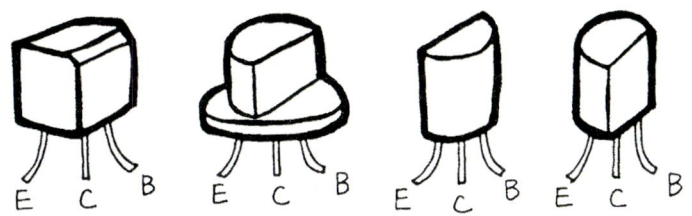

큰 전류가 흐를 수 있는 파워 트랜지스터

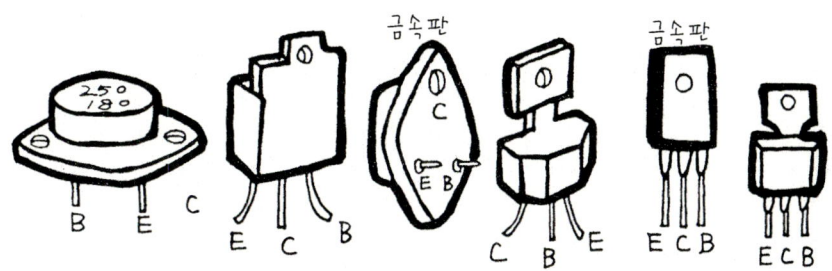

※ 금속판은 방열(放熱)용이며, 컬렉터와 연결되어 있다.
[주] E, C, B의 위치는 같은 형식이라도 A, B, C의 형태에 따라 모두 다르다.

그림128 트랜지스터의 종류

그리고 A, B, C, D는 PNP형과 NPN형의 구별 및 용도를 나타낸다. 또 A나 B 다음에 오는 숫자는 등록순으로 부여한 번호이며 특성이나 종별(種別)과는 관계가 없다. 숫자 뒤에 A12H나 B25G 등 알파벳을 붙인 것은 개량품이며 메이커의 입장에서 결정하는 용도나 등급을 나타내고 있다.

또 반도체 소자의 형식명(型名)은 그림129와 같이 정해져 있다. 그림의 C42A는 NPN형 고주파용 트랜지스터이고 등록 번호는 42이며, 최초의 개량품(A)이라는 것을 알 수 있다.

NPN형 트랜지스터(상)와 PNP형 트랜지스터(아래)

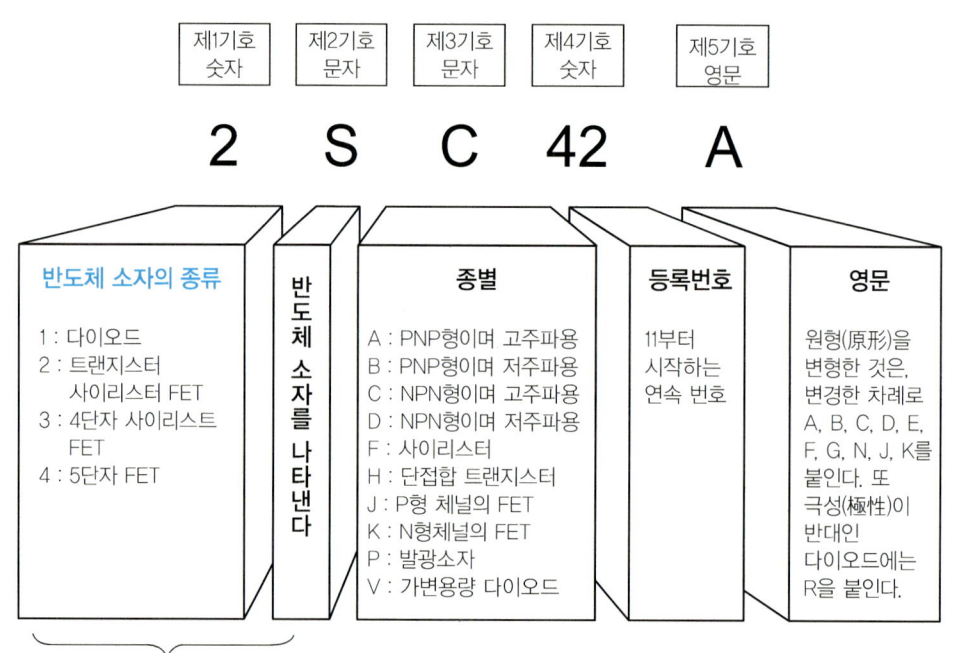

※ 제5기호의 첨자(添字) 안에 알파벳의 「I」가 없는 것은, 숫자의 「1」과 혼동하지 않기 위해서이다.

그림129 반도체 소자의 형식명

(1) 유닛정크션 트랜지스터

약자로는 UJT라 하며, 그 기본 구조는 N형 반도체 중앙 부근에 P형 반도체와의 접합을 만들어 2개의 베이스와 1개의 이미터로 구성되어 있다(그림130). 이런 점에서 더블 베이스 다이오드라고도 불리며 트리거 소자로 이용하고 있다.

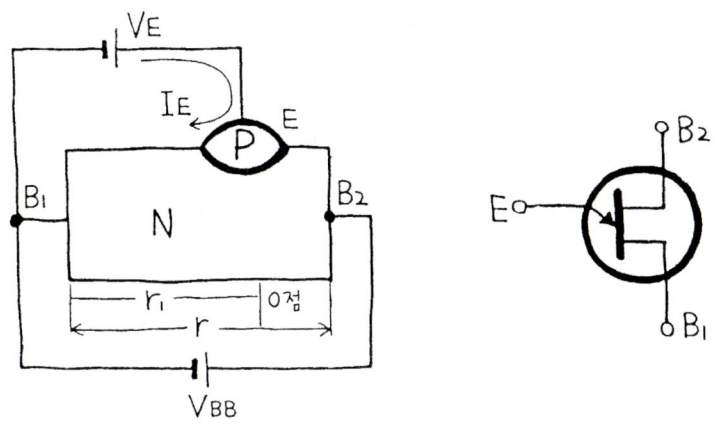

그림130 유닛정크션 트랜지스터(UJT)

그림131을 보면 $V_{BB} = 0$일 때, 다이오드의 특성과 같이 $V_{BB} > 0$으로 되면 부성(負性) 저항 특성을 나타낸다. 여기서 UJT의 원리를 설명하면 PN접합 다이오드의 순방향 전압은 P쪽 영역에 ⊕, N쪽 영역에 ⊖전압을 가한 때이다. 이때 PN접합의 N쪽 영역 전위는 높은 곳에 있다. 그것은 B_1-B_2 사이에 전압을 가했을 때 N형 반도체는 일종의 저항이 되어 B_1-B_2 간 각 점의 전위 분포는 그림132와 같이 된다.

따라서 PN접합면의 N쪽 영역 전위는 $r_1/r \cdot V_{BB}$로 되며, r_1의 길이, 즉 위치가 어디냐에 따라 전위가 결정된다. 그래서 $r_1/r \cdot V_{BB}$보다 큰 전압이 임의의 점 0점에서의 E-B_1 간 순방향 전압이 된다. 순방향 전압이 걸리면 보통 다이오드와 같이 저항이 내려가서 E-B_1 사이에 전류가 흐른다.

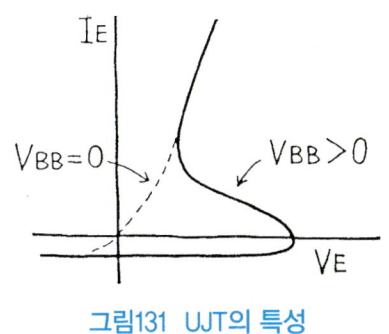

그림131 UJT의 특성

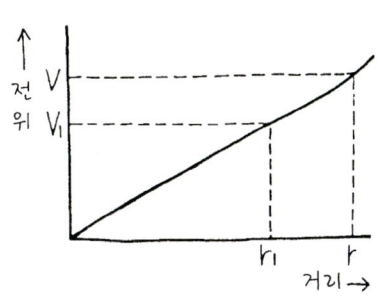

그림132 N쪽 영역의 전위는 r_1로 결정된다.

(2) 전계효과 트랜지스터

FET(Field Effect Transistor)라고도 하며 크게 분류하면 접합형과 MOS형의 2종류로 나눌 수 있다.

① 접합형 FET

기본적인 구조는 그림133과 같이 N형 반도체(P형 반도체인 경우도 있다) 위에 PN접합을 만들어 N형 반도체의 ⊕를 가하는 쪽을 드레인이라 하고 ⊖쪽을 소스, P형 반도체 부분을 게이트라 부른다.

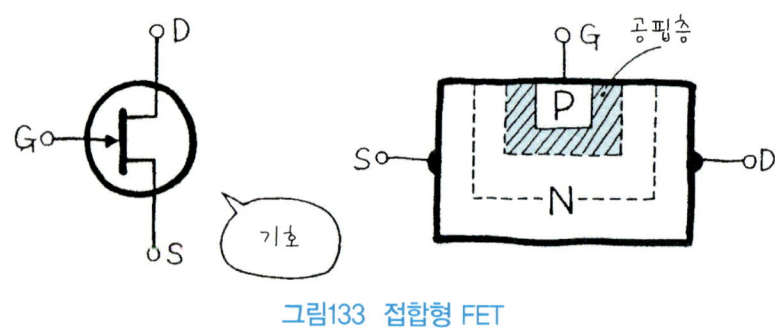

그림133 접합형 FET

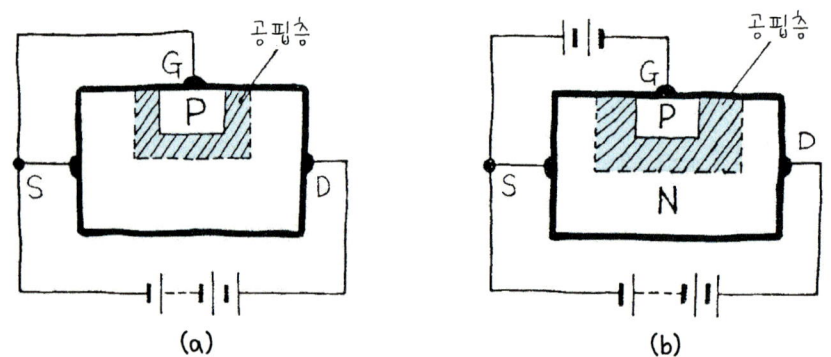

그림134 접합형 FET에서 공핍층의 너비는 PN접합에 가하는 역방향 전압의 크기에 비례

또 PN접합 다이오드의 접합면 부근은 캐리어를 잃어 공핍층이라 부른다. 이 공핍층의 너비는 PN접합에 가하는 역방향 전압의 크기에 비례하여 그림134 (a)와 (b)의 상태까지 변화한다. 드레인에 ⊕, 소스에 ⊖를 가하면 N형 반도체 내의 캐리어인 자유전자는 소스에서 드레인으로 향해 움직인다.

이때 공핍층의 너비가 그림134 (a)와 같이 좁으면 예상 외로 자유전자가 흐르지만 그림

134 (b)와 같이 너비가 넓어지면 자유전자가 통행하는 길이 좁아져 흐르는 자유전자 수는 그림134 (a)의 경우보다 감소한다.

이와 같이 공핍층의 두께를 게이트 전압에 의해 바꾸어 소스에서 드레인으로 흐르는 자유전자 수를 제어하여 드레인에서 소스로 흐르는 전류를 제어한다.

② MOS형 FET

구조는 그림135와 같이 절연 게이트의 구조가 위에서 차례로 Metal→Oxide(Silicon Oxide, 산화실리콘)→Silicon으로 되어 있다. P형 실리콘의 기재(基材) 위에 N형 영역을 2개소 만들어 그 사이의 실리콘 산화막(膜) 위에 전극을 놓은 간단한 구조이다.

전계(電界)효과 트랜지스터(FET)

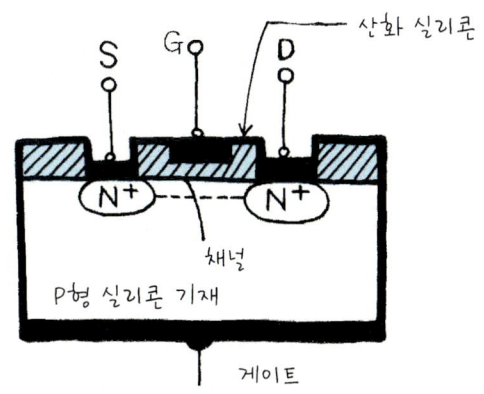
그림135 MOS형 FET의 회로 기호

접합형과 같이 N형 영역의 한 쪽을 소스라 하고 다른 쪽을 드레인이라 하며 산화막 전극을 게이트라 부른다. 또 기재(基材)인 P형 실리콘은 일반적으로 소스와 같은 전위로 사용한다. MOS형 FET에서 P형 실리콘을 기재로 사용하여 채널이 N형인 것을 N채널 MOS-FET라 하고, N형 실리콘을 기재로 사용하여 P형 채널로 한 것을 P채널 MOS-FET라 한다(N채널 FET, P채널 FET라고도 한다).

금속의 게이트 전극이 절연 피막을 통해 반도체에 부착되어 있으므로 MOS형 FET는 다른 명칭으로 **절연 게이트형 FET**라고도 한다. 이 반도체의 표면에 만들어진 절연 막 위의 금속 전극에 가하는 전압에 따라 드레인과 소스 사이에 흐르는 전류를 제어할 수 있다.

그림136은 MOS형 FET의 회로 기호를 나타낸 것이다.

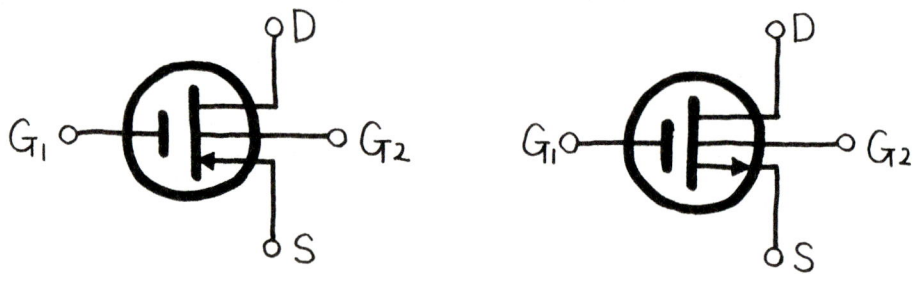

그림136 MOS형 FET

(3) 포토트랜지스터

더블 정크션 소자라고도 하고 구조는 그림137과 같다. PN접합 부분에 빛을 비추면 빛에너지에 의해 생긴 정공과 전자가 외부 회로로 나간다. 입사광(入射光)에 의해 전자와 정공이 생기면 역전류가 증가하여 입사광에 대응하는 출력 전류를 얻을 수 있다.

트랜지스터의 경우는 베이스 전극을 끌어냈으나 포토트랜지스터의 경우는 빛이 베이스 전류의 대응이기 때문에 전극을 끌어내지 않는 것이 많다.

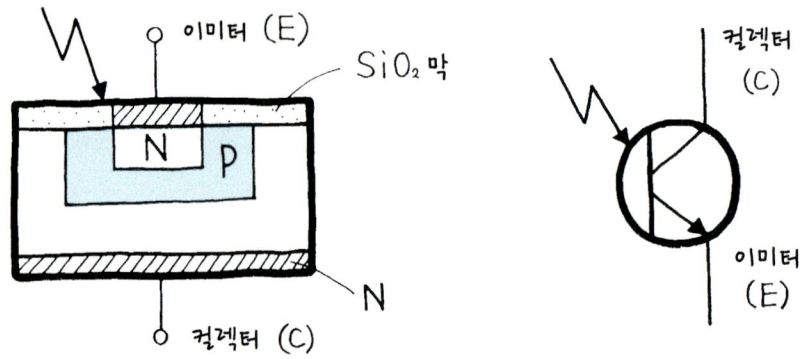

그림137 포토 트랜지스터(더블 정크션 소자)

(4) 사이리스터

사이리스터에는 여러 가지가 있으나 가장 많이 쓰이는 것은 SCR(Silicon Controlled Rectifier)이라 불리는 것이다. 실리콘제어정류(整流)소자이며, PNPN접합 또는 NPNP접합의 4층 또는 그 이상의 다층(多層) 구조로 되어 있다. 그리고 ON 상태와 OFF 상태의 2가지 모두를 가진 반도체 스위칭 소자이다. 사이리스터를 분류하면 그림138과 같다.

그림138 사이리스터 분류

여기서 현재 가장 많이 사용하고 있는 단(單)방향 3단자 사이리스터에 대해 설명한다. 구조는 그림139와 같이 PN 다이오드 2개를 포개서 P나 N의 한쪽에 게이트 단자를 부착했다. ⊕쪽을 애노드라 하고 ⊖쪽을 캐소드, 제어단자를 게이트라 부른다.

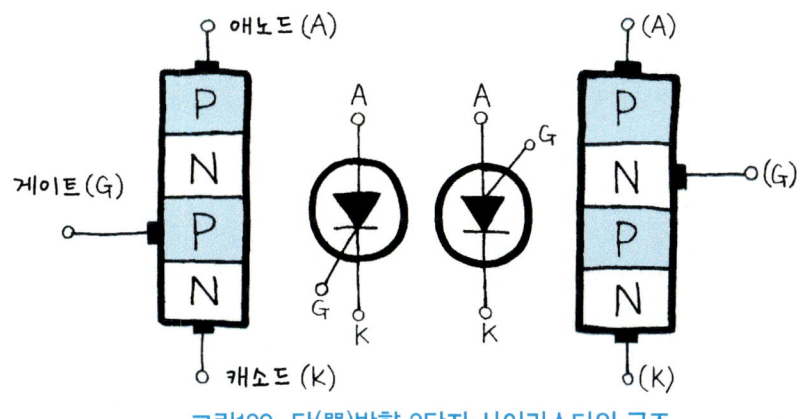

그림139 단(單)방향 3단자 사이리스터의 구조

게이트의 위치에 따라 캐소드 게이트형, 애노드 게이트형의 2종류가 있다. 이 특성은 그림140과 같이 애노드에 ⊖, 캐소드에 ⊕를 가했을 때 역방향 특성은 일반 다이오드의 역방향 특성과 같으나 애노드에 ⊕, 캐소드에 ⊖의 순방향 전압을 가하여 전압을 점점 높이면, 처음에는 역방향과 마찬가지로 전류가 흐르지 않지만 어느 정도 전압을 초과하면 전류가 급격히 흐르기 시작하여 단락 상태가 된다.

이때 전압을 **브레이크오버 전압**이라 한다. 또 브레이크오버 전압을 일단 넘으면 사이리스터의 순방향 저항이 매우 작아져 다이오드의 순방향 특성과 같아지며 이와 같은 상태를 ON **상태**에 있다고 하고, OFF 상태에서 ON 상태로 옮기는 것을 **턴오버**라 한다.

일단 턴오버한 사이리스터는 다이오드와 같은 특성이 되고 이것을 본래 OFF 상태로 되돌리기 위해서는 전압을 낮추어도 소용없고 사이리스터에 흐르는 전류를 일시적으로 차단하지 않으면 안된다.

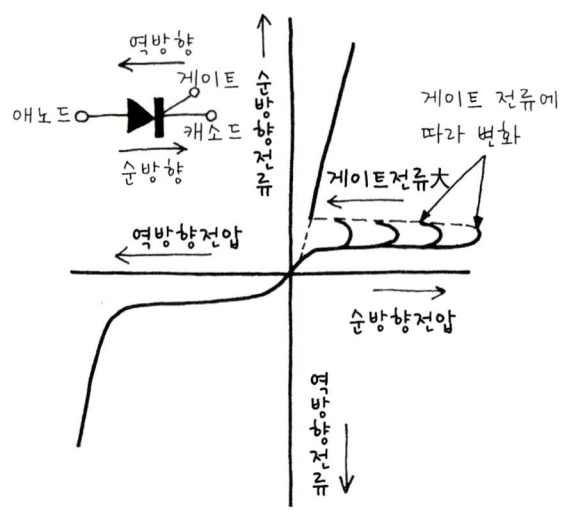

그림140 단(單)방향 3단자 사이리스의 특성

사이리스터가 턴오버할 때의 전압, 즉 브레이크오버 전압은 또 하나의 단자인 게이트에 적은 전류가 흐르게 함으로써 대폭적으로 바꿀 수 있다(그림141).

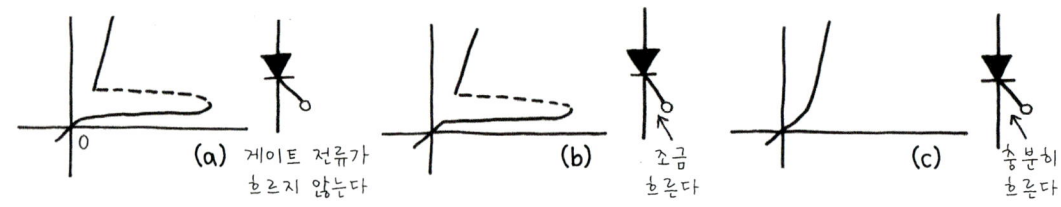

그림141 게이트 전류의 변화에 따른 브레이크오버 전압의 변화

그리고 게이트 전류가 충분히 흐르게 하면 브레이크오버 전압은 거의 0V로 되고 이 상태에서는 순방향과 역방향이 모두 일반 다이오드의 특성과 똑같다.

이 밖의 사이리스터의 특성을 그림142, 143, 144에 나타내었다.

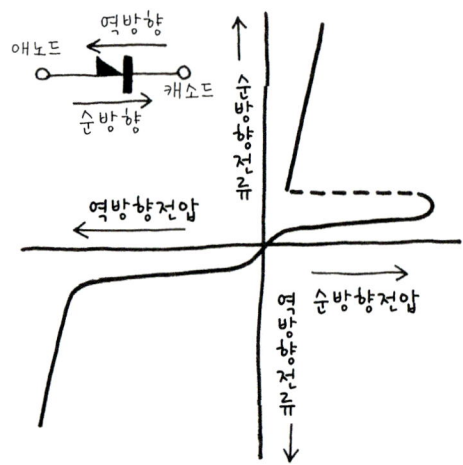

그림142 단(單)방향 2단자 사이리스터의 특성

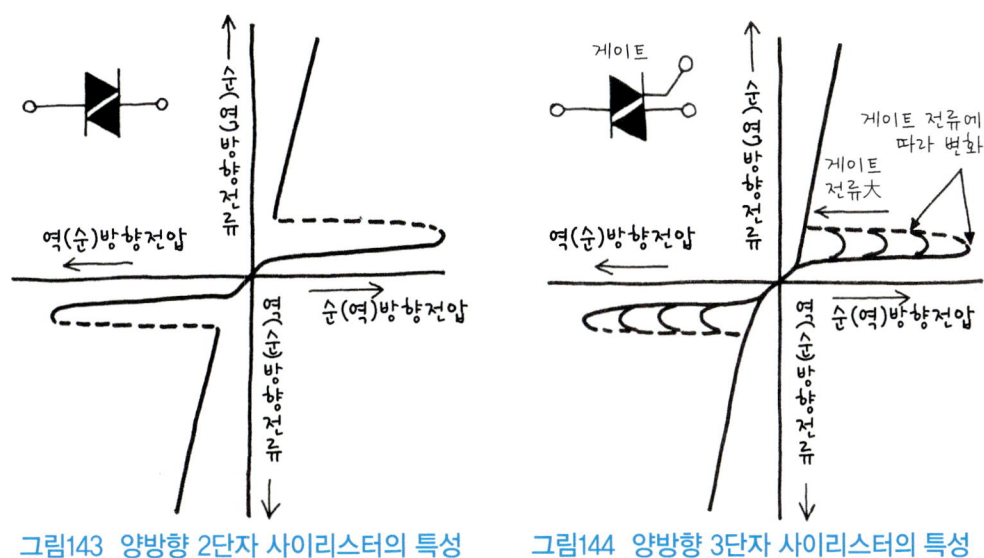

그림143 양방향 2단자 사이리스터의 특성   그림144 양방향 3단자 사이리스터의 특성

(5) 서미스터

서미스터는 온도의 변화에 대해 저항값이 크게 변화하고, 또한 온도가 높아짐에 따라 저항값이 감소하는 반도체를 말하며 온도 검출용 회로에 사용한다.

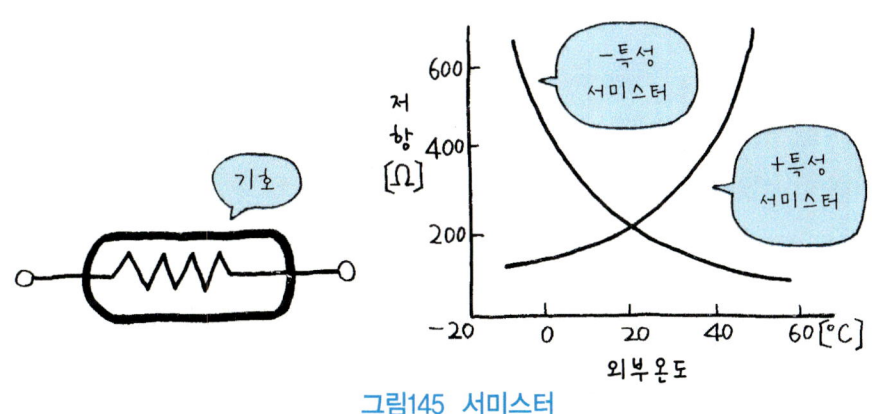

그림145 서미스터

온도가 상승하면 어느 점에서 급격히 저항값이 증가하는 것을 정특성(방향) 서미스터라 한다. 일반적으로 부특성 서미스터와 정(+)특성 서미스터가 있으며(그림145), 단순히 서미스터라 할 때는 부(−)특성 서미스터를 말한다. 이 서미스터를 보일러 연료탱크에 사용할 때는 연료의 잔량 감지 등에 쓰이고 있다. 연료의 잔량 감지 응용은 어느 일정한 양

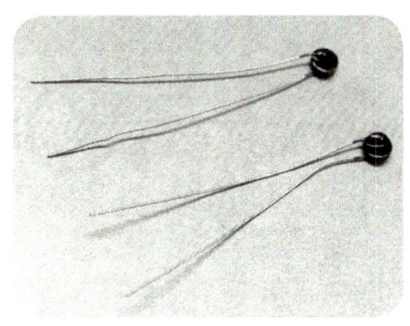

그림146 서미스터

이하로 되면 램프에 불이 켜져 사용자에게 알리는 시스템이다.

① **연료가 많을 때**

연료를 감지하는 서미스터가 액면보다 아래(液面內)에 있기 때문에 서미스터는 연료에 의해 냉각되어 온도가 낮으므로 서미스터 저항값이 커서 램프가 켜지지 않는다(그림147).

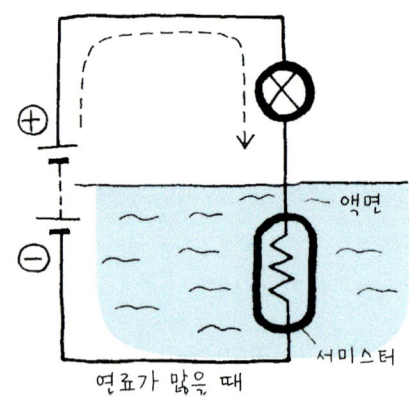

그림147 연료탱크에 서미스터를 응용한 예 – 연료가 많을 때

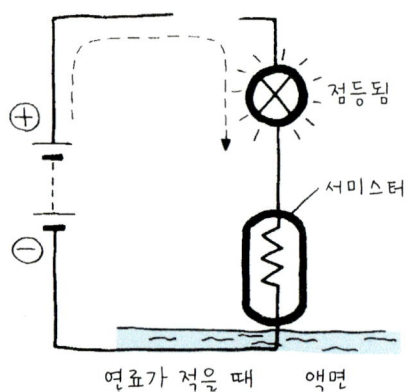

그림148 연료탱크에 서미스터를 응용한 예 – 연료가 적을 때

② **연료가 적을 때**

연료가 적어지면 서미스터는 공기 중에 노출되므로 서미스터의 발열로 온도가 상승하여 서미스터의 저항은 작아져 회로에 전류가 흘러 램프가 켜진다.

이와 같이 서미스터의 부(-)의 특성을 이용한 회로에 쓰인다(그림148).

(6) 광도전(光導電)셀 (Photoconductive Cell)

광전(光電) 변환 소자의 대표적인 것이며, 황화카드뮴(CdS) 셀은 조사(照射)된 빛의 강약에 따라 그 양 끝의 저항값이 변화하며, 빛이 강할 때는 저항값이 작고 빛이 약할 때는 저항값이 큰 성질이 있다.

또 암흑 상태에서는 거의 절연 상태에 가까운 값이 된다. 즉 일종의 저항기라고 생각할 수도 있다.

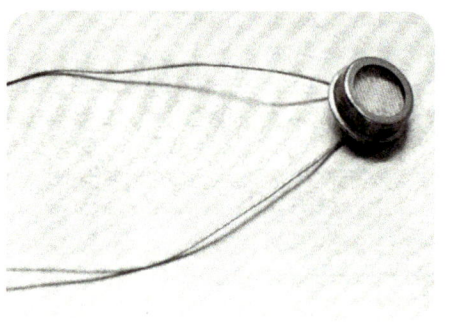

그림149 CdS셀

사용 방법은 전극 간에 전압을 인가(印加)하여 빛에 의한 저항 변화를 전류 변화로 바꾸어 외부 회로로 끌어내는 형식으로 되어 있다. CdS셀의 구조는 그림150과 같다.

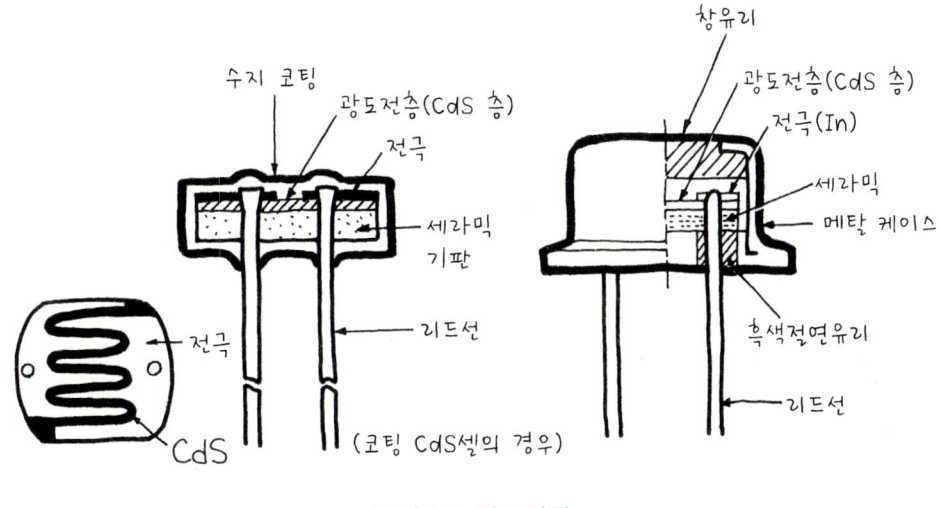

그림150 광도전셀

또 CdS셀의 특성도(圖)를 예로 들면 그림151과 같다. 참고로 빛의 단위는 럭스(Lx)이고, 100Lx는 60W의 전등에서 약 1m 떨어진 곳의 밝기이다.

CdS셀은 카메라의 노출계, 가로등의 자동점멸, 연기의 검지, 광전 스위치 등에 응용되고 있다. 밝기에 따라 저항값이 변화하는 반도체이다.

CdS는 서미스터의 특성과 같으며, 온도를 밝기로 바꾼 것이라고 생각해도 좋다. 예를 들면 그림152의 회로와 같이 CdS의 주위가 어두워지면 램프가 켜진다. 그 원리는,

㉠ 어두워지면 CdS셀의 저항값이 커져 트랜지스터는 ON이 되어 램프가 켜진다.
㉡ 밝아지면 CdS셀의 저항값이 작아져 트랜지스터는 OFF로 되어 램프는 꺼진다.

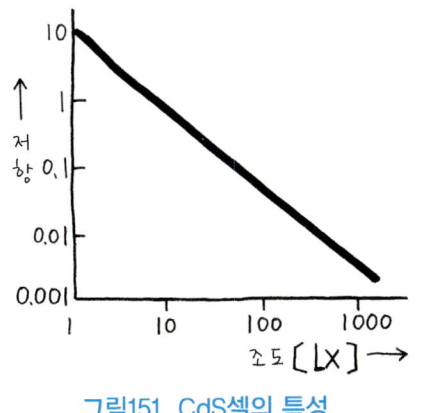

그림151 CdS셀의 특성   그림152 CdS셀을 사용한 회로

(7) 피에조소자(압전소자)

피에조소자는 Piezo Electric Element의 약자를 따서 PZT라고도 하며 압전(壓電)소자이다. 특징은 늘어나거나 수축하는 기계적인 힘을 가하면 그 응력에 비례한 정(+), 부(-)의 전하가 양 끝면에 나타난다. 반대로 이 결정에 전압을 가하면 전압에 비례한 변형이 생긴다. 이 정, 역(逆)의 두 효과를 통틀어 **압전효과**라 한다(그림153).

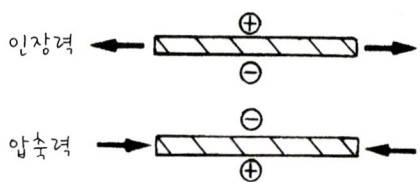

그림153 피에조소자의 압전효과

이 압전성 결정을 전기소자로 만든 것이 피에조소자 또는 압전소자이다.

8 테스터에 의한 트랜지스터의 양부 판정법

트랜지스터의 양부(良否) 판정법은 회로시험기를 사용한다. 트랜지스터의 구조를 보면 알 수 있듯이 전류가 통하기 쉽게 그림154와 같이 다이오드 2개를 접속한 형태로 되어 있다. 그렇다고 해서 다이오드 2개를 접속해도 트랜지스터는 되지 않으므로 주의해야 한다.

체크할 때는 이 2개의 다이오드가 정상으로 작동하는지를 보면 된다(그림154).

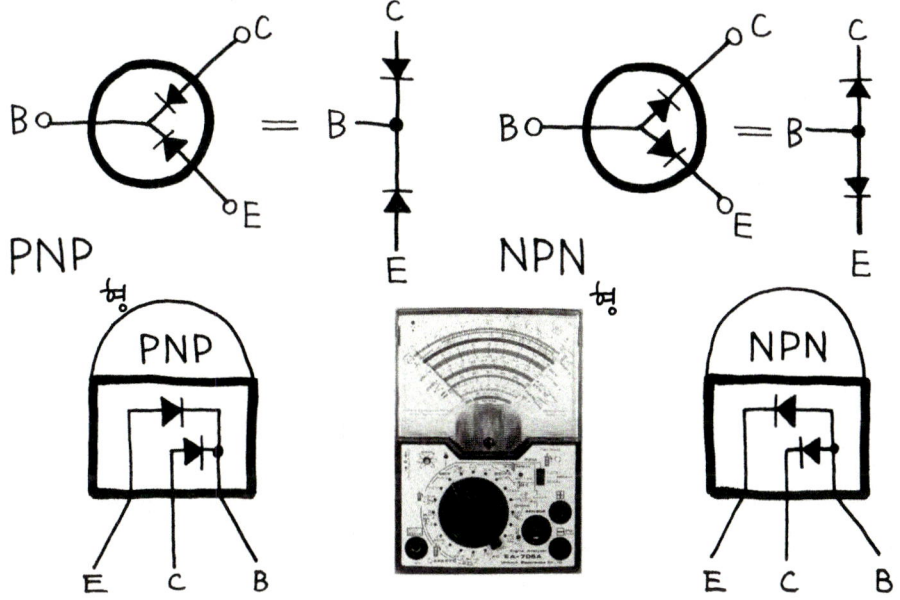

① 테스터의 손잡이를 최고 저항 레인지로 돌린다.
② 0Ω 조정을 한다.
③ B에 적색 테스트봉(棒)을 댄다.
④ E에 흑색 테스트봉을 대고, 테스터의 바늘이 움직이면 좋다.
⑤ C도 ④와 같이 되면 좋다.
⑥ B에 흑색 테스트봉을 댄다.
⑦ E에 적색 테스트봉을 대고, 바늘이 움직이지 않으면 (∞) 좋다.
⑧ C도 ⑦과 같이 되면 좋다.

① 테스터의 손잡이를 최고 저항 레인지로 돌린다.
② 0Ω 조정을 한다.
③ B에 흑색 테스트봉(棒)을 댄다.
④ E에 적색 테스트봉을 대고, 테스터의 바늘이 움직이면 좋다.
⑤ C도 ④와 같이 되면 좋다.
⑥ B에 적색 테스트봉을 댄다.
⑦ E에 흑색 테스트봉을 대고, 바늘이 움직이지 않으면 좋다.
⑧ C도 ⑦과 같이 되면 좋다.

※ ③④⑤는 다이오드의 순방향 테스트이고, ⑥⑦⑧은 다이오드의 역방향 테스트이다.

그림154 트랜지스터의 "양부" 판정법

9 접지방식과 전압을 가하는 법

(1) 접지방식

㉠ 트랜지스터는 3단자이므로 입력단자의 하나를 공통으로 하여 그 공통 단자명으로 접지 방식을 표시한다(그림155).

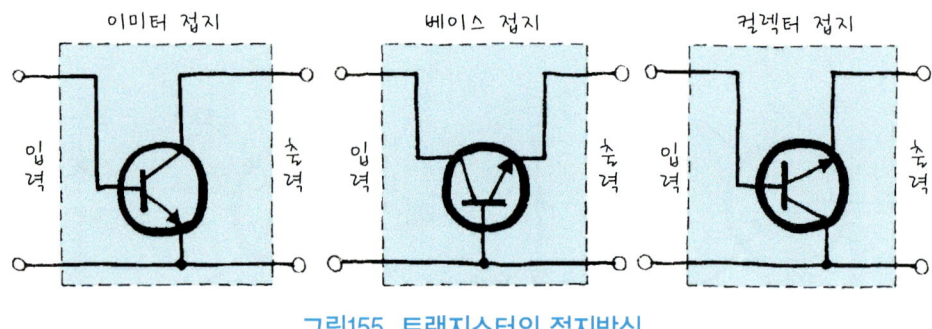

그림155 트랜지스터의 접지방식

㉡ 이미터 접지회로는 증폭작용이 가장 크기 때문에 보통 증폭회로에 많이 쓰이고 있다.

㉢ 그림156과 같이 저항이 많이 들어 있어 알기 어려운 경우에는 입출력단자가 트랜지스터의 어느 부분에 들어가는지를 본다(그림은 이미터 접지회로이다).

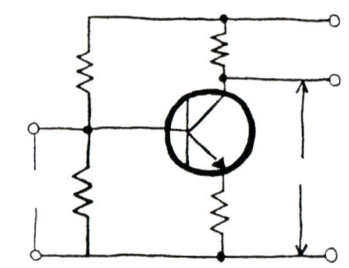

그림156 입력, 출력단자를 파악하면, 저항이 아무리 혼입(混入)되어 있어도 혼란되지 않는다(이미터 접지회로의 예)

(2) 전압을 가하는 법과 전류의 흐름

㉠ 트랜지스터를 작동시키기 위해서는 이미터의 화살표 방향으로 전류가 흐르도록 2개의 직류전원 V_{BB}와 V_{CC}가 필요하다. 다시 말하면, 베이스 전류가 흐르게 하는 전원 V_{BB}와 컬렉터 전류가 흐르게 하는 전원 V_{CC}가 필요하다(그림157).

각 전극 간의 전압은 일반적으로 V_{CE}가 몇 볼트이상이고, V_{BE}가 실리콘에서는 5내지 1.0볼트, 게르마늄은 0.1내지 0.4볼트이다. 각종 접지방식의 특징을 표4에 종합하여 나타내었다.

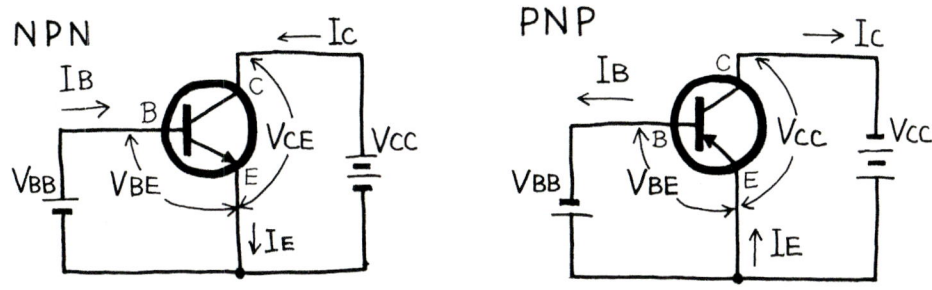

그림157 이미터 접지일 때 전압을 가하는 법

표4 각종 접지방식의 특징

접지방식 항목	이미터	베이스	컬렉터
전류증폭도	大	小(1 이상)	大
전압증폭도	大	大	小(1 이상)
전력증폭도	大	中	小
입력임피던스	中	小	大
출력임피던스	中	大	小
(고주파특성)	나쁘다	가장 좋다	좋다

※ 전류, 전압, 전력증폭도 모두 이미터 접지가 가장 크기 때문에 많이 쓰인다.

ⓒ NPN형 트랜지스터의 경우는 컬렉터 전류 I_C와 베이스 I_B전류가 흘러들어가서 이미터 I_E전류로 되어 나온다. PNP형 트랜지스터의 경우는 이미터 전류 I_E가 이미터에서 흘러들어가서 베이스 전류 I_B와 컬렉터 전류 I_C로 나뉘어 나온다(그림158).

I_C, I_B, I_E의 관계는 NPN형, PNP형이 모두, $I_E = I_C + I_E$로 된다.

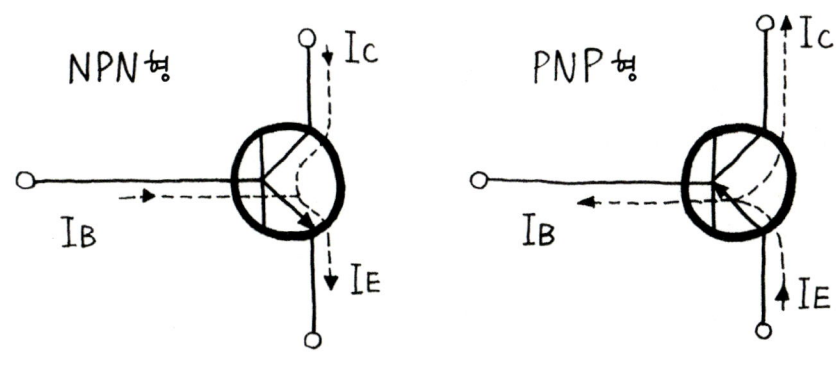

그림158 전류가 흐르는 방법

10 트랜지스터의 정특성

트랜지스터 단체(單體, 단독)의 전기 특성을 **정특성(靜特性)**이라 한다(그림159). 실제 회로의 계산에서는 일반적으로 정특성을 이용하여 그림을 그려 구한다. 정특성은 접지방식에 따라 다르나 대개는 이미터 접지로 나타내고 있으며 다음 3가지가 있다.

$I_B - V_{BE}$ 특성(입력 특성)

$I_B - I_C$ 특성(전류 전달 특성)

$I_C - V_{CE}$ 특성(출력 특성)

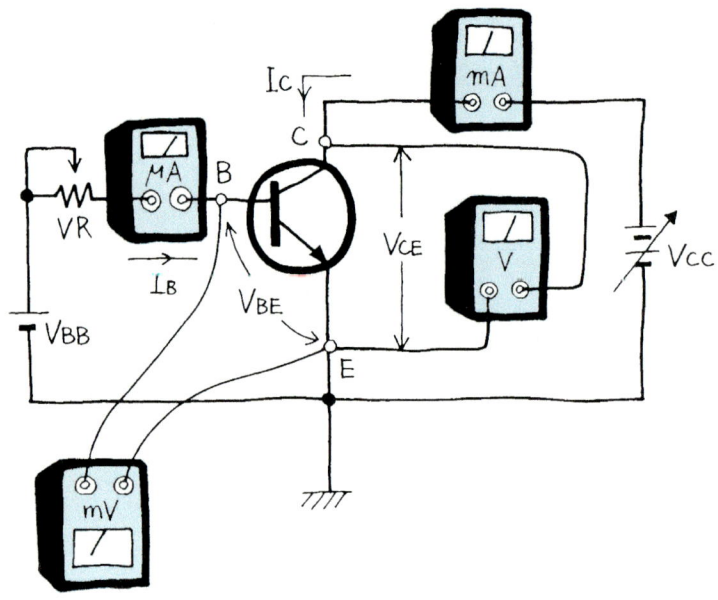

그림159 트랜지스터 단체(單體)의 전기 특성을 "정특성(靜特性)"이라 한다.

(1) $I_B - V_{BE}$ 특성

컬렉터와 이미터 사이의 전압 V_{BE}를 일정하게 유지했을 때 베이스 전류 I_B와 베이스와 이미터 간의 전압 V_{BE}의 관계를 그림160에 나타내었다.

㉠ 게르마늄트랜지스터와 실리콘트랜지스터에서는 특성이 다르다.

㉡ 실리콘트랜지스터에서는 0.4볼트까지 낮추면 베이스 전류는 거의 흐르지 않게 된다. 또 0.7볼트까지 올리면 베이스 전류 I_B는 급격히 증가한다.

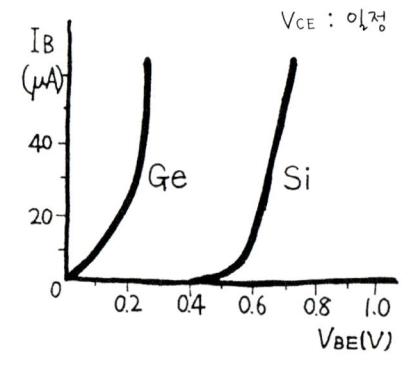

그림160 V_{CE}가 일정할 때의 $I_B - V_{BE}$ 특성

ⓒ 트랜지스터의 V_{BE}의 변화 지역은 극히 좁다는 것을 알 수 있다.

ⓔ 트랜지스터의 증폭작용은 $I_B - V_{BE}$ 특성의 직선 부분을 사용하도록 직류전원 V_{BB}를 가한다(신호가 있는 경우는 신호 전압 V를 덧붙인다).

ⓜ V_{BE}는 온도에 따라 변하여 I_C를 일정하게 했을 때 온도가 1℃ 상승하면 약 2밀리볼트 내지는 2.5밀리볼트 정도까지 내려간다.

ⓑ V_{BE}가 가해진 때의 I_B는 그림을 그려 구한다.

이상을 정리한 것이 그림161이다.

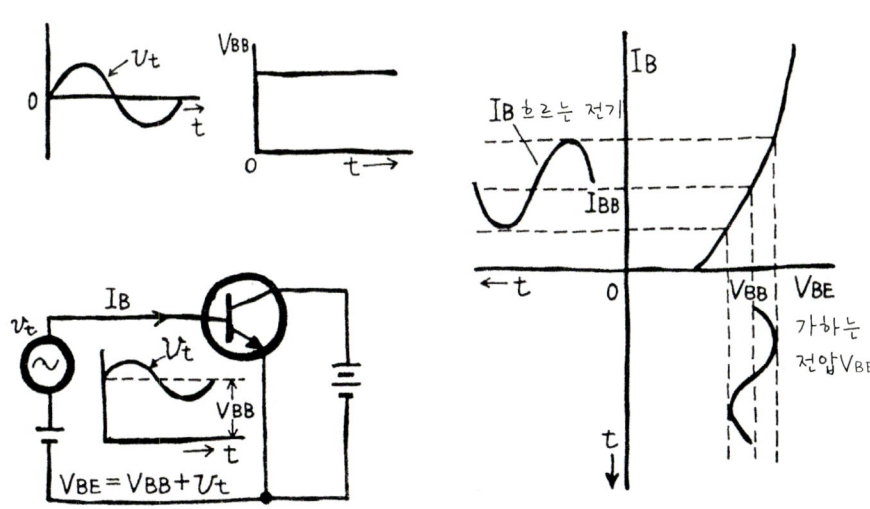

그림161 $I_B - V_{BE}$ 특성을 도해(圖解)하면…

(2) $I_B - I_C$ 특성

컬렉터와 이미터 간의 전압 V_{CE}를 일정하게 유지했을 때의 베이스 전류 I_B와 컬렉터 전류 I_C의 관계를 그림162에 나타내었다. I_C는 일반적으로 I_B의 수십 수백 배의 값이다.

그리고 베이스 직류전류 I_{BB}와 컬렉터 직류전류 I_{CC}와의 비를 직류증폭률 h_{FE}라 한다.

$$직류전류증폭률\ h_{FE} = \frac{I_{CC}}{I_{BB}}$$

또 베이스 입력신호전류 ib와 컬렉터 출력신호 ic와의 비를 소(小)신호 전류증폭률 h_{fe}라 한다.

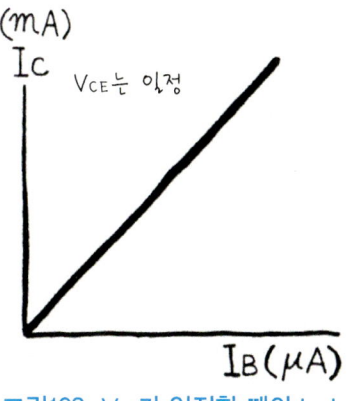

그림162 V_{CE}가 일정할 때의 $I_B - I_C$ 특성

$$\text{소신호 전류증폭률 } h_{fe} = \frac{ic}{ib}$$

I_{BB}와 ib가 겹쳐 흐를 때의 I_C는, 그림을 그려서 구한다. 그림163에 이것을 정리하여 나타내었다.

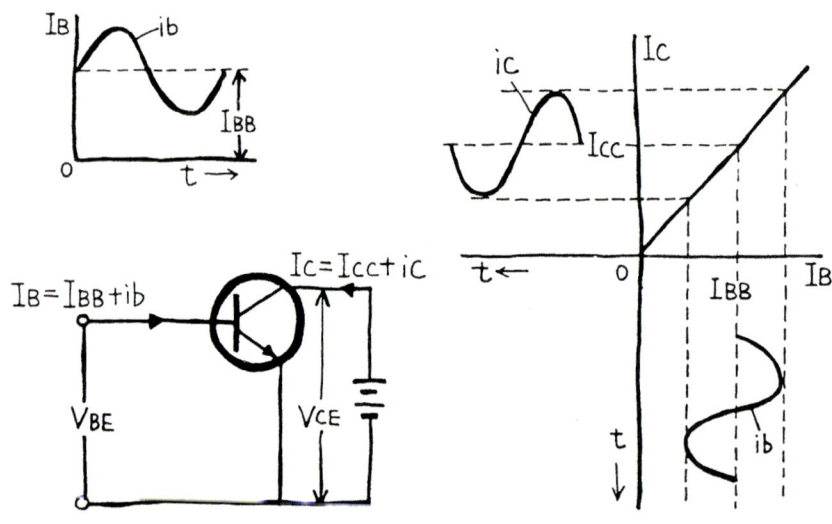

그림163 I_B–I_C 특성을 도해(圖解)하면…

(3) I_C–V_{CE} 특성

베이스 전류를 일정하게 유지했을 때 출력 쪽의 전류 I_C와 출력 쪽의 전압 V_{CE}의 관계를 그림164에 나타내었다. 컬렉터와 이미터의 전압이 0에서부터 1볼트까지는 컬렉터 전류 I_C가 급격히 증가하나, 1볼트 이상으로 되면 I_C는 거의 변화하지 않는다.

트랜지스터의 증폭작용을 이용할 때는, I_C가 급증하지 않는 "V_{CE} = 1볼트 이상"의 부분을 이용한다. I_C–I_B 특성은 I_C–V_{CE} 특성에 그림을 그려서 구한다.

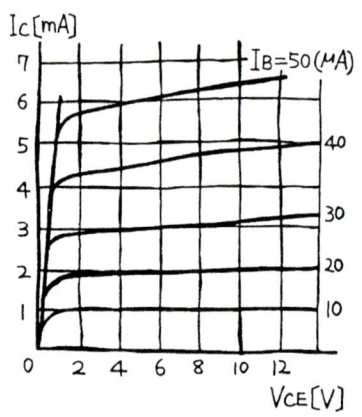

그림164 I_B가 50μA일 때의 I_C–V_{CE}특성

(4) 로드라인(負荷線)

실제로 트랜지스터의 회로를 구성할 때 트랜지스터에는 저항 등이 접속된다. 그림165 (a)는 컬렉터와 전원 V_{CC} 사이에 부하저항 R_L이 들어 있는 경우로,

$$R_L \text{ 단자의 전압} = R_L \times I_C$$

$$R_L \times I_C + V_{CE} = V_{CC}$$

베이스 전류를 0으로 하면 컬렉터 전류 I_C는 0이 된다.

㉠ $I_C = 0$에서 $V_{CE} = V_{CC}$

다음에 충분한 베이스 전류가 흐르면 V_{CE}는 0볼트 부근까지 내려간다.

㉡ $V_{CC} = I_C + R_L$ 단 $V_{CE} = 0$

㉠과 ㉡을 $V_{CE} - I_C$ 특성도(特性圖)에 기입하고, ㉠ = x, ㉡ = y로 하여 그림165 (b)와 같이 직선으로 연결한다. 이 직선을 로드라인이라 하고, 트랜지스터의 동작점은 이 로드라인 위를 움직이게 된다.

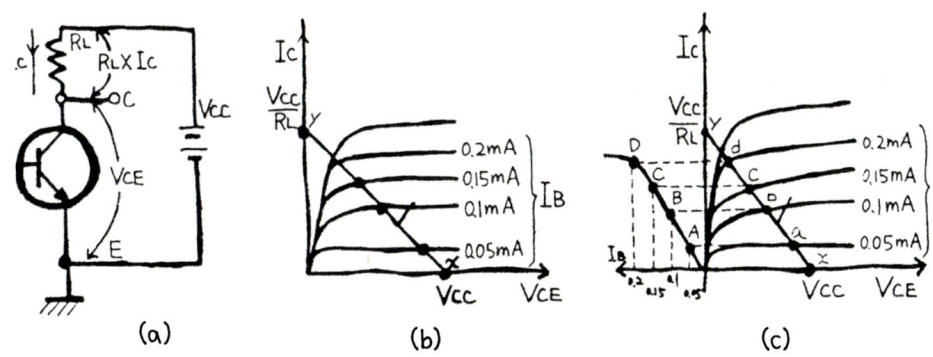

그림165 로드라인은 …… 컬렉터 C와 V_{CC} 사이에 부하저항 R_L을 넣은 경우

i) 로드라인의 이용

컬렉터 전류 i_c를 알면, 출력신호전압 V는 로드라인에서 작도(作圖)할 수 있다(그림166).

ii) 동특성(動特性)

로드라인과 각 $V_{CE} - I_C$ 특성 커브의 교차점을 a, b, c, d로 하고 각 점에 대응하는 베이스 전류 I_B의 그래프를 그리면 그림165 (c)와 같이 A, B, C, D가 된다. 이 커브 A, B, C, D는 $I_B - I_C$ 동특성이라 한다. $I_B - I_C$ 정특성과 크게 다른 점은 I_C에 제한이 있다(y점 이상으로 되지 않는다)는 것이다.

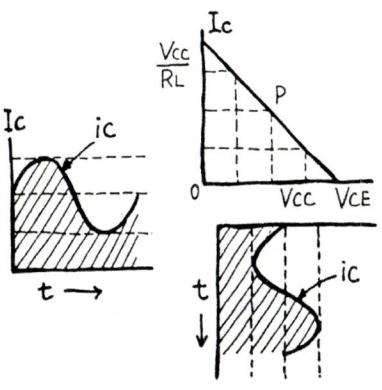

그림166 로드라인의 이용

Electronics 05 집적회로와 논리회로

IC란 Integrated Circuit (집적한, 가득 채운 회로)을 말하며 머리문자인 I와 C를 딴 것이다. 이 집적회로는 많은 회로소자로 구성되어 예를 들면 그림174와 같이 다이오드, 트랜지스터, 저항, 콘덴서 등을 하나의 실리콘 결정의 기판(基板)에 회로로 집적한 것이다.

지금부터 수십년 전 트랜지스터의 발명으로 진공관 시대에 비하여 전자 기술이 급속히 진보했다. 전자회로 하나만 보아도 항상 소형, 경량화가 진전하여 특히 집적밀도가 높은 것이 요구되고 있다. 이와 같은 배경으로 소련의 인공위성 발사를 계기로 시작된 미국의 우주개발 발전을 간과할 수 없다.

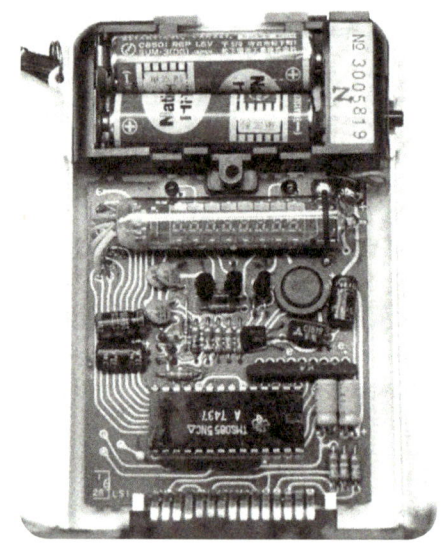

그림 탁상전자계산기는 신변의 전자장치

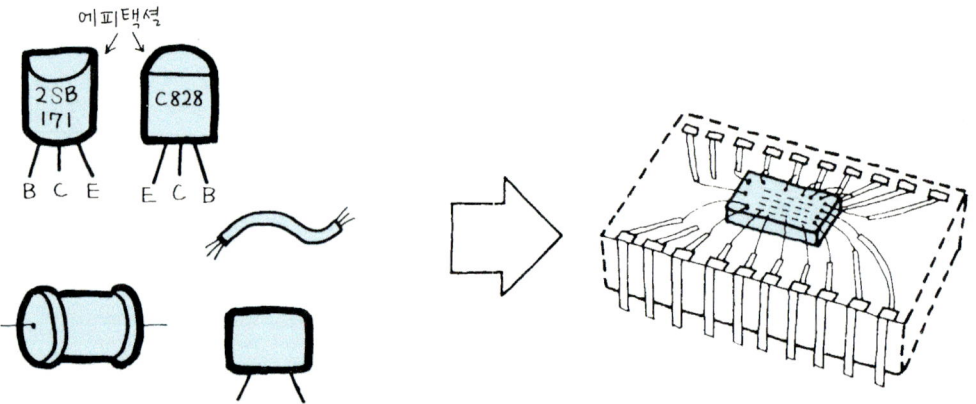

그림167 IC를 구성하는 것은 다이오드, 트랜지스터, 저항, 콘덴서 등이다.

IC의 소자는 몇 개에서 수천 개의 트랜지스터를 가로 세로 몇 mm인 실리콘 칩 위에 형성한 것이며 세라믹(磁器)이나 플라스틱의 패키지 속에 들어 있다.

1 IC의 종류

IC는 그 집적도에 따라 여러 종류로 나눌 수 있다(표5).

표5 IC의 종류

명칭	소자수
SSI(Small scale integrated circuit) : 소규모 집적회로	100개 정도
MSI(Middle scale integrated circuit) : 중규모 집적회로	100~1000개 정도
LSI(Large scale integrated circuit) : 대규모 집적회로	1만개 이상
VLSI(Very large scale integrated circuit) : 초대규모 집적회로	10만개 이상

2 IC 기능

IC는 그 기능에 따라 디지털 IC와 아날로그 IC로 나눌 수 있다.

디지털 IC란 Hi와 Lo의 2가지 전기신호를 취급하여 이 2개의 레벨 사이를 스위칭하는 기능을 갖는다. 이 전기신호 즉 디지털신호는 전압이 "있다"나 "없다"를 신호로 사용하고 있으며, "있다"를 1, "없다"를 0으로 표현한다.

이 전기신호(전압)가 1이냐 0이냐는 미리 어느 전압을 기준으로 그보다 크면 "1"이고 작으면 "0"으로 한다(그림168). 즉 그림169과 같이 신호의 크기가 다소 변화해도 기준 전압 이상이면 1이고, 기준 전압 이하이면 0이라는 것이다. 숫자로서의 1과 0이 아니라 어디까지나 기준으로 편의상 사용하는 것에 지나지 않는다. 1과 0 대신에, 예를 들어 1과 2를 사용해도 되므로 이 점에 주의해야 한다.

따라서 신호가 1인 때와 0인 때의 차를 어느 정도 크게 하면(예를 들어 1=5V, 0=0V), 매우 안정된다. 또 디지털신호는 여러 가지 신호를 표현할 수 없다. 그러므로 몇 가지 조합으로 신호를 표현하고 특히 마이크로컴퓨터 등에 이용하고 있다.

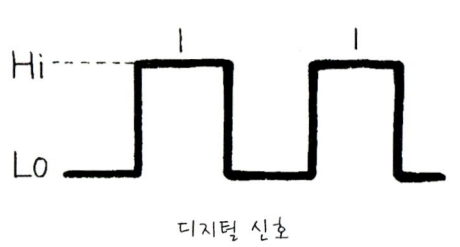
그림168 디지털 IC는 전압이 있다(1), 없다(0)를 신호로 한다.

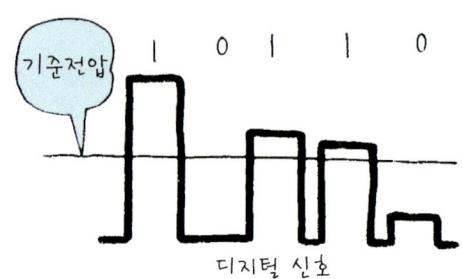
그림169 기준 전압보다 위인가 혹은 아래인가로 판별한다.

그림 IC라 해도 여러 종류가 있다

그림 AM/FM 전자튜너 라디오

다음으로 아날로그신호란 아날로그신호를 입력으로 하여 그대로의 파형(波形)으로 증폭하여 출력하는 기능을 갖고 있기 때문에 **리니어 IC**라고도 한다. 아날로그신호란 저항의 온도에 따른 전류의 변화와 같이 연속적으로 변화하는 신호를 말한다.

아날로그 IC는 음향 부품의 증폭회로 등에 많이 이용하고 있다. 그림170은 양자의 다른 점을 정리하여 나타내었다.

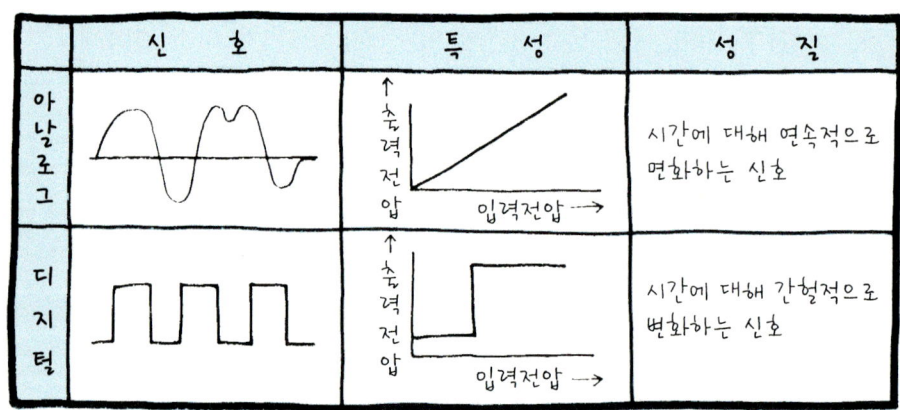
그림170 아날로그 IC와 디지털 IC의 차이

3 IC(집적회로)의 특징

IC는 종래의 전기회로에 비하여 다음과 같은 특징을 갖고 있다.

(1) 신뢰성의 향상

전자 기기는 여러 가지 전자 부품을 납땜 등으로 접속하여 만들어졌다. 이 접속 개소가 원인이 되는 고장은 접속 개소가 특히 많은 전자 기기에서는 큰 문제가 된다. IC의 채용으로 외부 접속 개소는 대폭적으로 감소되므로 전자계산기 등의 전자 기기에서는 회로를 IC화함으로써 고장이 적고 신뢰성이 매우 향상되고 있다.

(2) 저렴한 가격

IC는 실리콘트랜지스터의 제작법과 같이 사진감광기술을 응용하여 일시에 대량생산할 수 있다. 대량생산의 정도에 따라 가격이 큰 폭으로 차이 나므로 현재는 IC를 사용하지 않는 구성 부품의 합계 금액과 동등한 금액 이하로 가격이 내려갔다. 조립이나 부품 보관 등 경비도 포함해 볼 때 가격 면에서는 유리하다.

(3) 회로의 소형화, 경량화

IC는 시스템을 소형화하는 목적에서 생긴 것으로 그것이 바로 특징으로 되어 있다. 현재는 작은 반도체의 기판 위의 약 $5mm^2$에 수만 개 이상의 트랜지스터를 만드는 것이 가능해져서 이와 같은 대규모의 집적화는 더욱 진전할 것으로 생각된다.

(4) 고속화

IC는 칩 안에서의 회로 간의 거리(내부에 전선을 사용한 배선이 없다)가 매우 짧기 때문에 배선의 인덕턴스와 부유(浮遊) 용량이 극히 적어져 신호 전달을 고속화할 수 있다.

※ IC의 장점
① 소형, 경량이다.
② 모놀리식 IC(1개의 규소 기판으로 만들어진 IC)는 대량생산할 수 있어 가격이 싸다.
③ 특성을 고루 갖춘 트랜지스터가 된다. 그러므로 1개의 칩(규소) 위에 집적화한 모든 랜지스터가 동일한 공정에서 동시에 생산된다.
④ 납땜 개소가 적어 고장이 적다.
⑤ 진동에 강하다.
⑥ 소비전력이 적다.

※ IC의 단점
① 열에 약하다. 그러므로 작동 온도가 약 30~80℃이므로, 큰 전력을 취급하는 경우에는 IC에 방열기(放熱器)를 부착하거나 장치 전체에 송풍할 필요가 있다.
② 코일은 모놀리식 IC화가 어렵다. 즉 IC는 동일한 평면 위에 트랜지스터, 저항, 용량이 구성되는 소자이므로 코일과 같은 입체적인 것은 모놀리식 IC화할 수 없다. 꼭 IC화할 경우에는 하이브리드 IC(여러 가지 소자를 결합한 구조이다)로 하면 가능하다.
③ 용량이 큰 콘덴서는 IC화가 곤란하다.

표6 모놀리식 IC와 하이브리드 IC

	모놀리식 IC	하이브리드 IC
분 류	● 바이폴러 IC(보통의 IC) ● MOS IC	● 두꺼운 막 ● 얇은 막 IC
구 조	● 1개의 규소 조각으로 만든다.	● 여러 가지 소자를 결합하여 만든다.
이 점	● 소형(輕量高密度)	● 고정도(高精度) ● 다품종 회로소자로 되어 있다. ● 초고주파로도 사용 가능 ● 최대전력 가능
결 점	● 저항용량의 값에 한계가 있고, 높은 정밀도가 아니다.	● 고가(高價) ● 집적도가 작다. ● 양산할 수 없다.

※ 두꺼운 막(厚膜) IC는 인쇄하고, 얇은 막(薄膜) IC는 증착(蒸着)하여 만든다. 두꺼운 막 IC는 금, 팔라듐, 금속 산화물, 유리 가루 등을 개어 용융하여 알루미나 기판(基板) 위에 인쇄하여, 이것을 700~900℃ 정도의 고온에서 가열한다.

4 IC의 논리회로

전기신호에는 아날로그신호와 디지털신호, 2종류의 신호가 있다는 것을 설명했다. 최근에는 디지털시계와 탁상 전자계산기를 비롯하여 마이크로컴퓨터까지 디지털신호를 사용한 기기를 사용하고 있다. 여기서는 디지털신호를 사용한 회로, **논리회로**에 대해 설명한다. 디지털 논리회로에는 3개의 기본 논리회로와 이것을 복합한 여러 가지 논리회로가 있다. 여기서는 기본 논리회로의

① AND회로(논리적[積] 회로)
② OR회로(논리합[合] 회로)
③ NOT회로(부정논리 회로)를 비롯하여, 또 이들 3개의 회로를 결합한 복합회로

④ NAND회로(논리적 부정)
⑤ NOR회로(논리합 부정)
⑥ EXCLUSIVE-OR회로(배타적 논리합)에 대해 설명한다(그림171).

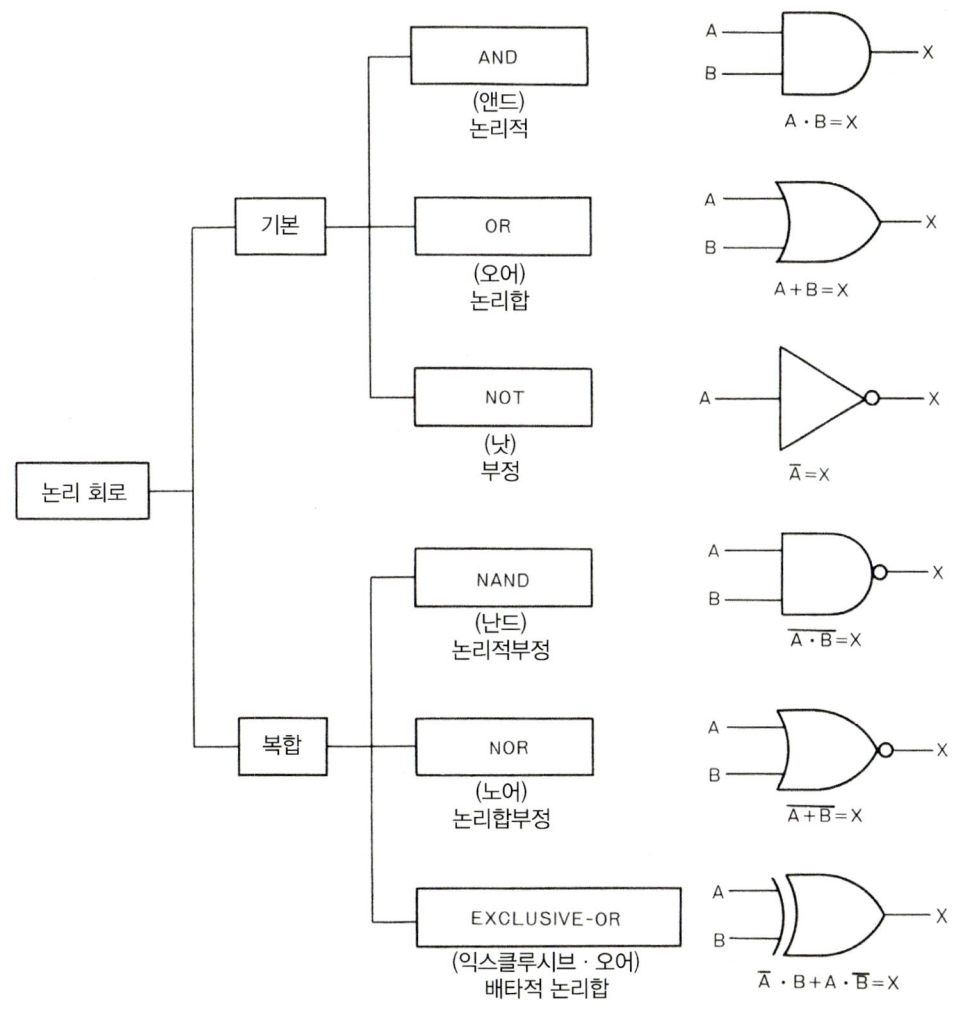

그림171 IC의 논리회로 기호

EXCLUSIVE-OR회로(EX-OR회로)란 AND회로와 OR회로, 그리고 NOT회로를 결합하여 하나의 회로로 한 것이다. 그리고 이 회로에 또 하나의 NOT회로를 접속한 EXCLUSIVE-NOR회로(배타적 논리합 부정)가 있으며, 여기서는 EXCLUSIVE-OR회로를 중심으로 설명한다.

또 논리회로의 논리는 정(+)논리의 전위가 높은 쪽을 Hi 레벨로 하여 1로 나타내고 전위가 낮은 쪽을 Lo 레벨로 하여 0으로 나타낸다. 또 그 반대로 부(−)논리는 전위가 낮은 쪽을 Hi레벨로 하여 1로 나타내고 전위가 높은 쪽을 Lo 레벨로 하여 0으로 나타낸다. 여기서는 정논리로 설명하기로 한다.

 논리기호의 "정(正)논리와 부(負)논리" 기호

	정(正)논리기호	부(負)논리기호
NAND		
NOR		
NOT		

정(正)논리와 부(負)논리의 진리값표

	정(正)논리 진리값표				부(負)논리 진리값표			
	A	B	X'	X	A	B	$\overline{A}$	$\overline{B}$	X
NAND	0	0	0	1	0	0	1	1	1
	0	1	0	1	0	1	1	0	1
	1	0	0	1	1	0	0	1	1
	1	1	1	0	1	1	0	0	0
NOT	A	B	X'	X	A	B	$\overline{A}$	$\overline{B}$	X
	0	0	0	1	0	0	1	1	1
	0	1	1	0	0	1	1	0	0
	1	0	1	0	1	0	0	1	0
	1	1	1	0	1	1	0	0	0

논리회로는 심벌화한 논리기호로 나타낸다. 이 논리기호를 로직 심벌이라 부르고, MIL 규격(Military Standard Specification)으로 규정되어 있다. 입력은 2입력, 3입력, 4입력이 있으며 일반적으로 2입력을 많이 사용한다.

AND회로와 OR회로는 하나의 패키지에 넣은 IC 집적회로로 만들었으며, 일반적으로 디지털 IC라 부른다(그림172).

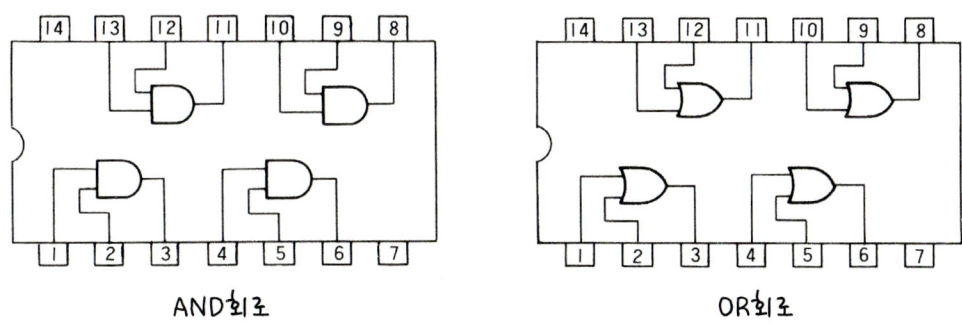

그림172 AND회로나 OR회로는 디지털 IC라 한다.

IC에는 TTL(Transistor Transistor Logic)형과 C-MOS(Complementary Metal Oxide Semiconductor)형을 많이 사용한다. TTL형과 C-MOS형은 대개 5V 전압으로 작동하며, TTL형은 전압의 변동에 약하기 때문에(약 5±1V) 잘못 동작을 하는 경우가 있어 TTL형에는 안정된 전원이 필요하다.

IC에 결합되어 있는 논리회로의 동작은 그림173과 같은 표를 사용하여 나타낸다. 이 표를 **진리값표(眞理値表)**라 한다.

진리값표는 입력 A와 B가 취할 수 있는 1과 0의 전체 조합에 대해 출력 X의 상태를 나타낸 것이다. 2입력인 경우는 4가지 조합을 할 수 있다. 그 개개의 회로에 대해 설명한다.

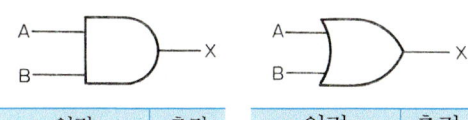

그림 C-MOS 형식의 아날로그 스위치

입력		출력
A	B	X
0	0	0
0	1	0
1	0	0
1	1	1

입력		출력
A	B	X
0	0	0
0	1	1
1	0	1
1	1	1

그림173 논리회로의 동작을 표로 나타낸 것을 진리값표라 한다.

(1) AND회로(논리적[積] 회로)(그림174)

AND회로는 스위치(접점) A, B에 의해 램프 X를 점멸하는 회로이다. 이 회로에서 램프 X가 점멸하기 위해서는 A, B가 모두 ON일 때만이다.

이와 같이 2개 이상의 입력단자(게이트)와 1개의 출력단자를 갖고 모든 입력단자에 "1"을 출력하는 회로를 AND회로라 한다.

그림174 (b)는 집적회로로 만들어진 AND회로의 그림 기호이고, 그림(c)는 이 회로의 2개의 입력 A, B와 출력 X의 관계를 나타낸 것이며 진리값표라 한다. 또 진리값표에서 AND회로의 논리식을 구하면 다음과 같다.

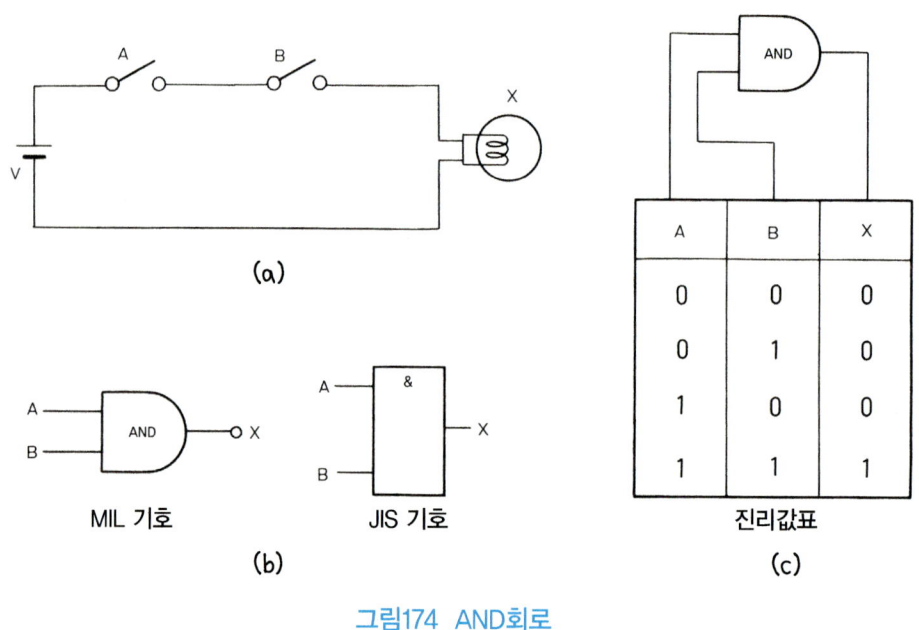

그림174 AND회로

$$X = A \cdot B (A \text{ and } B \text{라 읽는다})$$

즉, 이 회로는 A와 B를 곱한 **논리적 회로**이다. 여기서 논리식과 진리값표를 알아보면 다음과 같이 된다.

> 📝 **정리**
>
> A=0, B=0 → X=A·B=0·0=0   A=1, B=0 → X=A·B=1·0=0
> A=0, B=1 → X=A·B=0·1=0   A=1, B=1 → X=A·B=1·1=1

위의 사항에서 입력단자 A, B에 "1"의 신호가 동시에 가해지면 출력단자 X에 1이 출력된다. 또 논리식을 진리값표에서 구할 때는 출력에 1의 출력을 나타내는 난(欄)에서 구한다.

〈AND회로의 동작 원리〉

㉠ A, B가 모두 OFF(입력단자 A, B가 "0")

입력단자 A, B가 모두 0일 때는 다이오드 D_1 과 D_2는 순방향으로 되어 전류가 흐르므로 ON 이 되고, 출력단자 X는 0이 된다(그림175).

㉡ A만이 ON(입력단자 A만이 "1")

입력단자 A=1, B=0일 때 D_1에는 역방향 전압이 되므로 D_1은 OFF 상태로 되고 D_2는 ON상태로 되어 출력 X는 0이 된다.

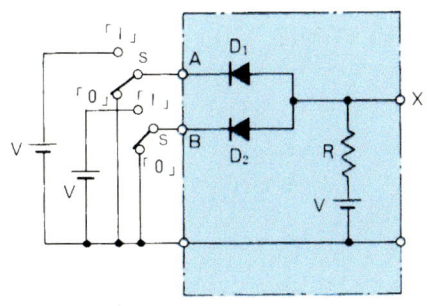

그림175 AND회로의 동작 원리

㉢ B만이 ON(입력단자 B만이 "1")

입력단자 A=0, B=1일 때 D_1은 ON, D_2는 OFF 상태로 되고 출력 X는 0이 된다. 입력이 모두 1일 때만 출력이 1로 된다.

㉣ A, B가 모두 ON(입력단자 A, B가 모두 "1")

입력단자 A, B가 1일 때 D_1, D_2는 모두 역방향 전압이 되어 OFF 상태로 된다. 따라서 출력 X는 1이 된다.

위의 내용에서 AND회로는 2개 이상의 입력단자와 1개의 출력단자를 갖고 입력이 모두 1일 때만 출력이 1로 된다.

(2) OR회로(논리합[合] 회로)

OR회로에서 램프 X가 켜지는 조건을 조사하여 진리값표를 만들면 그림176(c)와 같이 된다. 2개 이상의 입력단자와 1개의 출력단자를 갖고 적어도 1개의 입력단자에 "1"이 입력되면, 출력단자에 1을 출력하는 회로를 **OR회로**라 한다. 그림(b)는 OR회로의 그림 기호를 나타낸다. 이 회로의 논리식은,

$$X = A+B(A \text{ or } B \text{라 읽는다})$$

즉 이 회로는 A와 B를 합하는 논리합(合) 회로이며, 여기서 논리식과 진리값표를 음미하면 다음과 같이 된다.

> **정리**
>
> A=0, B=0 → X=A+B=0+0=0   A=1, B=0 → X=A+B=1+0=1
> A=0, B=1 → X=A+B=0+1=1   A=1, B=1 → X=A+B=1+1=1

위 내용에서 A와 B 어느 하나의 입력단자 또는 양쪽의 입력단자에 "1"의 신호가 가해지면 출력단자 X에 1의 출력이 나타나게 된다.

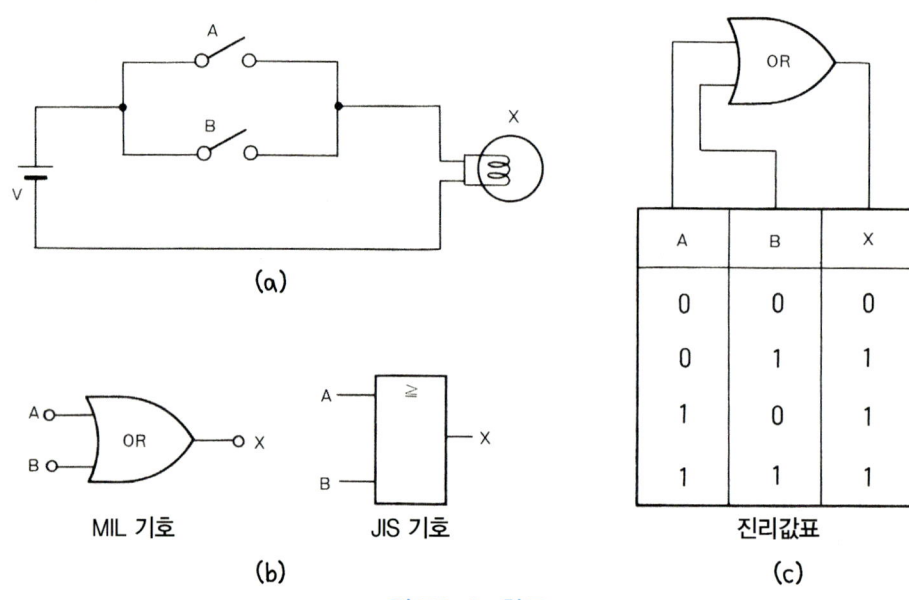

그림176 OR회로

〈OR회로의 동작 원리〉

그림177은 다이오드 D_1과 D_2를 사용한 OR회로이다.

㉠ A, B가 모두 OFF

입력단자 A=0, B=0일 때는 단자 A, B, X는 같은 전위로 되어 출력단자 X는 0이 된다.

㉡ A만이 ON(입력단자 A만 "1")

입력단자 A=1, B=0일 때 D_1이 순방향이 되어 D_1은 ON 상태로 되고, D_2는 OFF이므로 출력단자 X는 1이 된다.

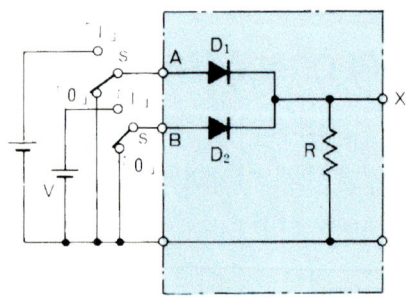

그림177 OR회로의 동작 원리

㉢ B만이 ON(입력단자 B만 "1")

입력단자 A=0, B=1일 때 D_2가 순방향이 되어 D_2가 ON, D_1이 OFF이며 출력단자 X는 1이 된다.

ㄹ. A, B가 모두 ON(입력단자 A, B가 모두 "1")

입력단자 A, B가 모두 1일 때 D_1, D_2가 순방향으로 되어 ON 상태이고, 출력단자 X는 1이 된다.

위와 같이 OR회로는 2개 이상의 입력단자와 1개의 출력단자를 갖고 입력이 1개라도 1이면 출력이 1로 된다.

(3) NOT회로(부정논리 회로) (그림178)

NOT회로는 1개의 입력단자와 1개의 출력단자를 갖고 입력단자에 "0"이 입력되었을 때 출력단자에 "1"을 출력하고, 입력단자 1이 입력되었을 때는 출력단자에 0을 출력하는 회로를 말한다.

그림178 (b)는 NOT회로의 그림 기호이고, 그림(c)는 진리값표이다. 이 표에서 논리식을 구하면 다음과 같이 된다.

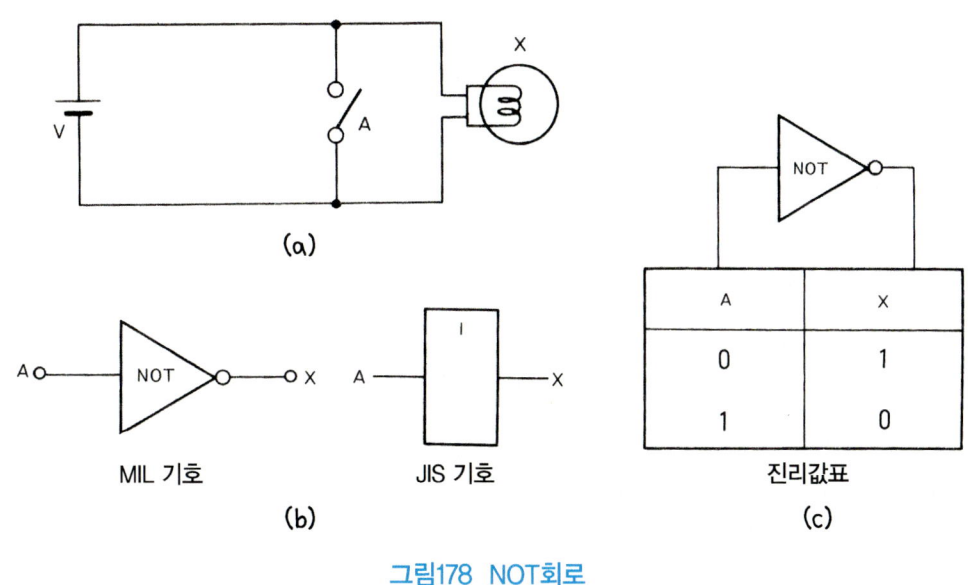

그림178 NOT회로

$$X = \overline{A} (A바[bar]라 읽는다)$$

즉 이 회로는 A를 부정하는 **부정회로**이며, 논리식과 진리값표를 음미하면 다음과 같이 된다.

> **정리**
>
> $A = 0 \rightarrow X = \overline{A} = \overline{0} = 1$ $\qquad$ $A = 1 \rightarrow X = \overline{A} = \overline{1} = 0$

위와 같이 입력단자 A에 "0"의 신호가 가해지면 출력단자 X가 "1"이 되고, 입력단자 A에 1의 신호가 가해지면 출력단자 X에 0의 신호가 나타나게 된다.

〈NOT회로의 원리〉

그림179는 트랜지스터(Tr)를 사용한 NOT회로의 원리도이다.

㉠ 입력단자 A가 "1"일 때

Tr에 베이스 전류가 흘러 ON이 되고 출력단자 X는 "0"이 된다.

㉡ 입력단자 A가 "0"일 때

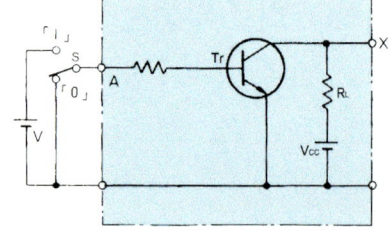

그림179 NOT회로의 동작 원리

Tr에 베이스 전류가 흐르지 않으므로 Tr은 OFF로 되어 출력단자 X는 "1"이 된다.

이상과 같이 입력이 0일 때 출력이 1이 되고, 입력이 1일 때 출력이 0으로 되는 회로를 NOT회로라 한다.

(4) NAND회로(논리적 부정)

NAND회로란 AND회로의 출력단자에 NOT회로를 접속하여, AND회로의 동작을 부정한 출력을 얻는 회로를 말한다(그림180).

그림180 (b)는 그 그림 기호를 나타내고, 그림(c)는 진리값표이다. 모든 입력단자에 "1"이 입력되었을 때만 출력단자에 "0"을 출력하는 회로이며, 진리값표에서 논리식을 구하면 다음과 같다.

$$X = \overline{A \cdot B} \text{ (A and B bar라고 읽는다)}$$

즉, 이 NAND회로는 AND논리를 부정하는 **상호부정회로**이다. 여기서 논리식과 진리값표를 음미하면 다음과 같다.

> **정리**
>
> $A = 0, B = 0 \rightarrow X = \overline{A \cdot B} = \overline{0 \cdot 0} = \overline{0} = 1$ $\qquad$ $A = 1, B = 0 \rightarrow X = \overline{A \cdot B} = \overline{1 \cdot 0} = \overline{0} = 1$
> $A = 0, B = 1 \rightarrow X = \overline{A \cdot B} = \overline{0 \cdot 1} = \overline{0} = 1$ $\qquad$ $A = 1, B = 1 \rightarrow X = \overline{A \cdot B} = \overline{1 \cdot 1} = \overline{1} = 0$

위와 같이 입력단자 A 또는 B 어느 하나에 "0" 또는 "1"의 신호가 가해지면 출력단자 X에 1이 나타나고, 입력단자 A와 B 각각에 "1"의 신호가 가해지면 출력단자 X에는 "0"이 나타난다. AND논리를 부정한 결과를 얻게 된다.

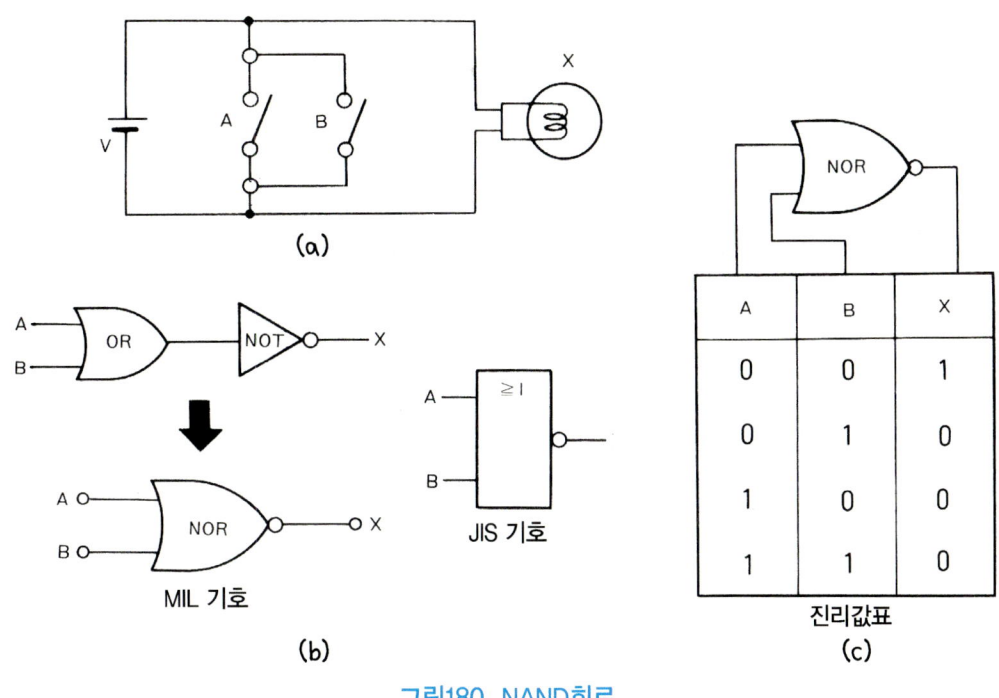

그림180 NAND회로

(5) NOR회로(논리합 부정)

NOR회로란 OR회로에 NOT회로를 접속한 회로를 말한다(그림181).

그림188(a, b, c)는 NOR회로의 예와 진리값표를 나타낸다. NOR회로의 작용은 "0"과 "1"의 결합을 입력신호로 하여 그때의 출력신호를 얻게 된다. 진리값표에서 논리식을 구하면 다음과 같이 된다.

$$X = \overline{A+B} \text{(A or B bar라고 읽는다)}$$

즉, 이 NOR회로는 OR논리를 부정하는 **결합부정회로**이다. 여기서 논리식과 진리값표를 음미하면 아래와 같이 된다.

📝 **정 리**

A = 0, B = 0 → X = $\overline{A+B}$ = $\overline{0+0}$ = $\overline{0}$ = 1   A = 1, B = 0 → X = $\overline{A+B}$ = $\overline{1+0}$ = $\overline{1}$ = 0
A = 0, B = 1 → X = $\overline{A+B}$ = $\overline{0+1}$ = $\overline{1}$ = 0   A = 1, B = 1 → X = $\overline{A+B}$ = $\overline{1+1}$ = $\overline{1}$ = 0

위와 같이 입력단자 A와 B에 "0"의 신호를 동시에 가하면 출력단자 X에 "1"이 나타나고, 입력단자 A 또는 B의 어느 하나 또는 동시에 "1"을 가하면 출력단자에 "0"이 나타난다. 즉 OR논리를 부정한 결과를 얻게 된다.

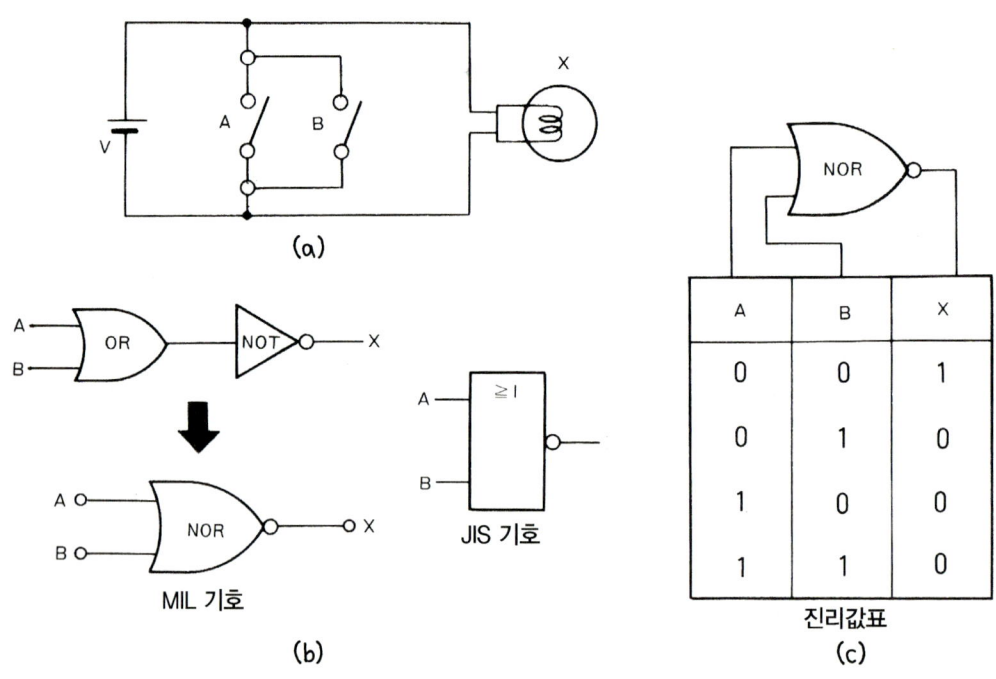

그림181 NOR회로

(6) EXCLUSIVE-OR회로(배타적 논리합)

익스클루시브 오어 회로를 배타적 논리합(合) 또는 불일치 회로라 한다. 그림182의 회로와 기호, 그리고 진리값표에서 보는 바와 같이 2개의 입력 A, B의 상태가 서로 다른 신호를 가했을 때, 출력단자에 "1"의 신호가 나타난다.

이 회로의 작용은 "0"과 "1"의 결합을 입력신호로 하여 그때 출력신호를 결과로 한다. 진리값표에서 논리식을 구하면 다음과 같이 된다.

$$X = \overline{A} \cdot B + A \cdot \overline{B}$$

즉, 이 회로는 입력단자에 가하는 신호가 상반될 때 출력단자 X에 1의 신호가 나타난다. 여기서 논리식과 진리값표를 음미하면 다음과 같이 된다.

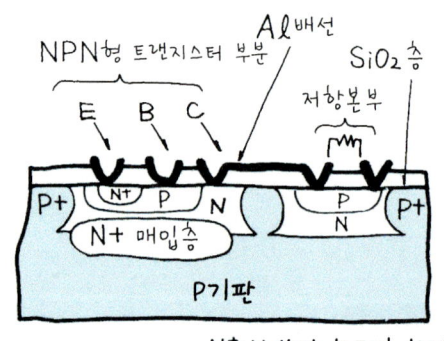

그림 IC 칩의 단면

A = 0, B = 0
$X = \bar{A}\cdot B + A \cdot \bar{B} = \bar{0}\cdot 0 + 0 \cdot \bar{0}$
$= 1\cdot 0 + 0 \cdot 1 = 0+0 = 0$

A = 0, B = 1
$X = \bar{A}\cdot B + A \cdot \bar{B} = \bar{0}\cdot 1 + 0 \cdot \bar{1}$
$= 1\cdot 1 + 0 \cdot 0 = 1+0 = 1$

A = 1, B = 0
$X = \bar{A}\cdot B + A \cdot \bar{B} = \bar{1}\cdot 0 + 1 \cdot \bar{0}$
$= 0\cdot 0 + 1 \cdot 1 = 0+1 = 1$

A = 1, B = 1
$X = \bar{A}\cdot B + A \cdot \bar{B} = \bar{1}\cdot 1 + 1 \cdot \bar{1}$
$= 0\cdot 1 + 1 \cdot 0 = 0+0 = 0$

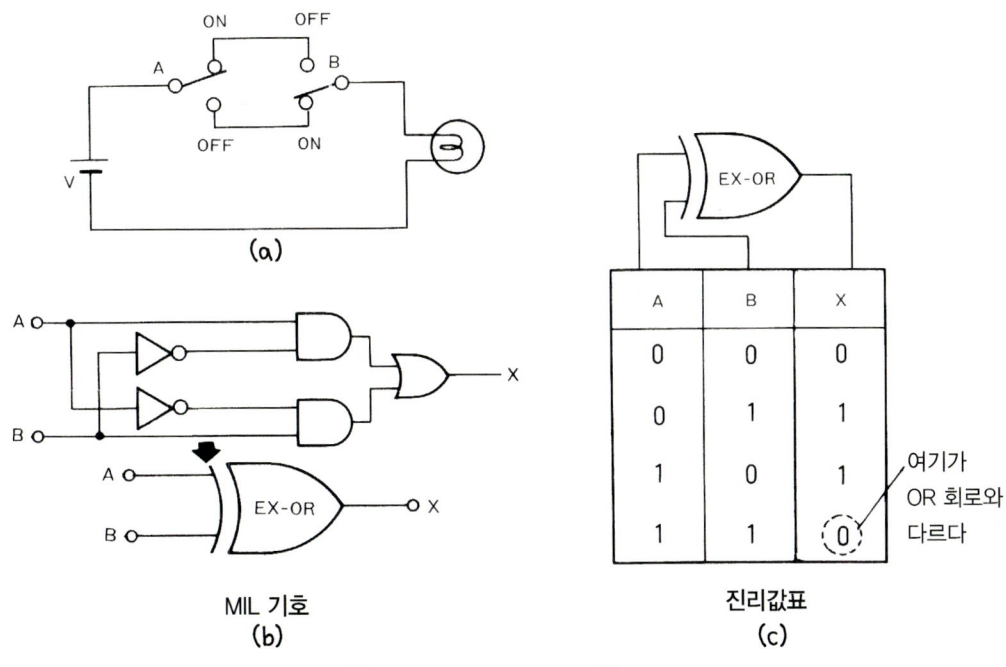

그림182 EXCLUSIVE-OR회로

위와 같이 입력단자 A 또는 B의 어느 한쪽에 "1"의 신호가 가해지면 출력단자 X에 "1"이 나타난다. 즉 입력신호가 상반될 때에 출력을 얻게 된다.

※ TTL
Transistor Transistor Logic의 약자이며, 트랜지스터·트랜지스터 논리회로라 한다. 문자 그대로 트랜지스터와 트랜지스터를 결합한 논리회로이며, DTL의 다이오드 대신에 트랜지스터를 사용한 것이다. DTL에 비하여 팬아웃(하나의 논리 회로에 넣을 수 있는 게이트의 입력수를 팬인이라하고, 이에 대해 출력 쪽에 접속할 수 있는 부하의 게이트를 말한다)을 크게 잡을 수 있고 전달 시간도 짧기 때문에 널리 쓰이고 있다.
DTL이란 Diode Transistor Logic의 약자이며, 다이오드·트랜지스터 논리회로를 말한다. 다이오드와 트랜지스터를 결합한 논리 회로이다.

※ EXCLUSIVE-NOR회로

EXCLUSIVE-OR(배타적 논리합)를 부정한 회로이며 배타적 논리합 부정이라 부른다. 회로는 3가지 형식이 있다. 그러나 내용은 3가지가 모두 똑같다.

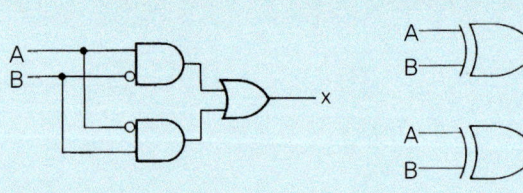

진리값표는 다음와 같다.

입력		출력
A	B	X
0	0	1
0	1	0
1	0	0
1	1	1

IC〈AND〉

 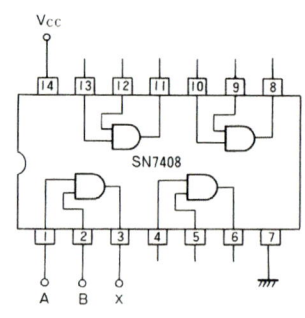

IC〈NOT〉

 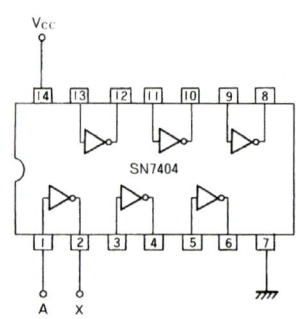

IC〈OR〉

 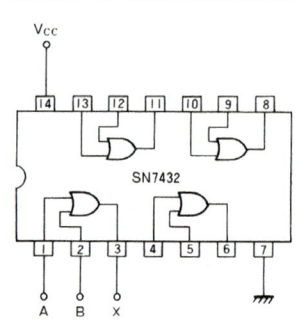

IC〈NAND〉

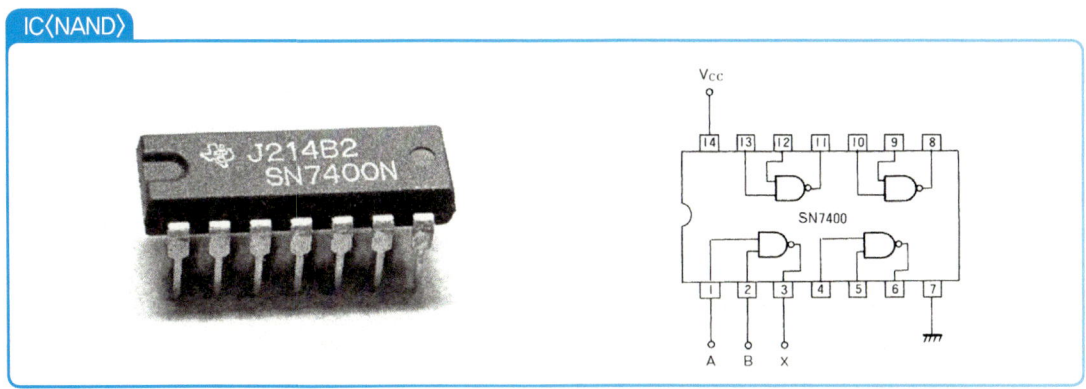

IC〈NOR〉

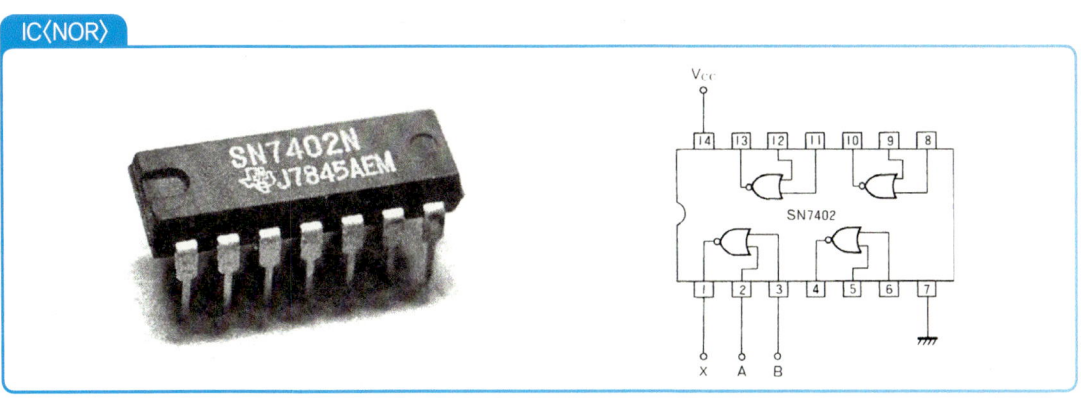

IC〈EX-OR〉

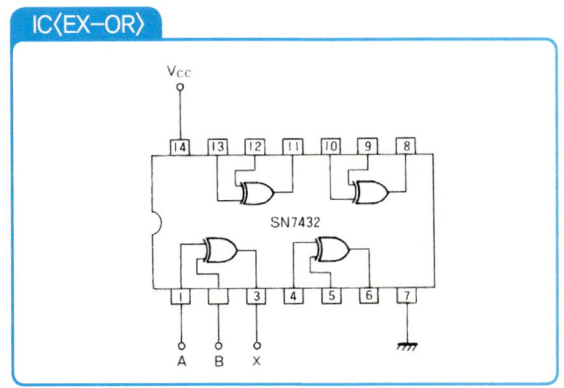

1. 단위 기호 및 명칭

분류		작은 값의 단위		기본단위	큰 값의 단위	
전압	단위(호칭) 단 위 기 호 승수(乘數)		마이크로볼트 μV $1×10^{-6}$	밀리볼트 mV $1×10^{-3}$	볼트 V 1	킬로볼트 kV $1×10^{3}$	메가볼트 MV $1×10^{6}$
전류	단위(호칭) 단 위 기 호 승수(乘數)		마이크로암페어 μA $1×10^{-6}$	밀리암페어 mA $1×10^{-3}$	암페어 A 1	킬로암페어 kA $1×10^{3}$	메가암페어 MA $1×10^{6}$
저항	단위(호칭) 단 위 기 호 승수(乘數)		마이크로옴 μΩ $1×10^{-6}$	밀리옴 mΩ $1×10^{-3}$	옴 Ω 1	킬로옴 kΩ $1×10^{3}$	메가옴 MΩ $1×10^{6}$
정전 용량	단위(호칭) 단 위 기 호 승수(乘數)	마이크로 마이크로페럿 μμF pF $1×10^{-12}$	마이크로 페럿 μF $1×10^{-6}$		페럿 F 1		
주기	단위(호칭) 단 위 기 호 승수(乘數)	피코세컨드 ps $1×10^{-12}$	마이크로세컨드 μs $1×10^{-6}$	밀리세컨드 ms $1×10^{-3}$	세컨드 s 1		
주파수	단위(호칭) 단 위 기 호 승수(乘數)				헬츠 Hz 1	킬로헬츠 kHz $1×10^{3}$	메가헬츠 MHz $1×10^{6}$
전력	단위(호칭) 단 위 기 호 승수(乘數)			밀리와트 mW $1×10^{-3}$	와트 W 1	킬로와트 kW $1×10^{3}$	메가와트 MW $1×10^{6}$
전력량	단위(호칭) 단 위 기 호 승수(乘數)				와트시 Wh 1	킬로와트시 kWh $1×10^{3}$	
피상 (皮相) 전력	단위(호칭) 단 위 기 호 승수(乘數)				볼트암페어 VA 1	킬로볼트암페어 kVA $1×10^{3}$	

분 류		작은 값의 단위			기본단위	큰 값의 단위	
자속 (磁束)	단위(호칭) 단위기호 승수(乘數)				웨버 Wb		
인덕 턴스	단위(호칭) 단위기호 승수(乘數)			밀리헨리 mH 1×10^{-3}	헨리 H 1		
광속	단위(호칭) 단위기호 승수(乘數)				루멘 lm		
광도	단위(호칭) 단위기호 승수(乘數)				칸델라 cd		
조도	단위(호칭) 단위기호 승수(乘數)				럭스 Lx		
저항률	단위(호칭) 단위기호 승수(乘數)		마이크로미터 $\mu\Omega m$ 1×10^{-6}		옴미터 Ωm 1		

2. 전기 기호와 기능

1 전류

명 칭	기 호	기 능
직 류	—	ex) Ⓐ Ⓖ
교 류	∼	ex) Ⓐ∼ Ⓖ∼
고 주 파	(1) ≈ (2) ⋘	음성주파를 나타낼 때 ≈ 전력용 주파를 나타낼 때 ∼

2 도선 및 접속

명 칭	기 호	기 능
도 선	───	1 전선 및 모선(母線) 등에 널리 쓰인다. 2 필요에 따라 굵기를 구별한다. 3 도체의 가닥수를 명시할 때는 다음과 같이 나타낼 수 있다. 　a. 2개일 때 ─#─ 　b. 3개일 때 ─##─ 　c. 4개일 때 ─n/─
속　선 (束　線)	(그림)	1 사선(斜線) 부분을 원호로 해도 된다. 2 꺾인 것은 배선의 방향을 나타낸다.
연 결 선	(그림)	1 ○의 가운데에 대조 번호를 기입한다. 2 번호가 불필요할 때는 ○을 생략한다.
단　자	(a) ●　　(b) ○	힌지형 가동접점을 이 단자 위에 나타낼 때는 힌지쪽 단자(a)로 표시하고 다른 것은 (b)로 표시해도 된다.
도선의 분기	(a)　　(b)	
도선의 교차 (접속할 때)	─┼─	아래 그림과 같이 나타내도 된다. ─●─┐ 　　└──
도선의 교차 (접속하지 않을 때)	─┼─	
접　지	⏚	
겉상자에 접속	⏛	틀릴 염려가 없을 때는 사선을 생략해도 된다.

3 가변

명 칭	기 호	기 능
가변을 나타내는 일 반 기 호	↗	
비선형(非線刑) 가 변	↗	
연 속 가 변	(a) (b)	
스 텝 가 변	(a) (b)	스텝의 수를 명시할 때는 아래 예와 같이 표시해도 좋다.
프리세트조정		

4 연동

명 칭	기 호	기 능
연동을 나타내는 일 반 기 호	(a) ---- (b) ===	ex) ① 연동 가변 정전(連動可變靜電) 용량 또는 콘덴서 ② 연동 가변 저항 ③ 기계적인 결합

5 저항, 인덕턴스 및 콘덴서

명 칭	기 호	기 능
저항 또는 저항기	(a) (b) (c)	① (b), (c)에서 특히 필요한 때는 산(山)의 수를 바꿀 수 있다. ② (c)는 특히 무유도(無誘導)를 나타낼 때 쓴다.
가변저항 또는 가변저항기 일반		이 기호를 써도 무방하다.
연속가변저항 또는 연속가변저항기		
스텝가변저항 또는 스텝가변저항기		
프레스트저항 또는 프레스트저항기		
가동접점이 있는 저항 또는 가동접점이 있는 저항기		
연속가변가동 접점이 있는 저항 또는 연속가변가동 접점이 있는 저항기		
스텝가변가동 접점이 있는 저항 또는 스텝가변가동 접점이 있는 저항기		
가동접점이 있는 분압기(分壓器)		
탭이 있는 저항기	(a) (b)	

명 칭	기 호	기 능
인덕턴스 또는 리액터	(a) (b)	① (a)에서 특히 필요할 때는 산(山)의 수를 바꿀 수 있다. ② 차폐와 혼동할 염려가 없을 때는 더스트 코어를 아래와 같이 표시해도 된다. 
권선(卷線) 또는 코일	(1) (2)	① 특히 필요한 때는 산의 수를 바꿀 수 있다. ② (2)는 저항과 혼동할 염려가 없을 때는 권선 또는 코일을 표시하는데 써도 된다. ③ 전력용 부문에서 코일을 나타낼 때는 아래 그림과 같이 써도 된다.  ④ 특히 철심(鐵心)이 들어 있다는 것을 나타낼 필요가 있을 때는 아래 그림과 같이 표시한다. 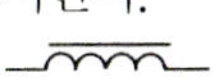
가변 인덕턴스	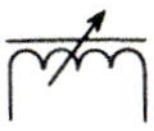	특히 철심(鐵心)이 들어있는 경우를 나타낸다.
연속 프리세트 가변 인덕턴스	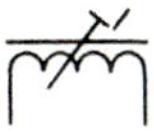	
스텝가변 인덕턴스		
탭이 있는 인덕턴스		

명 칭	기 호	기 능
상호 인덕턴스 또는 변압기(變壓器)	(1) (2)	① 특히 필요한 때는 산의 수를 바꿀 수 있다. ② 특히 철심이 들어있는 것을 표시할 때는 다음과 같이 나타낸다. ③ (2)는 변압기를 나타내는 경우에 한하여 써도 좋다. ④ 특히 차폐를 나타낼 필요가 있을 때는 다음과 같이 표시한다.
가변 상호 인덕턴스		

정전(靜電)용량 또는 콘덴서	(a) (b)	① 양극의 간격은 극의 길이의 1/5~1/3로 한다.
		② (b)에서 전극을 구별하여 사용할 때는 원호 전극은 다음과 같이 표시한다.
		  a. 고정지(固定紙) 또는 세라믹 콘덴서에서는 바깥쪽 전극
		  b. 가변 콘덴서에서는 가동 전극
		  c. 관통형 콘덴서에서는 낮은 전위(電位)쪽

콘덴서(有極性)	(a) (b)	특히 전해 콘덴서를 나타낼 때는 아래에 나타낸 「전해 콘덴서(유극성)」을 적용한다.
전해(電解) 콘덴서(無極性)	(1-a) (1-b) (2)	(2)에서 전해 콘덴서라는 것이 명확할 때는 사선을 생략해도 좋다.
전해 콘덴서(有極性)	(1-a) (1-b) (2)	

명 칭	기 호	기 능
관통형 콘덴서	(a) (b) (c)	
가변정전용량 또는 콘덴서	(a) (b)	1 특히 로터를 구별할 필요가 있을 때는 다음과 같이 한다. 2 특히 가변 평형형(平衡形) 콘덴서를 나타낼 때는 다음 기호를 쓴다. $C1=C2$ 3 특히 가변 차동(差動) 정전용량 또는 콘덴서를 나타낼 때는 다음과 같이 한다.
반고정 콘덴서		
임피던스	—[Z]—	
가변임피던스	(a) (b)	

6 전원 및 장치

명 칭	기 호	기 능
이상(理想) 전압원		
이상전류원		

명 칭	기 호	기 능
전지 또는 직류 전원	—⊢⊢—	① 극성(極性)은 긴선을 양극(陽極), 짧은 선을 음극으로 한다. ② 혼동하기 쉬울 때는 다음과 같이 표시해도 된다. —⊢⊢— ③ 다수를 연결할 경우는 다음과 같이 표시한다. (a) —⊢⊢⊢⊢— (b) —⊢-⊢-⊢— ④ 탭이 있을 때는 다음과 같이 한다. —⊢⊢-----⊢⊢⊢⊢— ⑤ 가변 전압의 경우는 다음과 같이 한다. —⊬—
정류(整流)기능 및 정류기	(a) ─▷⊢─ (b) ─▶⊢─	① 화살표는 정3각형으로 하여 전류가 흐르는 방향을 나타낸다. ② 다이오드를 나타낼 때는 ○으로 둘러싸도 된다.
교류전원	(∼)	상수(相數), 주파수 및 전압을 표시하는 예는 다음과 같다. ex) ① 3~50Hz ② 3~50Hz 200V
전원플러그	(a) ⊐€ (b) ⊐€	① (a)는 2극을 나타낸다. ② (b)는 3극을 나타낸다.
회전기	○	① ○안에 종류를 나타내는 기호를 기입한다. ex) 발전기 (G) 전동기 (M) 발전 전동기 (MG) (可逆形) ② 특히 교류와 직류의 구별이 필요할 때는 다음과 같이 한다. 교류일 때 (∼) 직류일 때 (⎯)
기기 또는 장치	(a) ▭ (b) ▭	교류인 경우 직류인 경우 □안에 종류를 나타내는 문자 또는 기호를 기입한다.

명 칭	기 호	기 능
차 폐 (sealed)	----	ex)

7 개폐기류

명 칭	기 호	기 능
개 폐 기	(a)　　(b)	
변환개폐기	(a)　　(b)	
회전개폐기 (로터리스위치)	(a)　　(b)	
절편로터리 스위치	(a)　　(b)	1 절편(切片)의 모양은 한 예를 나타낸 것이다. 2 스위치의 변환 접점(화살표)의 위치는 변환을 개시하는 접점 위치로 한다.

8 계측기 및 열전대

명 칭	기 호	기 능
계 기	○	1 ○안에 종류를 나타내는 문자 또는 기호를 기입한다. ex) 전압계 Ⓥ 　　전류계 Ⓐ 　　전력계 Ⓦ 2 특히 직류, 교류, 고주파를 구별할 때의 기호는 이 예와 같이 쓴다.

명 칭	기 호	기 능
기 록 계	□	
적 산 계	□	
열 전 대	-ᴠ+ ᴠ	① 특히 직열형(直熱刑) 열전대를 나타낼 때는 아래와 같이 한다. ② 특히 방열형(傍熱刑) 열전대를 나타낼 때는 아래와 같이 한다. ③ 특히 직공 직열형 열전대를 나타낼 때는 아래와 같이 한다. ④ 특히 진공방열형 열전대를 나타낼 때는 아래와 같이 한다. ⑤ 극성(極性)을 나타낼 필요가 있을 때는 옆에 "+" "−"를 기입하거나 또는 − 쪽을 굵은 선으로 쓴다. ⑥ 히터를 나타낼 때는 다음 기호를 써도 된다.

9 보호 장치 및 램프

명 칭	기 호	기 능
방전(放電)캡	↓↑	3점 캡은 다음과 같이 나타낸다.
피 뢰 기	▯	

명 칭	기 호	기 능
퓨 즈	(1)  (2) 	① 전원쪽을 굵은 선으로 나타내도 된다.  ② (2)는 개방형을 나타낸다.
경보퓨즈	(1)  (2) 	
램 프	(1)	**(1)의 적요** ① 색을 명시할 때는 컬러 코드에 의한 기호를 옆에 기입한다. C_2-적 C_5-녹 C_3-황적 C_6-청 C_4-황 C_9-백 ② 종류를 명시할 때는 다음 기호를 옆에 기입한다. Ne-네온 EL-일렉트로 루미에센스 Xe-크세논 Na-나트륨 ARC-아크 Hg-수온 FL-형광 I-옥소 IR-적외 IN-백열 UV-자외
	(2)	**(2)의 적요** 특히 색을 구별할 때는 다음 예와 같이 하고, 아래 그림과 같이 기입한다. ex) 적 : RL 황적 : OL 황 : YL 녹 : GL 청 : BL 백 : WL 투명 : TC RL

3. 전자 기호와 기능
1 반도체 소자 응용례

명 칭	기 호	기 능
다 이 오 드	(a) (b)	혼란의 염려가 없을 때는 원을 생략해도 된다(이하 동일).
열응동(熱應動)의 온도 의존성 다 이 오 드		
가 변 용 량 다 이 오 드		
터널다이오드		
1방향성강상(降狀) 다이오드(定電壓)		
쌍방향성 강상 다이오드(쌍방향성 정전압 다이오드)		
역방향 다이오드		
3극사이러스트 (일반)		
대칭형 도전(導電) 특성 광도전(光導電)셀		
비대칭형 도전특성 광도전셀		
포토다이오드		

명 칭	기 호	기 능
발광(發光) 다이오드		
광전지(光電池)		
홀 소 자		4개의 저항성 접속을 가진 홀 소자를 나타낸다.
PNP 포토트랜지스터		
포 토 커 플 러		
4극 NPN트랜지스터 (더블 베이스 트랜지스터)	(a)　　(b)	
진성(眞性) 영역에서 저항성 접속을 가진 PNIP 트랜지스터		
진성영역에 저항성 접속을 가진 PNIN 트랜지스터		
쌍방향성다이오드 (대칭사이리스터)		
2극 역전도(逆傳導) 사이리스트		
2극 쌍방향 사이리스터		SSS라고도 한다.
3극 턴오프 사이리스터 (N 게 이 트)		애노드 쪽을 제어한다.

명 칭	기 호	기 능
3극 턴오프 사이리스터 (P 게 이 트)		캐소드 쪽을 제어한다.
4극 역저지(逆沮止) 사이리스터	(a)　　　　(b)	
3극 쌍방향 사이리스터		TRIAC라고도 한다.
3극 역전도 사이리스터 (N 게 이 트)		애노드 쪽을 제어한다.
3극 역전도 사이리스터 (P 게 이 트)		캐소드 쪽을 제어한다.
PNPN 다이오드	(a)　　　　(b)	① 2극 역저지 사이리스터 또는 쇼크레이 다이오드라고 한다. ② 필요할 때는 이 기호를 쓴다.
PNP 트랜지스트		
NPN 트랜지스터		● 표는 컬렉터가 비싼 용기에 접속되어 있는 것을 나타낸다.
NPN 트랜지스터 단　접　합		
단접합(單接合) 트 랜 지 스 터 (P 형 베 이 스)		
단　접　합 트 랜 지 스 터 (N 형 베 이 스)		

명 칭	기 호	기 능
접합형 전계(電界) 효과 트랜지스터 (N형 채널)		단자 명칭은 아래 그림과 같이 한다. 게이트 소스 드레인
접합형 전계 효과 트랜지스터 (P형 채널)		
3극 PNPN 스위치 (N게이트)		① 3극 역저지 사이러스트(N게이트)라고도 한다. ② 애노드쪽을 제어한다.
3극 NPNP 스위치 (P게이트)	(a) (b)	① 3극 역저지 사이러스트(P게이트)라고도 한다. ② 캐소드쪽을 제어한다.
절연게이트, 인한스먼트형 전계 효과 트랜지스터 (단(單)게이트, P형 채널)		① 서브 스트레이트 접속이 없는 경우를 나타낸다. ② 단자 명칭은 다음과 같다. 게이트 소스 드레인 서브 스트레이트
절연게이트, 인한스먼트형 전계효과 트랜지스터(單게이트, N형 채널)		서브 스트레이트 접속이 없는 경우를 나타낸다.
절연게이트, 인한스먼트형 전계효과 트랜지스터(單게이트, P형 채널)		서브 스트레이트 접속을 인출한 경우를 나타낸다.
절연게이트, 인한스먼트형 전계효과 트랜지스터(單게이트, N형 채널)		서브 스트레이트는 내부에서 소스에 접속되어 있는 경우를 나타낸다.
절연게이트, 디플레이션형 전계효과 트랜지스터(單게이트, P형 채널)		서브 스트레이트는 접속이 없는 경우를 나타낸다.

명 칭	기 호	기 능
절연게이트, 디플레이션형 전계효과 트랜지스트(單게이트, P형 채널)		서브 스트레이트는 접속이 없는 경우를 나타낸다.
절연게이트, 디플레이션형 전계효과 트랜지스트(쌍게이트, P형 채널)		서브 스트레이트 접속을 인출한 경우를 나타낸다.
서 미 스 터 (直 熱 形)	(a) (b)	
서 미 스 터 (傍 熱 形)	(a) (b)	

② 계전기류

명 칭	기 호	기 능
계전기권선(일반)	(a) (b)	① 단권선(單卷線)이라는 것을 나타낼 필요가 있을 때 (1) (2) ② 복권선(複卷線)이라는 것을 나타낼 필요가 있을 때 (1) (2) ③ 3권선 이상인 경우는 복권선에 준한다. 또는 권선은 분리하여 기입해도 된다.

큰글자책 1쇄 발행 2021 년 01 월 31

도서명 [큰글자책] 전기전자란 무엇인가?
지은이 조한철, 이병호, 정주운, 박영식
펴낸이 김길현
편집 · 디자인 이상호, 조경미, 김선아, 손경림
제작 최병석
웹매니지먼트 안재명, 김경희
오프마케팅 우병춘, 이강연
공급관리 오민석, 정복순, 김봉식
회계관리 이승희, 김경아
펴낸곳 (주)골든벨
주소 서울 용산구 원효로 245(원효로 1 가) 골든벨 빌딩 5~6F
전화 도서 주문 및 발송 02-713-4135 / 회계 경리 02-713-4137
      내용 관련 문의 02-713-7452 / 해외 오퍼 및 광고 02-713-7453
팩스 02-718-5510
전자우편 7134135@naver.com

공급 및 판매처
제작 :부건애드
주문 : 한국출판협동조합 kbook.biz 플랫폼
전화 :070-7119-1791, 070-7119-1789
팩스 : 02-716-6769

ISBN 979-11-5806-494-5
정가 25,000 원
* 본 도서는 한국출판협동조합(kbook.biz)을 통해서만 구입이 가능합니다.

* 이 책의 출판권은 (주)골든벨과 한국출판협동조합(kbook.biz)에있습니다.
* 저작권자와 출판사로부터 권리를 위임 받은 한국출판협동조합의 서면 동의 없는 무단 전재 및 복제를 금합니다.

큰글자책

* 본 로고는 문화체육관광부/한국도서관협회의 사용 허락을 받았습니다.
* 본 도서는 〈큰글자책 유통 활성화 사업〉 일환으로 출판사, 한국출판협동조합(kbook.biz), 제작처가 공동으로 협력해 제작합니다.